供应链环境下
乳制品质量安全管理研究

Study on Quality and Safety Management
of Dairy under the Supply Chain Environment

白宝光　著

本书得到下列基金资助:

国家自然科学基金项目"供应链管理环境下乳制品质量安全监控体系研究"（项目号：71162014）

内蒙古自治区应用技术研发资金计划项目"乳制品供应链控制区质量安全管理关键技术研究与应用"（项目号：20120426）

内蒙古自治区自然科学基金项目"基于博弈分析的乳制品质量安全规制研究"（项目号：2013MS1013）

科 学 出 版 社
北　京

内 容 简 介

进入 21 世纪以来，我国乳业出现了高速增长态势。但是，伴随着乳业的高速发展，乳制品质量安全事件频繁发生。虽然三聚氰胺事件促使政府采取了一系列补救措施并加强了监管，但是乳制品质量安全问题依然发生。这表明我国乳制品质量安全问题还未能得到根本上的解决。

本书以供应链管理理论、信息不对称理论和博弈论为基础，根据乳制品的行业特点，以及乳制品质量形成与实现过程的影响因素和风险来源，研究乳制品供应链质量安全问题的内部控制方法与外部监管措施。在此基础上，提出乳制品质量安全的监控体系。该体系的要素和监控逻辑是，以构建一体化供应链为基础，以建立 HACCP 体系为供应链的内部控制方法，以政府与社会公众监管为供应链的外部监管措施，以建立质量安全信息可追踪系统为有效实施内部控制与外部监管的手段，最终确保乳制品质量安全目标的实现。

本书适合经济与管理专业的研究生和专业人士，以及乳制品行业的中高层管理人员阅读。

图书在版编目（CIP）数据

供应链环境下乳制品质量安全管理研究 / 白宝光著. —北京：科学出版社，2016

ISBN 978-7-03-048026-2

I. ①供⋯　II. ①白⋯　III. ①乳制品-产品质量-安全管理-研究-中国　IV. ①TS252.7

中国版本图书馆 CIP 数据核字（2016）第 071641 号

责任编辑：马　跃 / 责任校对：蒋　萍
责任印制：霍　兵 / 封面设计：无极书装

科学出版社 出版
北京东黄城根北街 16 号
邮政编码：100717
http://www.sciencep.com

北京通州皇家印刷厂 印刷
科学出版社发行　各地新华书店经销

*

2016 年 4 月第 一 版　开本：720×1000　1/16
2016 年 4 月第一次印刷　印张：15
字数：300 000

定价：92.00 元

（如有印装质量问题，我社负责调换）

作 者 简 介

　　白宝光，蒙古族，1962 年 12 月 15 日生。1984 年毕业于内蒙古工业大学，获工学学士学位，1996 年和 2007 年毕业于天津大学，分别获工学硕士和管理学博士学位。享受国务院特殊津贴，内蒙古自治区"草原英才"，内蒙古自治区有突出贡献专家，内蒙古自治区"新世纪 321 人才工程"第一层次学科带头人，国家自然基金委管理科学部同行评议专家，曾到澳大利亚新南威尔士大学、法国里尔一大等国外知名高校访问与学习。现任内蒙古工业大学国际商学院教授、院长；内蒙古自治区管理学会副会长。

　　研究领域:质量管理；政府规制；政府与非营利组织公共服务质量测评与管理。

　　学术贡献与科研项目：首次系统提出质量成本决策理论。主持完成国家自然科学基金项目、内蒙古自治区自然科学基金项目、自治区应用技术研发资金计划项目、自治区软科学项目、企业委托横向项目近二十项。先后获内蒙古高等教育优秀教学成果一等奖、内蒙古企业管理现代化创新成果一等奖，内蒙古科技进步三等奖。

　　学术论文与专著：在学术期刊《数量经济技术经济研究》CSSCI 源刊、《财经问题研究》CSSCI 源刊、《科学管理研究》CSSCI 源刊等发表论文 60 余篇。出版著作有：《质量成本决策理论》（专著，社会科学文献出版社 2012 年版）、《质量管理学》（专著，中国财政经济出版社 2001 年版）、《质量管理—理论与案例》（主编，高等教育出版社 2012 年版）、《工商管理基础》（合编，内蒙古大学出版社 2012 年第六版）。

前　　言

伴随着我国乳业的高速发展，乳制品质量安全事件频繁发生，尤其是三聚氰胺事件的发生，使消费者的信心遭到极大打击，直接导致人们对乳制品及乳制品生产企业的信任危机。这也是导致近几年我国乳制品进口量远远大于出口量的主要原因。

乳制品质量安全问题的凸显，表明我国乳制品质量安全形势的严峻性，也反映出完善乳制品质量安全监管机制、降低乳制品质量安全风险、提高乳制品质量安全水平，进而为消费者提供安全可靠的乳制品，已经成为我国经济社会发展中亟须解决的重大民生问题。

乳品行业是一个比较特殊的行业，其供应链长，生产环节多，涉及第一产业（农牧业）、第二产业（食品加工业）和第三产业（分销、物流等）。在供应链环境下，产品的形成和实现过程分布在整条供应链上，产品的销售和售后服务也需要由供应链上的成员共同来完成，因此，产品的质量安全自然由供应链全体成员共同来保证和实现。本项研究就是从供应链的角度来研究乳制品的质量安全问题。

本项研究以供应链管理理论、信息不对称理论和博弈论为基础，根据乳制品的行业特点，以及乳制品质量形成与实现过程的影响因素和风险来源，重点研究了乳制品质量安全问题的控制方法与监管措施。在此基础上，阐明乳制品质量安全的监控逻辑，即构建一体化供应链是保证乳制品质量安全的基础，进而，通过建立 HACCP 体系实施供应链内部的纵向控制，并通过政府与社会公众实施供应链的外部横向监管；同时，为确保内部控制与外部监管达到理想的效果，导入质量安全信息可追踪系统，以形成确保乳制品质量安全的监控体系。

全书共分十章，第 1 章为绪论。对研究背景、意义、内容以及国内外研究现状进行了总体阐述；第 2 章为乳制品质量安全问题的经济学分析。主要是界定乳制品质量安全的含义及其经济学属性特征，阐述乳制品供应链各交易主体之间存在的信息不对称现象，分析信息不对称对乳制品生产经营者的行为选择产生的影响，探讨解决乳制品质量安全信息不对称问题的信号干预机制。第 3 章为乳制品供应链现状及存在的问题。阐述乳制品行业发展状况，探讨乳制品供应链模式与特点，分析乳制品供应链现状及存在的问题。第 4 章为乳制品供应链质量安全问题实证分析。主要对制造商主导型乳制品供应链的质量安全影响因子进行实证分析，以及对乳制品质量安全水平多因素的敏感性进行分析。第 5 章为乳制品供应链 HACCP 体系构建。通过案例提出乳制品供应链 HACCP 体系构建的条件、程序和方法,并探讨乳制品供应链 HACCP 体系的评价方法。第 6 章为乳制品供应链相关主体博弈分析。在探讨乳制品质量安全相关主体质量行为的基础上,展开政府监管部门与生产企业的博弈分析、奶农与生产者的博弈分析、乳制品生产企业与消费者之间的博弈分析。第 7 章为乳制品质量安全监管分析。探讨乳制品质量安全政府监管模式和监管现状,并借鉴发达国家的乳制品质量安全监管经验,提出完善我国政府对乳制品企业监管机制的措施建议。第 8 章为乳制品质量安全信息传递与可追踪系统建立。分析乳制品质量安全信息传递机制,探讨乳制品质量安全可追踪系统的建立与实施方法。第 9 章为乳制品质量安全监控体系设计。分析构建乳制品质量安全监控体系的基础条件,提出乳制品质量安全监控体系的设计方案。第 10 章为乳制品企业质量竞争力评价与提升。在探讨并构建乳制品企业质量竞争力评价指标体系的基础上,选择国内 9 家乳制品企业进行实证评价,并提出培育和提升乳制品企业质量竞争力的措施建议。

　　本书是作者作为负责人主持的国家自然科学基金项目、内蒙古自治区应用技术研发资金计划项目和内蒙古自治区自然科学基金项目的主要研究成果。也是作者多年来从事质量管理理论与方法研究及其在乳制品质量安全管理应用中的成果积累。

　　乳制品质量安全问题是一个复杂的社会问题,需要专家、学者和政府相关部门的共同努力方可解决。由于本人的研究能力和学术水平有限,书中一定有很多尚不完善之处,恳请广大读者批评指正!作者的联系方式:baibg@imut.edu.cn

白宝光

2015 年 10 月

目　录

第1章 绪 论

1.1 研究背景

1.1.1 问题的背景：我国乳业快速发展

进入 21 世纪以来,我国乳业出现高速增长态势,并且持续保持强劲发展势头。更重要的是,奶牛养殖在我国畜牧养殖业中成为发展最快的产业,乳制品加工业在我国加工制造业当中也成为发展最快的产业,乳业在我国国民经济发展中占有越来越重要的战略地位。促进乳业持续健康发展,对于优化农业结构、增加农民收入、改善居民膳食结构、增强国民体质乃至促进全面建成小康社会目标的实现,都具有十分重要的意义。因此,国家不断加大对乳业的扶持力度,在政府的推动和扶持下,中国乳业发展态势向好,乳业基础得到夯实。例如,奶源基地建设、乳制品的质量管理水平等得到明显的提高;一直以来,存在的饲养技术落后、生产设备陈旧的问题有了很大程度的改善;乳业集团逐步成长壮大,在振兴民族奶业中发挥了龙头作用。同时,由于我国乳制品需求旺盛,奶业经济效益得到显著提高,导致国外乳制品企业和国内非奶业企业纷纷进入乳业市场,给我国乳业带来严重的挑战。

近年来,我国乳业也受到原料奶供应不足、饲料价格上涨、低温暴雪极端气候等多种不利因素的影响,但经过国家有关部门、奶业协会和广大奶农的积极努力,我国奶业仍然取得了比较大的发展。2005～2006 年奶牛头数出现明显的下降,但是,没有影响牛奶产量的快速增加。2008 年因为"三聚氰胺"事件使我国乳业陷入严重危机,国家形象遭到空前的损害,乳制品行业的发展水平急剧下滑,奶牛存栏增长缓慢、牛奶产量出现负增长。我国奶牛存栏和牛奶产量的数量及变化趋势如表 1.1 和图 1.1 所示。

表 1.1　全国奶牛存栏数和牛奶产量（2000～2014 年）

年份	奶牛头数/万头	牛奶产量/万吨
2000	489.0	827.4
2001	566.2	1025.5
2002	687.5	1299.8
2003	893.2	1746.3
2004	1108.0	2260.6

续表

年份	奶牛头数/万头	牛奶产量/万吨
2005	1216.1	2753.4
2006	1068.9	3193.4
2007	1218.9	3525.2
2008	1233.5	3555.8
2009	1260.3	3520.9
2010	1420.1	3575.6
2011	1440.2	3657.8
2012	1493.9	3743.6
2013	1441.0	3531.4
2014	1498.6	3725.0

资料来源：《2015 中国奶业年鉴》

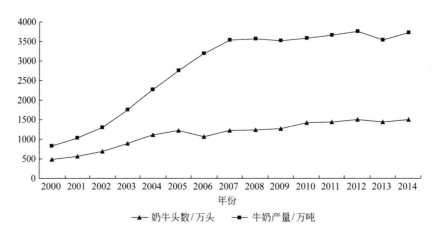

图 1.1　全国奶牛存栏数和牛奶产量（2000～2014 年）

随着我国经济的持续稳定发展与人们生活水平的提高，广大消费者对乳制品的需求增加。据统计，2012 年我国城镇居民乳制品消费支出为 253.57 元/人，比 2000 年增长 185.00 元/人，增长了 2.7 倍；2012 年我国农村居民乳制品消费量为 5.30 千克/人，比 2000 年增长 4.24 千克/人，增长了 4 倍。我国城镇居民消费支出和农村居民消费量如表 1.2 所示。

表 1.2　我国乳制品城镇居民消费支出和农村居民消费量（2000～2012 年）

年份	城镇居民消费支出/（元/人）	农村居民消费量/（千克/人）
2000	68.57	1.06
2005	138.62	2.86
2008	189.84	3.43
2009	196.14	3.6

续表

年份	城镇居民消费支出/（元/人）	农村居民消费量/（千克/人）
2010	198.47	3.55
2011	234.01	5.16
2012	253.57	5.30

资料来源：《中国奶业年鉴》

据统计，2014 年我国进口奶粉 92.34 万吨，乳清制品 40.47 万吨，干酪 6.60 万吨，奶油 8.04 万吨，液态奶 32.02 万吨，炼乳 0.9176 万吨；而出口分别为 0.81 万吨、0.0057 万吨、0.014 万吨、0.2842 万吨、2.57 万吨、0.2384 万吨。2000～2014 年我国乳制品进出口情况如表 1.3 所示。

表 1.3　我国乳制品进出口量（2000～2010 年）　　　　单位：吨

年份	奶粉		乳清制品		干酪		奶油		液态奶		炼乳	
	进口	出口	进口	出口	进口	出口	进口	出口	进口	出口	进口	出口
2000	72 769	10 161	122 903	334	1 968	408	3 088	223	17 464	29 579	647	7 254
2001	58 505	5 043	119 781	338	2 030	514	1 453	0.1	12 456	26 507	1 347	10 304
2002	110 799	10 299	137 954	344	2 533	606	5 155	505	6 499	27 937	888	11 340
2003	133 689	7 678	161 205	228	4 614	547	11 228	4	3 346	27 451	962	12 955
2004	144 931	9 259	178 011	1 441	7 244	552	12 379	24	3 498	31 422	1 120	17 433
2005	106 875	17 764	187 643	635	7 177	658	12 835	65	4 279	34 565	1 225	16 136
2006	134 917	20 577	184 557	522	9 892	540	12 832	139	4 550	39 702	1 078	13 380
2007	98 196	62 038	167 427	4 056	13 190	472	13 984	5 929	4 859	47 224	925	14 837
2008	101 027	63 771	213 134	4 310	13 900	—	13 533	4 967	8 220	39 532	852	8 053
2009	246 787	9 737	288 754	316	16 977	115	28 444	2 046	14 305	20 874	1 732	3 692
2010	414 040	2 970	264 499	446	22 921	196	23 449	3 039	17 119	23 667	3 266	3 444
2011	449 542	9 327	344 244	1 150	28 603	339	35 676	3 359	43 086	26 020	4 914	3 130
2012	572 875	9 703	378 379	702	38 806	400	48 326	2 567	101 678	27 801	5 515	3 723
2013	854 416	3 318	434 070	839	47 317	119	52 301	825	194 807	26 475	9 265	4 477
2014	923 400	8 100	404 700	57	66 000	140	80 400	2 842	320 200	25 700	9 176	2 384

资料来源：《2015 中国奶业年鉴》

从近几年我国乳业的发展轨迹来看，乳业进入了壁垒低、行业利润大的时期，吸引了大量资本进入乳制品行业，使得企业数量迅速增长，企业的规模也不断扩大，竞争加剧。我国的奶牛存栏量和牛奶产量呈递增趋势，消费者对乳制品的需求也在增加。同时也应看到，我国乳制品的进口量远远大于出口量，就是说，我国消费者对进口乳制品的消费在迅速增长。这种现象的出现，除消费者的需求增加之外，一个重要的原因就是我国自产乳制品的质量安全没有得到消费者的普遍认可，消费者对乳制品的质量安全心存质疑。

消费者对于乳制品质量安全的质疑并非无中生有，在"三聚氰胺"事件爆发仅仅一年多后,2010 年又爆发了"圣元奶粉性早熟"和"皮革奶"事件,使得刚刚恢复起来的消费者信心再一次遭到沉重的打击,也给我国乳业的健康发展蒙上了阴影。这些事件的爆发说明我国乳业的深层次问题并没有得到根本性解决,乳制品企业在利益的驱动下,制假售假行为并没有得到有效抑制,政府相关部门也没能发挥有效的监管作用。与发达国家成熟的乳制品行业相比,我国乳业的发展时间较短,但是发展速度却非常快。随着乳制品行业的快速发展,在短短几十年的发展过程中,要想建立完善的相关部门的配套监管体系是有一定困难的。同时乳业标准的落后,以及乳制品行业自身的诸多不足,使得监管部门心有余而力不足,也缺乏必要的技术和手段。

1.1.2　问题的来源:我国乳业发展形势严峻

与国外发达国家乳制品行业相比,我国乳制品行业起步较晚、发展时间较短,生产技术相对落后、法律法规不够健全、从业者的质量安全意识缺乏。这些问题的存在,使得我国乳制品质量安全问题频繁发生。典型案例"三聚氰胺"事件的发生,不但危害到数十万婴幼儿的健康和生命,而且对我国乳业造成了重大的损害,也使得政府在食品质量安全监管方面的公信力急剧下降。

根据相关资料,本书统计了我国 2000～2012 年被媒体曝光的部分乳制品质量安全事件:

2001 年,天津市发生了一家乳制品公司生产的学生饮用乳污染事件。

2002 年,乳制品市场爆发了"无抗奶"事件、光明还原乳事件。

2003 年,辽宁省发生了小学生豆奶中毒事件、广东省"结核奶"事件。

2004 年,"大头娃娃"事件曝光,安徽省阜阳市查处一家劣质奶粉厂。该厂生产的劣质奶粉几乎完全没有营养,致使 13 名婴儿死亡,近 200 名婴儿患上严重的营养不良症。

2005 年 5 月,雀巢公司遭遇碘超标事件,这一事件使雀巢品牌奶粉在全国范围撤柜。同年 6 月,郑州光明山盟乳业公司发生回收变质过期奶再生产事件。同年 7 月,石家庄三鹿集团公司被查出超前标注生产日期的酸牛奶。

2007 年,中国台湾味全婴幼儿配方奶粉,被深圳检疫局检验出阪崎肠杆菌超标,检疫局依法对该批不合格婴儿奶粉作出监督销毁的处理。

2008 年,三鹿牌"毒奶粉"事件,石家庄三鹿集团公司多批次婴幼儿奶粉受到三聚氰胺污染,进行大规模召回。该事件是一次影响重大的乳制品质量安全事件,造成婴幼儿肾结石等疾病。事件涉及面广,震惊国内外,三鹿乳业集团因此而破产,中国乳业受到重创。

2009 年,乳制品行业又遭受各类丑闻,多美滋婴儿奶粉肾结石事件、蒙牛特仑苏牛奶添加造骨牛奶蛋白(OMP)、晨园乳业添加皮革水解蛋白事件。

2010 年，圣元奶粉性早熟事件。

2011 年，甘肃平凉崆峒区亚硝酸盐中毒事件。甘肃平凉崆峒区发生食用牛奶中毒事件，服用散装牛奶导致亚硝酸盐中毒，后经公安部门侦破，该事件为人为添加亚硝酸盐。

由于我国大陆乳制品质量安全事件频发，导致产生大量的消费者到港澳地区抢购奶粉的风潮以及从国外邮购奶粉的现象；调查机构尼尔森公布的数据显示，2013 年我国婴幼儿奶粉市场规模达到 600 亿元，国产厂商只占 46%。这对我国乳业的国际形象产生了巨大的负面影响。

频繁发生的乳制品质量安全事件表明我国乳制品质量安全形势的严峻性，也反映出，完善乳制品质量安全监管机制、降低乳制品质量安全风险、提高乳制品质量安全水平、为消费者提供安全可靠的乳制品，已经成为我国经济社会发展中亟须解决的重大民生问题。

1.1.3　问题的表现：监管失灵

经过多年来的探索和实践，我国在提高乳制品质量安全水平方面的研究已经取得了很大的进展，但是，重大乳制品质量安全事故依然不断出现，提高乳制品安全水平依然是个沉重的话题。社会人士和学术界认为，出现乳制品质量安全问题的原因是多方面的，但是，导致乳制品质量安全问题日益严重的根本原因之一是监管失灵。

无论是相对于乳制品质量安全事件频繁发生的局面，还是与社会公众和国家对乳制品质量安全工作的期待相比，我国乳制品质量安全监管能力是偏低的，反映在：①监管力量不足以应对庞大的监管任务，难以实现高效的持续监管。据统计，全国 2.1 万个监管机构分布在农业、卫生、质检、工商、食品药品监管等 7 个部门，平均每个监管人员负责 130 多个食品生产经营单位，各级食品安全监管部门存在着人员明显不足的问题。②检验检测能力不足，"检不出、检得慢"的现象时有发生。各级食品安全监管部门，特别是基层的监管部门，存在设备落后、快速检测能力低等问题。有的监管机构由于经费缺乏，无法配备快速检测设备。③运行经费不足。监管机构运行经费缺乏，抽检经费不足。

经济学家布坎南（James M. Buchanan）指出："政府也具有理性'经济人'的特性。一方面，政府希望获得监管的资源和权利，如预算、声誉、认证权利和职位提升等；另一方面又不想承担相应的责任。在存在执法困难的前提下，实施监管是需要成本的，一个'理性'的政府监管机构往往存在一个最优的执法努力。"从以上我国政府监管不力的具体体现，可以看出，要实行严格监管需要大量的人力、物力和财力，其监管成本高，监管难度大。例如，我国奶农收入低，完全销毁不合格的原料奶将导致奶农巨大的财产损失，其抗法激烈程度可想而知；如果市场上普遍存在不合格的乳制品，严格执法，大量销毁劣质乳制品，将导致市场供应问题，导致消费者人心惶惶，同时也不具有现实性。因此，政府会隐藏信息。只有乳制品质量安全从信用品特性"升级"为经验品特性，被消费者发现、媒体曝光、上级追查时，下级政府迫于压力，才会查处。

乳制品所具有的信用品特性，会导致政府对乳制品监管的工作质量也具有一定的信用品特性。因而，政府会产生偷懒的激励，即政府不监管，社会大众也不会发现，自然而然部门之间的工作考核与责任界定就困难，从而导致新的信息不对称与部门间机会主义行为的发生。政府监管的信用品特性很好地掩盖了现有监管体制的低效率。现有体制是垄断性的，其本身没有来自市场的竞争压力，传统分段式监管的低效率往往被隐藏在信用品的信息不对称当中。

由于政府理性"经济人"的特性，在乳制品质量安全的政府监管方面出现监管失灵、低效问题是必然的。与此同时，乳制品供应链中上下游交易主体之间存在着信息不对称，使得乳制品供给者相对于消费者而言具有明显的信息成本优势，再加上提供不安全乳制品的违法成本较低，市场失灵就在所难免。监管不力、市场失灵，以及严峻的乳制品质量安全形势，充分表明我国乳制品质量安全监管依旧是一个现实但异常艰难的问题，也使得对乳制品的质量安全水平进行有效的监管与控制迫在眉睫，并对完善我国食品安全监管制度具有重大意义。

1.1.4　问题的归结：监管体系的困惑

近年来，我国正在不遗余力地进行有关"食品安全"监管的体制改革和制度建设。2007 年 8 月 13 日国务院成立了食品安全领导小组；2008 年 9 月 18 日国务院决定废止食品质量免检制度；2009 年 2 月 28 日，十一届全国人民代表大会常务委员会第七次会议通过了《食品安全法》；2010 年 12 月 6 日成立了国务院食品安全办公室；2011 年 6 月 29 日全国人民代表大会常务委员会执法检查组首次建议把食品安全作为"国家安全"的组成部分。尤其是在 2013 年 2 月新一届中央政府进行机构改革、实施大部制中，调整了一些部门的职能，组建了职能与以前完全不同的新的"国家食品药品监督管理总局"。

组建新的国家食品药品监督管理总局的主要缘由是，我国之前的"分段式监管"模式存在着监管盲区。该机构成立之前，我国的监管职责横向的分工主要由农业、质监、工商、卫生四个部门按照分段监管的原则负责。农业部门负责初级农产品监管；质检部门负责加工环节监管；工商部门负责流通环节监管；卫生部门负责消费环节监管。"三聚氰胺"事件主要是发生在奶站这一环节。奶站是近年在乳制品链条中新出现的环节。对奶站的管理费用大、风险大、收益小，农业部门认为不属于农业生产，质检部门认为不属于加工环节，工商部门认为不属于流通环节，这些部门的互相推诿，致使奶站监管处于空白状态。为了杜绝此类问题的发生，组建的国家食品药品监督管理总局，对食品药品的生产、流通、消费等环节的安全性进行统一监督管理，以改变执法模式由之前的多头变为集中，强化和落实监管责任，实现全程无缝监管的目的。

尽管此次监管体系的改革将分散在食品安全委员会办公室、工商、质检、卫生等部门的食品监管职能得以整合，但是，由于我国食品标准由国家卫生和计划生育委员会负责制定，未来，监管标准和执行的分列，加之农产品依旧分段监管，是否能够真正实现食品药品监管职能的无缝对接，还有待于实践的检验。

近几年，国内学术界针对乳制品质量安全监管制度也进行了大量的研究并取得了许多研究成果，研究结果和实践结果一样，虽然有了很大进展，但是还有许多问题亟须研究。例如，我国到底需要怎样的乳制品安全监管制度？怎样控制乳制品质量安全水平？政府对乳制品进行监管，成效欠佳的原因是什么？虽然，我国作为一个发展中国家可以借鉴发达国家的先进经验，但是特殊的国情又使得我国无法简单地照搬发达国家现成的模式。这就需要深入了解这些制度体系的发展规律，对监管不力、成效低下的问题追根溯源，研究出适合中国国情的监管体制。

1.2　研究目标与意义

1.2.1　研究目标

《国务院关于促进奶业持续健康发展的意见》与《奶业整顿和振兴规划纲要》中都明确指出，今后奶业发展以建设现代化奶业为总目标。当前建设现代化奶业的核心正是推进奶业发展方式的转变，具体而言，就是实现从增长数量向提高奶业整体质量转变，从过去追求发展数量向提高质量和效益转变。因此，加强乳制品质量安全监控，是我国奶业从传统奶业向现代奶业过渡的关键，也是确保乳制品质量安全的基本途径。研究的主要目标是：

（1）探索供应链环境下乳制品质量安全管理理论与方法，为保障乳制品的质量安全提供理论上的支持。

（2）探索乳制品质量安全的监管逻辑，设计合理有效的乳制品质量安全监控体系。

1.2.2　研究意义

1. 理论意义

国内外的理论研究和实践成果证明，乳制品属于信用品范畴。乳制品质量安全问题存在外部性、信息不对称、公共产品的特点，依靠市场机制"无形的手"难以有效控制乳制品质量安全问题，在市场失灵的情况下，必须借助政府"有形

的手"对乳制品质量安全进行干预。因此,研究的理论意义是:

1)为避免市场失灵和监管失灵的发生提供理论指导

经济学中根据商品质量信息获取的难易程度将商品分为三类,即"搜寻品"、"经验品"和"信任品"。对于乳制品而言,由于消费者在消费后仍然无法确认该食品对健康的影响,所以乳制品的质量属性具有"信任品"特性。乳制品质量安全问题产生的本质原因在于信息不对称所导致的市场失灵。乳制品供应链条较长,如果某个环节出现市场失灵,不仅会使该环节上的资源配置没有效率,使有限的资源浪费,而且还会直接影响到整个行业的发展。因此,研究通过对乳制品的生产、流通和消费等各环节发生质量安全问题的机理分析入手,试图探索乳制品质量安全违法处罚机制、乳制品质量安全信誉机制,为政府解决乳制品质量安全的市场失灵问题提供理论依据。

造成我国乳制品质量安全问题的另一个原因是,长期存在的监管缺位、监管低效的政府监管失灵的问题。拟通过乳制品质量安全监控体系的研究,为政府监管失灵问题的解决提供理论上的指导。

2)有助于理清政府监管和生产企业质量安全控制之间的关系

政府机构的监管属于公共管理行为,具有强制性、公共性的特征;而乳制品企业的质量管理属于企业内部事务,具有自愿性、私人性的特征。界定两者的性质,有利于在实践中合理界定政府监管的边界,各司其职,管好该管的,放开不该管的,使监管部门摆脱繁琐的事务,致力于监管政策的制定和落实。

3)促进乳制品质量安全监管绩效水平的提高

面对频发的乳制品质量安全事件和社会压力,政府需要实行严格的监管,并加大监管力度。实行严格监管需要大量的人力、物力和财力,其监管成本巨大,而且,有限的监管资源,会导致监管难度的增加。这对于监管机构而言,就存在如何利用有限的监管资源,实施有效的监管,并提高监管绩效的问题。研究试图充分利用有限的监管资源,在帮助监管机构明确监管目标的基础上,深入分析监管所面对的约束条件,并针对乳制品供应链各个环节存在的质量安全风险,探索合适、有效、事半功倍的监管措施和方法,促进乳制品质量安全监管绩效水平的提高。

4)促进乳制品产业的健康发展

乳制品供应链中的奶农、原奶采购站、乳制品加工企业、乳制品运输与销售企业、消费者等交易主体之间存在严重的信息不对称现象,尤其是处于乳制品产业两端的奶农和消费者,奶农对原料乳收购价格及农用产品的质量和效用情况、消费者对乳制品的质量和卫生安全情况,都处于被动的接受状态,使得该产业的发展受到负面因素的影响。研究通过奶农、奶站、乳制品生产企业、运输与销售企业、消费者、政府之间在信息传递、利益冲突之间的博弈分析,识别问题的根源，探索解决问题的措施和方法，增加乳制品质量安全信息的有效供给，提高乳制品生产经营者的违规成本，促进乳制品产业的健康发展。

2. 实际意义

乳制品工业是食品工业的重要组成部分，乳制品在食品工业中占有重要的地位。据有关资料报道，世界各乳制品大国乳制品工业产值占食品工业产值都在 10%以上，其中美国为 12.4%、法国为 21.9%、德国为 19.1%、英国为 11.8%。而且牛奶具有天然的鲜活易腐属性，需要及时冷却、收集、储运，从生产到销售任何一个环节都能够影响乳制品的质量安全。因此，解决乳制品质量安全问题具有重要的现实意义。

1）有助于民众的身体健康与生命安全

目前，牛奶在我国已经由过去个别消费群体的保健食品转变为大众消费的普通产品，特别是婴幼儿、老年人以及普通市民，乳制品消费的比例越来越大。乳制品与每个人都息息相关，乳制品的质量安全直接影响着人们的身体健康与生命安全。2004 年发生的阜阳"大头娃娃"事件，就是一个血的教训。阜阳查处一家劣质奶粉生产厂，该厂生产的劣质奶粉导致 13 名婴儿死亡，200 多名婴儿患上严重的营养不良症；再到 2008 年轰动国内外的"三聚氰胺"事件，造成吃三鹿奶粉的婴幼儿出现肾积水、脑积水等严重后果，近 30 万名婴幼儿确诊泌尿系统出现异常。无情的现实告诫人们，在关乎人民群众身体健康和生命安全的问题上来不得半点马虎。

2）有助于企业正视质量安全问题带来的巨大损失

随着乳制品质量安全事件的频发，消费者的质量安全意识日趋成熟，对发生质量安全问题的乳制品和相关企业，本能的反应和行动就是传播相关信息和坚决抵制购买。这将直接影响整个供应链和乳制品行业，会造成巨大的连锁反应。例如，"三聚氰胺"事件，不仅使三鹿集团迅速破产倒闭，而且，还严重影响原奶的收购，奶农因此蒙受了巨大的经济损失。因此，随着消费者对乳制品质量安全意识的不断提高，乳制品生产企业必须高度重视质量安全问题，只有确保乳制品的质量安全，才能保证乳制品供应链上各交易主体的经济利益。

3）有助于重树消费者信心，提高乳业国际竞争力

低成本一直是我国乳制品行业的优势，而我国乳业国际竞争力最薄弱的环节是质量安全。近 20 年来，我国乳制品进口增长速度保持在 10%以上。据美国农业部数据显示（与我国的统计数据相比略有出入），2012 年中国进口全脂和脱脂奶粉数量分别为 36.5 万吨和 19.5 万吨，合计 56 万吨；进口液态奶 7.8 万吨；进口原奶量超过 450 万吨，占全国乳制品消费量的 10%以上，然而我国乳制品的出口量却很少。在乳制品出口持续低迷的情况下，进口量却大幅攀升，造成乳制品

进口量增长的主要原因是，一方面国内消费者对外国乳制品的认可程度与依赖程度高；另一方面"三聚氰胺"等乳制品质量安全事件的发生，使消费者对国内乳制品的质量安全失去信心，尤其是对国产婴幼儿奶粉普遍存在严重的不信任。消费者对国产品牌信心的丧失，导致国内许多大品牌的婴幼儿奶粉市场份额几乎被国外的品牌占领。

在经济全球化的背景下，短期内这种状况可能难以改变。但是，至少让我们明白了一个道理，质量和信誉对企业长期发展、品牌树立的重要性。只有保证乳制品的质量安全，提高乳制品的质量安全水平，才能重新赢得消费者信任，推动我国乳业健康发展，才能增强我国乳业的国际竞争力。

综上所述，尽管我国的乳业目前发展势头强劲，但它毕竟还是一个幼嫩的产业，在发展过程中依然存在着许多亟须解决的质量安全问题。需要建立一个有效的乳制品质量安全监控体系，对乳制品质量安全进行有效监控。

1.3　乳制品质量安全问题及其监控研究文献综述

目前，国内外学者在乳制品质量安全问题及其监控方面的研究主要从乳制品质量安全问题、乳制品质量安全问题的监控和供应链视角下的乳制品质量安全问题及其监控等三个方面展开。

1.3.1　乳制品质量安全问题研究

1. 国内研究现状

乔光华和郝娟娟（2004）依据 HACCP 体系的原理，重点分析了我国乳制品供应链中奶源环节存在的问题，针对所存在问题，作者建议从以下几个方面提高乳业食品安全水平：推广奶牛小区新的牛奶生产组织方式，按照 HACCP 原理为农户和小区制定奶牛饲养规范，并与加工企业 HACCP 体系相连接；依靠科技，开发新型兽用中草药；完善企业的牛奶检测管理程序和技术；加强对饲料安全的管理；加强政府监管和宣传。

段成立（2005）从政府、生产企业、行业协会以及消费者四个方面，就加强我国原料奶和成品乳质量安全管理问题进行了研究，提出建设性的措施建议：首先，应加强政府的监管职能，进一步完善我国原料奶和成品乳质量安全保障体系；其次，通过规范奶农和加工企业的行为，从生产的角度来保证原料奶和成品乳的质量安全；再次，充分发挥奶业协会的作用，维护乳业信用，防范乳品质量风险；最后，加强对消费者的宣传教育，引导消费者健康消费乳制品。

梅华（2007）从消费者信息搜寻行为的角度，对乳制品质量安全相关问题进行了理论分析；并选取无锡市居民发放 464 份有效问卷进行了实证分析。通过描述统计方法对消费者的乳品质量安全风险的认知和信息搜寻行为的分析，以及利用 Logistic 回归模型对建立的实证模型假说的验证，得出的研究结果表明，由于乳品供应链的延长，会导致大量的不安全因素介入，从而加剧乳品市场中的信息不对称现象。作者进一步指出，要解决食品市场中的信息不对称问题，应做好两项关键工作：一是安全信息传递要及时、准确；二是消费者能够正常接收安全信息。

吴洋（2009）在分析全国和内蒙古乳业生产状况、消费状况和乳品企业发展状况的基础上，从自然风险、市场风险、技术风险、制度风险、质量安全风险五大层面对内蒙古乳业存在的风险进行了分析。并通过问卷调查，对内蒙古乳业存在的风险进行了评估。评估结果认为，乳制品质量安全问题、监管法规缺失和奶牛良种覆盖率低是内蒙古乳业所面临的主要风险因素。据此，提出预防内蒙古乳业发生风险的措施和建议。

王威和尚杰（2009）从乳制品所具有的"信任品"特征的角度，分析乳品行业信任危机背后的市场失灵和监管失效的问题，进而探讨商业信任和制度信任之间的内在联系。并从构建诚信体系的角度，提出改善我国乳制品质量安全水平的可行对策，即健全质量管理制度、完善质量标准体系、降低产品信息不对称性现象和改进奶源的组织模式。

刘呈庆等（2009）对 2008 年我国乳制品行业三聚氰胺事件发生原因，从政府规制、企业的扩张、第三方绿色规制与管理等方面作出系统分析。并以政府抽检到的奶粉生产企业为样本，运用二元选择模型对所设定的 7 个假设进行验证。结果显示：强制性食品生产许可证制度和激励性产品质量免检制度都没能发挥降低企业三聚氰胺污染的作用；乳制品企业在行业内的扩张增加了企业产品污染的风险，而跨行业扩张则有利于产品污染风险的降低；ISO 9000 质量管理体系认证、HACCP 危害分析与关键点控制认证在降低污染风险方面没有发挥应有的作用，ISO 14001 环境管理体系认证反而增加了污染的风险。作者认为，乳制品企业为了避免类似于三聚氰胺污染事件的发生，应审时度势，制定并实施适宜的发展战略，如跨行业平衡发展战略、超跨行业发展战略或谨慎进入战略等。

钱贵霞等（2010）在回顾"三鹿奶粉事件"引起的中国奶业危机基础上，分析了此次奶业危机对奶农、企业、消费者和政府造成的影响，并从产业发展和经济学两个视角探究奶业危机产生的根源，结合产业经济学、微观经济学以及规制经济学等相关理论，从促进乳制品产业发展和解决乳制品市场失灵和政府失灵两个方面，提出促进中国奶业健康发展的政策建议。

刘建丽等（2010）采用问卷调查的方式，分析"三鹿奶粉事件"对乳制品消费环节所造成的影响。分析结果认为：①"三鹿奶粉事件"的发生对受访者的消费行为产生了直接影响，事件发生后的一年时间内，超过八成的受访者减少或中断了乳制品消费。②"三鹿奶粉事件"加速了乳制品消费结构的升级。在消费者看来，酸奶和高端纯牛奶的奶源似乎更有保障，一线城市消费者的消费结构正沿"纯牛奶—酸奶—奶酪"这一消费链条升级。高端奶和特色奶仍具有很大的发展空间。③"三鹿奶粉事件"提高了消费者的消费理性。"三鹿奶粉事件"后，虽然不同年龄组的消费者对牛奶品牌的选择有所不同，但几乎所有受访者都将"产品质量"列为最受关注的因素。④在政府和企业的共同努力下，消费者对国内乳制品安全的信心已获得很大程度的恢复，但仍然面临消费障碍。

赵元凤和杜珊珊（2011）基于内蒙古自治区呼和浩特市消费者的调查数据，对消费者有关乳品质量安全信息的需求及认知行为进行了深入分析。调查数据显示，消费者对乳品质量安全信息表现出比较强烈的需求意愿，消费者获取信息的主要渠道是大众传媒，消费者在购买乳品时关注的主要信息是生产日期、安全标识等；消费者对乳品质量安全体系的认知水平相对较低，对政府职能机构发布的质量安全信息的信任度较高。鉴于此，作者建议应完善乳品质量安全信息发布渠道，完善消费者的教育体系，提高政府的公众信任度，强化安全标识制度。

朱俊峰等（2011）运用 Logit 回归计量模型，实证分析绿色食品认证、有机食品认证和 GAP 认证对消费者乳品购买意愿的影响。经过分析得出：经过绿色食品认证的乳制品与经过有机食品认证的乳制品，对消费者购买意愿的影响基本一致，而经过 GAP 认证的乳品对消费者购买意愿的影响与前两者有明显的差异。分析还得出，乳品质量安全信息认知程度、对安全认证乳品的信任程度、消费者健康状况和家庭年纯收入等四个因素在对三种认证方式中影响乳品购买意愿的回归中均呈显著；其中，自身健康状况和乳品质量安全认知对消费者的购买意愿影响最大，自身健康状况越差、乳品质量安全认知水平越高，越倾向于付出更高的价格购买更有质量安全保障的乳品。同时，家庭因素也具正向的影响作用，家庭规模越大、家庭结构中有需要重点关注营养健康的人群、家庭年纯收入越高，在购买行为中越关注乳品的质量安全；此外，受教育程度对购买意愿的影响不显著，这可能是由于受教育程度会对乳品质量安全的信任程度有不规律的影响。鉴于以上结论，作者建议通过宣传教育来提高消费者的乳品质量安全认知水平、帮助消费者形成健康稳定的乳品消费习惯。

郑红军（2011）采用案例分析的方法对三鹿公司奶粉质量失控的原因进行分析。作者认为：奶站监管缺失、公司内部监管不力、奶粉质量检测技术落后、政府监管不到位等四方面的原因是造成三鹿公司奶粉质量问题的主要原因。

钟真和孔祥智（2012）从食品质量安全的内涵出发，将质量安全按经济学的特征差异划分为"品质"和"安全"两个方面；并从生产和交易两个维度构建了产业组织模式与农产品质量安全之间的逻辑关系。在对奶业抽样数据进行实证分析的基础上得出结论：尽管生产模式和交易模式对食品品质和安全都具有显著影响，但是在控制了其他条件的情况下，生产模式对品质的影响更为显著，而交易模式对安全的影响更为显著。这一结论为解释当前农产品产生质量安全问题的深层次原因提供了新的视角，也为有效治理农产品质量安全问题提供了新的理论依据。作者建议：若要有效改善当前农产品质量安全问题频发的现状，除改进生产技术、完善质量安全标准、提高消费者认知外，要从调整当前农业产业链的组织模式入手来制定相关的治理措施。

2. 国外研究现状

Valeeva 等（2006）将乳制品供应链划分为饲料种植与供给、奶牛养殖和乳品生产加工三个环节；并对这三个环节中有利于保证乳品质量安全的措施，以及实施这些措施的成本进行了分析。分析结果表明，供应链的三个环节对提高乳品质量安全水平的作用基本相当，三个环节中提高乳品质量安全的措施中有 65% 能够以较低的成本实施。在 65% 的管理措施实施后，若要进一步提高乳品质量安全水平，其管理成本将会快速上升，由原来的 4.27 欧元/吨上升到 44.37 欧元/吨。

Campo 和 Beghin（2006）对日本的乳业市场进行调查，分析日本消费者对乳制品的需求和第二次世界大战后的演变状况，并通过历史数据和对消费者对乳制品需求的评估，总结出在经济和人口压力下日本消费者对乳业的新的消费模式。作者还分析日本原奶生产和乳制品加工过程的现状与政策影响，以及乳制品的进口政策和贸易数量，并为日本乳业的改良提出政策建议。

3. 乳制品质量安全问题研究评述

上述文献总结显示，国内外学者对乳制品质量安全问题的研究，主要集中在以下几个方面：

（1）有关乳制品质量安全问题的产生原因和影响因素方面的研究。学者们在这方面发表的论文数量最多，原因是 2008 年我国乳制品行业发生的三聚氰胺事件。此类典型事件的发生激发了学者的研究欲望和热情，研究人员以三聚氰胺事件为切入点，对事件发生的原因运用经济学和管理学理论，从不同视角、不同立场进行了比较全面和深入的分析。得出的结论有微观层面的供应链内部控制方面的原因，也有宏观层面的政府与社会监管方面的原因。有关市场失灵和监管缺失方面的原因，学者们普遍认为是由于信息不对称所致。这方面的研究虽然比较多，但是，绝大部分都限于对表象的阐述与分析。而有关乳制品产生质量安全问题机理方面的分析，以及深层次的原因探索不多。

（2）有关乳制品质量安全问题对我国乳业利益相关方影响方面的研究。主要有对奶农和生产企业收益方面的影响研究；对消费者的购买行为与态度方面的影响研究；对政府监管方面的影响研究等。这方面的研究基本为定性主观分析，缺乏通过调研以及采集数据的客观证据。

（3）有关消费者对乳品质量安全认知方面的研究。主要有影响消费者认知的因素方面的研究；消费者应知的乳品质量安全的需求与识别方法方面的研究等。这方面的研究亦以定性主观分析为主，缺乏以必要的问卷调查为基础的实证分析。

（4）有关治理成本、乳品贸易、市场结构、产业组织模式等对乳制品质量安全问题影响方面的研究。这部分研究主要是探究外部环境因素与乳品质量安全之间的关系问题，此类研究比较少，也未见有影响的成果。

1.3.2　乳制品质量安全问题监管方面的研究

1. 国内研究现状

毛文娟和魏大鹏（2005）指出，我国乳业技术标准与行业管理制度不完善是阻碍政府有效监管的主要原因。作者认为技术标准是保障乳品质量安全的重要技术支撑，只有在完善乳品技术标准的基础上，才能有效实施政府监管，确保乳品的质量安全。

倪学志（2007）从政府责任的角度，提出"完全信息"假设合理性的观点，从而恢复了新古典经济学关于"完全信息"假设合理性的本来地位。在此基础上，强调政府监管对于提供相对完全的乳品质量信息，以及拓展乳品的消费市场等具有积极的作用。同时，作者对政府监管机制的选择，以及政府引导消费者形成乳品消费习惯中的责任进行探讨。

张朝华（2009）从"三鹿奶粉事件"的分析入手，指出食品质量安全信息的不对称、食品质量安全所具有的公共产品特性，以及消费者在与生产经营者利益冲突中的弱势地位，是导致市场失灵的主要原因。因此，认为政府必须强势介入，并对其进行监管。但同时还从政府监管能力的局限、监管部门追求自身利益的影响等方面，分析造成监管失灵的政府自身方面的原因。作者还把重构食品安全监管体系，作为政府管制失灵时解决食品安全问题的措施建议。

易俊（2009）运用信息经济学理论，剖析以三鹿乳粉为代表的问题乳粉占我国农村市场的逆向选择现象，并提出通过建立乳品行业信号发送机制以防范这种逆向选择现象的措施建议。但是作者也指出，目前政府行政执法部门希望通过加强市场监管来解决食品安全问题的思路仍然存在较大的局限性。一方面是由于监管成本的巨大；另一方面是过度倚重政府权力式的保障途径，必然会带来寻租的副作用。

孔祥智和钟真（2009）对奶站的质量控制问题提出经济学解释。作者运用完全信息序贯博弈模型、混合战略纳什均衡模型、完全信息重复博弈模型、不完全信息重复博弈模型对奶站行为进行深入分析，通过对模型参数的分析求解，得出结论：在其他条件不变的情况下，奶站掺假的可能性会随着乳品企业对有毒有害物质的检测成本、乳品企业风险偏好程度的增大而升高；随着奶站掺假被乳品企业发现所支付的罚金、乳品企业收购掺假奶后的潜在损失的增大而下降。作者认为，尽管奶站掺杂是一种难以控制的行为，但是通过重复博弈依然可以在一定条件下实现原奶供应链的安全性。作者还提出"按质计价和奶款到户"是促进奶农提供优质奶的正向激励方法。

靳延平（2009）从法律法规、标准体系、管理体制、检验检测体系、认证和质量追溯体系、信息体系、预警机制、利益分配机制、竞争机制、技术支撑体系和服务体系的角度，提出了我国生鲜乳质量安全管理体系建设的基本思路和政策措施。作者认为生鲜乳质量安全管理，需要政府干预和市场手段的有机结合；并指出在今后一段时期内，我国奶牛养殖方式的基本国情还将是以散养为主，我国生鲜乳质量安全政策的制定依然要考虑散养为主的基本国情。同时作者建议，在此背景下政府在本级财政预算内应设立"奶牛安全生鲜乳发展基金"，有计划、分层次、多元化地大力发展奶牛养殖组织，发展无公害奶业和有机奶业，提升政府监管生鲜乳质量安全的执行力。

贾愚和刘东（2009）认为在主流的"公司（奶站）+奶农"原奶供应链组织中，原奶质量安全受到三个变量（收购价格、检测成本和高质量原奶的生产成本）的影响。这三个变量与原奶供给质量的关系是：收购价格越高、检测成本和高质量原奶生产成本越低，则原奶质量越高。在当前公司与奶农的简单商品契约交易下，三个质量影响变量难以朝高质量原奶的方向发生变动，因此原奶的供给陷入低质量均衡。作者建议采用以公司与奶农的简单交易为基础，并附加质量管理输出等内容的超市场契约模式，在此种模式下，三个影响变量的变动方向将与高质量原奶的要求相一致。

岳远祐（2010）分析我国乳制品质量安全及其政府规制现状和存在的问题。并对涉及乳制品质量安全问题的奶农、奶站、乳制品加工企业、政府等各利益行为主体进行了博弈分析。张婷婷（2011）通过分析我国乳业的安全现状，总结出乳业发展中存在的诸多管理和制度上的缺失和不足。两位作者提出基本一致的建议：建立精简、高效的政府乳制品质量安全管理部门；完善法律法规体系，加大执法力度；建立健全乳制品质量安全标准体系和认证体系，逐步与国际接轨；提高乳制品质量检测体系，建立第三方检测机构；制定科学合理的产业政策等。

付宝森（2011）分析我国乳品产业中各个主体之间出现的有悖于市场规律而引起的市场失灵问题。认为目前我国乳制品质量安全问题主要来自于三个方面：一是规制者方面，二是被规制者方面，三是规制体系方面。作者从规制的体制和规制体系两个方面提出改进的措施建议。

钟真（2011）探讨生鲜乳生产组织方式、市场交易类型与生鲜乳品质和安全之间的逻辑关系，并用计量方法定量分析了生产组织方式和市场交易对生鲜乳品质和安全的影响程度。研究结果表明，提高生鲜乳品质的重要手段之一是，改善家庭式小规模散养的生产方式，发展和规范奶农专业合作社的组织模式；通过奶农组织化程度的提高，来推动生鲜乳生产的规模化和标准化。保障生鲜乳安全的重要手段之一是，有针对性地改进市场交易方式，规制中间商模式下的利益分配格局，并充分发挥其质量安全监督和社会化服务功能。

肖兴志和王雅洁（2011）对企业自建牧场降低乳制品安全风险的可能性进行了研究。作者认为乳业的纵向一体化管理模式应实现两个目标：一是加强上下游主体间的利益联结，二是缩小原料奶的供需缺口。而通过将企业自建牧场的实际效果与两项目标对比，发现自建牧场仅能实现前一项目标，对后一项目标不但无法实现而且渐行渐远，长期下去必将加剧各环节主体的利益损失，最终使乳制品质量安全问题更加严峻。因此，企业自建牧场并不能有效实现降低乳制品安全风险的目标，导致乳制品质量下降的原因不只是产业链上下游主体之间利益脱节的问题，还在于加工企业对奶源的过度需求。据此，作者提出企业自建牧场模式的优化方案，即实行奶农与企业利润分成，利润分成不仅在统一各主体利益的作用上与企业自建牧场别无二致，而且能够有效缩小原料奶的供需缺口，最终使纵向一体化模式在恢复草原生态建设、维护各主体切身利益和保障乳制品质量安全的问题上都有意义。

刘红岩（2011）通过走访消费者和典型企业的实地调研，分析我国乳品安全可追溯系统，并对国内外可追溯系统进行比较分析。作者的分析与调研结果显示，消费者对我国乳品安全可追溯系统认知度不高，认为目前可追溯系统存在与其他认证体系相混淆、追溯信息真实性不高、终端管理不力、管理部门难以协调等问题。作者建议乳企将可追溯系统做长期投资，虽短期内成本增加，但对树立企业形象、促进收益大有裨益。

庄洪兴（2012）提出基于质量追溯系统的乳品产业链质量风险控制方法。与以往研究不同的是，作者将重点放在质量追溯的起点和质量风险的发生与度量上，认为只有当质量风险超过临界值、系统发出警报时，质量追溯才会启动，这样质量追溯更有目的性和针对性。追溯的实现方法可借鉴信息技术特别是物联网技术。

樊斌和李翠霞（2012a，2012b）应用演化博弈理论的复制动态机制分析了乳制品加工企业隐蔽违规行为的长期演化趋势。作者通过建立的演化博弈模型，分析参数变化的影响及原因。研究结果显示，影响乳制品加工企业行为的影响因素主要包括政府监督查处的力度和强度、消费者信任度、企业生产技术和设备以及乳制品加工的市场准入条件。作者指出营造良好的市场环境、使所有选择违规的企业的超额收益都小于其风险成本是阻止乳制品加工企业隐蔽违规行为、提高乳制品质量的根本途径。

王猛（2012）针对我国乳制品安全规制方面的问题，提出改善建议与对策：进行乳制品安全规制机构改革、实行严格的乳制品安全许可证制度和标识管理制度、建立乳制品安全问责制度、完善乳制品安全突发事件应急反应及预防机制、建立乳制品安全综合评估体系。

刘真真（2012）就目前的"散户、奶站、养殖小区和牧场"等四种原料乳生产模式对原料乳质量安全的不同影响进行了分析。作者认为其中的主要模式是"散户生产"，因此，作者通过调研的数据，对散户生产的第一责任人奶农影响原料乳质量安全的生产行为进行分析，并从政府、企业、奶农三个层面提出规范奶农生产行为、保证原奶质量的对策建议。

张晓敏（2013）认为乳制品安全规制立法、规制机构设置、规制对象的情况和规制政策的实施情况是影响乳制品安全规制效果的四大因素。作者的研究显示：①我国规制机构的历次改革均未能提高乳制品安全规制的效果；②规制立法提高了规制的效果，并且，在各影响因素中贡献率最高；③乳制品行业产业集中度的提高对规制效果起到积极作用；④监管力度的加大在对乳制品安全规制效果中的贡献率最小，且存在明显的短期效应；⑤规制对象的状况以及是否能积极配合规制是规制效果好坏的重要影响因素。

徐晓燕（2013）提出我国统一的乳制品追溯编码体系方案和溯源管理体系方案。作者认为，为了能够接入国家追溯系统服务平台，地方和企业的乳制品追溯体系在建设中应重点考虑的是：追溯编码标准的兼容性和体系的协同性。据此，作者提出了"建立良好生态系统，汇集优势资源为基础"的乳制品追溯系统的发展思路。

2. 国外研究现状

Stiglitz（1989）分析信息在生产、储存和销售等环节保证乳制品质量安全所起的重要作用，探讨在乳制品质量安全规制中信息传递的路径和方法。

Robert 等（1991）认为能否及时、全面获取乳制品生产过程中的相关数据信息，对保证乳制品的质量安全具有重要的现实意义。作者还认为，能否建立乳制品生产全过程的数据信息系统，将会直接影响乳制品质量安全规制的有效性。同时，在建立乳制品生产全过程数据信息系统的基础上，作者对有效实施质量安全规制的方法进行了研究。

Merrill 和 Francer（2000）对乳制品质量安全的规制问题进行了研究，研究结果显示，具有不同于其他产品市场特征的乳制品市场，其规制方法也不同于一般的消费品市场，除非依靠市场本身的调节机制。例如，企业主体为了生存和发展的需要，除了加强行业自律来规范企业自身的行为以外，还需要依靠乳制品质量安全规制机构的行政管理手段进行强制规范。

Unnevehr 等（1999）认为在现有的实施乳制品质量安全控制的方法中，有效合理地使用 HACCP 体系（危害分析与关键控制点），比起采取强制性干预和控制的方法更为有效。作者还分析了 HACCP 体系的实施成本和预期收益，并认为 HACCP 体系可以作为食品加工企业实施国际贸易的相关标准，以促进食品的国际贸易活动。

Buonano（2003）从保证乳制品质量安全作用的角度，对乳制品质量安全规制机构进行研究，提出构建欧盟统一的安全规制机构的建议，并对拟建机构的职能和作用进行探讨。

Cao（2003）分析澳大利亚和新西兰有关乳制品质量安全规制的特点，阐述两国乳制品质量管理方法的运用情况，并对方法运用的效果进行了评价。

Noordhuizen（2005）以荷兰奶业为例，阐述 HACCP 体系的应用情况，并分析 HACCP 体系能够帮助奶牛养殖场识别和管理生产过程中产生质量危害和风险的机理。作者认为 HACCP 体系是一种能够为消费者提供安全、可靠的动物源性食品的有效方法。

Annementte（2006）分析乳品工业先进国家丹麦的乳制品质量安全规制的组织机构模式及其特点，并对组织机构体系的建设和质量安全规制方法进行系统总结与归纳，提出改进与完善的措施建议。

Christophe 和 Egizio（2007）对英国乳制品生产的上下游企业之间的相互制约关系进行了研究。研究结果显示，为了使消费者能够购买到确保质量安全的乳制品，建议英国政府的乳制品质量安全规制机构，允许乳制品产业链的下游企业有权对上游企业的生产和质量控制情况进行调查和了解；并利用下游销售企业已在市场上形成的影响力，对上游生产企业是否选择生产保证质量安全的乳制品构成制约。

Todt 等（2007）对西班牙乳制品质量安全的规制情况进行分析。结果显示，西班牙的乳制品质量安全规制的制度体系建立在"风险分析"的基础之上。因此，西班牙支持和鼓励乳制品企业实施"危害分析与关键控制点体系"（HACCP）。

3. 乳制品质量安全问题监管方面的研究评述

国内外学者对乳制品质量安全监管方面的研究，主要有以下方面：

（1）乳制品质量安全监管现状。中国学者在这方面主要探讨乳制品质量安全水平与政府监管之间的关系。研究结果显示，政府监管能够有效提高乳制品质量安全水平。虽然，研究结果肯定了政府监管的作用，但同时也承认当前一些乳制品问题的发生是由于监管本身的不足所致，如监管力量的不足、检测手段的落后等。这方面研究的不足是指对于监管在制度层面存在的问题和原因讨论得很少。

（2）外部监管体系研究。学者们对现有乳品质量安全监管体系存在的主要问题及影响监管效果的因素进行分析。结果显示，现有监管体系的主要问题是不能有效规避乳制品质量安全风险；而监管体系结构的不合理、监管主体的懈怠等因素是影响监管效果的主要原因，有待进一步优化和改进。其次，现有的监管体系对乳制品质量安全风险的识别能力有待提高。

（3）内部控制体系研究。学者们对企业如何建立内部的乳制品质量安全控制体系进行了有益探索。从奶农组织模式、奶站及生产企业行为等方面，研究各环节对乳品安全的影响及存在的主要问题，并针对各环节存在的主要问题或影响因素，提出相应的控制对策。同时，有学者还尝试利用乳品质量安全可追溯系统来构建乳品控制体系的研究。可追溯系统在我国的蔬菜和生猪产品上已经得到推广，但在乳品行业的应用还处于起步阶段，因此，建立以可追溯系统为主体的乳品控制体系很可能是未来的发展趋势。还有学者研究以 HACCP 体系为核心的乳制品质量安全控制体系。

上述文献显示，有关乳制品质量安全监控方面的研究，更多的是从理论角度进行探索，附加多个假设对问题进行推理，而将理论方法定量化应用于实践并加以验证的研究还不多见。此外，学者们把乳制品生产的内部控制和外部监管作为相互独立的两个部分，这也是在这方面研究的不足。从防范乳制品质量安全问题产生的角度，这两部分应该是相互影响、相互促进的，应该放在一个体系当中去研究，最终构建的应该是乳制品质量安全监控体系（外部监管与内部控制），但是，未见这方面的研究成果。

1.3.3 供应链视角下乳制品质量安全问题及其监控方面的研究

1. 国内研究现状

王桂华（2007）采用探因分析的方法，分析了乳品供应链中养殖过程、生产过程、乳品包装、储存与销售等各个环节对乳品质量安全的影响。分析结果显示，乳品供应链中的各个环节对乳品质量安全都有不同程度的影响，乳品质量安全是供应链全过程管理的结果。同时，作者还发现，我国乳业发展的优劣，涉及政府、奶农、行业协会、生产者、消费者等诸多因素。因此作者提出，在乳品质量安全问题上，要强化政府的监管职能，加强国家在这方面的立法、执法力度。同时，提出还要加强行业协会的服务与监督职能等建议。

尹巍巍等（2009）分析了乳品供应链各环节存在的质量安全隐患，建立了由奶农、奶站、乳品生产企业、销售企业和消费者组成的供应链质量安全静态博弈模型，并通过博弈分析提出最优策略是，只有在上游企业正当经营，下游企业积极履行被检查的责任，以及管理者把各主体之间的相互协作作为监管重点的情况下，乳品供应链以及供应链上各主体才能获得最大收益。作者还进一步揭示了上游向下游传递风险的经济原因和下游对上游实施监控的必然规律。

高晓鸥等（2010）用经济学方法对原奶生产环节和乳制品加工环节进行了分析。他指出原奶生产环节是整个乳制品供应链的基础，通过对河北奶源基地奶牛养殖业进行的成本收益分析，得出结论：高生产成本、高沉淀成本、低风险成本是导致原奶生产环节人为质量问题产生的直接原因；而奶农、奶站和乳制品加工企业之间割裂的利益链，是导致原奶生产环节质量安全问题的根源。因此，提出了加大对原奶生产环节的监管力度，引导奶农、奶站和乳制品加工企业之间形成合理的利益联结模式的建议。作者还提出，乳制品生产加工环节是质量安全监管的关键环节，应提高低质量乳品生产企业的风险损失，加大对低质量生产企业的惩罚力度。

杨俊涛（2010）根据供应链管理理论，从原奶生产、收购、运输储存、奶制品加工以及销售五个环节对乳品质量安全现状进行实地调查，并对乳制品质量安全的影响因素进行深入分析的基础之上，提出基于供应链管理的乳制品质量安全控制体系。

陈康裕（2012）分析供应链上乳制品质量安全的信息不对称问题，以及信息不对称导致的供应链各环节乳制品的质量安全隐患。分析政府管制和消费者选择对乳制品供应链质量安全的影响，提出政府管制和消费者选择因素的量化指标及声誉模型。作者指出，由于乳品质量安全信息不对称现象的存在，导致消费者难以对乳制品的质量优劣进行区分和选择，造成市场失灵。因此，建议利用消费者支付意愿和诚实预期率等因素，引导消费者合理选择。

袁裕辉（2012）指出乳业链是典型的复杂网络系统，从复杂网络理论的视角研究我国乳业危机的根源更具客观性和有效性。作者对我国乳制品供应链的网络结构，以及乳制品生产各环节社会责任风险来源和表现形式进行分析，分析结果显示：造成我国乳制品质量安全问题的结构性原因是我国乳制品供应链网络结构中，提供包装材料的企业很少且被高度依赖。因此，作者建议从优化乳业供应链网络结构入手，增加提供包装材料企业的数量。同时加强企业社会责任治理的主导作用，并从多方面、多角度建立系统的乳业社会责任一体化管理机制，从而降低乳品质量安全风险。

沈笛（2012）将质量管理理论运用到乳制品供应链上，并通过建立的博弈模型，提出乳制品加工企业与供应商之间的契约优化方案；同时，提出乳制品加工企业与分销商之间质量损失的分摊方式。作者对协调各节点之间的矛盾、减少冲突以及保证乳制品的质量安全水平进行了有益的探索。

魏云凤（2013）指出安全生产的企业与其利益相关者之间存在错综复杂的利

益关系。作者通过建立博弈模型来分析不同情况下的策略选择。例如，建立企业与供应商之间的不完全信息静态博弈模型，分析两者之间的策略选择问题；建立企业与消费者之间的完全信息动态博弈模型，分析企业面对消费者投诉情况下的策略选择问题；建立企业与同行竞争者之间的不完全信息动态博弈模型，分析同行竞争者在承担社会责任中的策略选择问题；建立企业与环境保护监管部门之间的不完全信息静态博弈模型，分析企业的策略选择问题。研究结果显示，政府监管部门监管不力、消费者自我维权不足、厂商社会责任感不强是导致社会上"问题乳制品"频出、政府公信力受损的主要原因。

白宝光等（2013）根据乳制品行业的特点，以及影响乳制品质量形成与实现过程的因素，提出实现乳制品质量安全的监控逻辑。为规避乳制品质量安全风险，作者建议在乳品供应链内部引入 HACCP 体系，实施纵向的供应链内部控制，并通过政府与社会公众实施横向的供应链外部监管。同时，为保证内部控制与外部监管达到理想的效果，提出导入质量安全信息可追踪系统。

荆雪（2013）通过动态演化博弈模型分析了供应链的一体化程度对原料乳质量安全水平产生的影响，研究结果显示，原料乳质量安全水平随着供应链纵向一体化程度的提高而提高。

2. 国外研究现状

Lankveld（2004）通过比较波斯尼亚、捷克、波兰、罗马尼亚等国家在加入欧盟前后的国内乳制品质量的相关数据，验证了欧盟有关乳制品供应链方面的各种安全规章和制度对有效管理乳品供应链、提高乳制品质量安全水平具有的积极作用。通过实证数据的分析，Lankveld 认为规范乳制品供应链各个环节的质量管理措施，严格管理标准将有助于乳制品质量水平的改善。

Johan 等（2004）通过对所收集样本国家的相关数据进行分析，研究了经济全球化对乳品供应链的影响。研究结果显示，经济全球化导致原来相对闭塞的国家引入的国外投资会增加，成熟的外国产品在这些国家的市场份额会逐渐扩大，国外先进的生产和销售理念会广泛传播。这些变化使得本国在乳制品供应链的管理上产生变革，对乳制品供应链的发展带来了机遇和挑战。

Helen（2006）对乳制品的供应链形式进行了研究，研究结果显示：①垂直一体化的乳品供应链，能够有效地保证乳制品质量；②乳品供应链中，原料奶供应环节在整个乳品供应链中存在的质量安全风险最高，且对最终乳品的质量安全水平影响最大。因此，为了减少风险因素，避免乳品质量安全问题的发生，将乳品供应链进行垂直一体化组织可以进行有效的管理。

Faye（2006）比较美国与欧洲发达国家乳制品供应链的质量管理方法，认为美国的质量管理特点主要是在生产企业内部对质量控制方法进行不断的改进，而欧洲发达国家的质量管理特点则从乳制品供应链整体出发，强调供应链中各参与主体之间的协调整合。相对而言，在乳品供应链管理水平较低的国家中，欧洲的方法更容易推广。

3. 供应链视角下乳制品质量安全问题及其监控研究评述

对供应链视角下的乳制品质量安全问题及其监控研究，主要涉及以下几个方面：①供应链管理方法与乳品质量安全水平之间关系的研究。证明供应链管理方法是保障乳制品质量安全的有效方法。②供应链管理背景下乳制品质量安全问题产生的原因。这方面的研究主要是从原料奶供应、奶站、生产等环节，以及这些环节之间的关系等方面剖析乳品供应链中存在的质量安全风险，揭示乳品供应链中关键环节的生产模式与最终乳品质量安全水平之间的关系。③供应链内部的一体化研究。主要研究乳品供应链中原料奶供应商与奶站、原料奶供应商与生产商、生产商与销售商两者间或奶农、奶站、生产商三者之间的关系；一体化模式的选择与成本优化；监控部门对供应链中各参与主体的协调与监管；理想监控模式的逻辑等。

上述文献显示，将供应链管理理论引入乳品质量监控体系，更多的是从乳品供应链的内部展开研究，而将供应链外部环境同内部结构模式进行整合研究的文献还很少。乳品质量安全问题是系统问题，供应链外部环境必然对乳品的质量管理产生影响。通过整合乳品供应链内外环境，将众多环境变量综合考虑，建立定量分析模型，构建全面的质量监控体系将是未来的发展方向。

第2章 乳制品质量安全问题的经济学分析

2.1 乳制品质量安全含义及其经济学属性特征

2.1.1 乳制品质量安全的含义

国际标准化组织 ISO 9000—2005 对质量的定义是："一组固有特性满足要求的程度。"根据该定义，可以将乳制品质量理解为是乳制品所固有的特性满足人们食用要求的程度。从质量的定义中可以看出，人们食用乳制品并非是从产品本身获取效用，而是从产品所拥有的特性中获取效用。因此，"乳制品质量"应包括影响乳制品价值的所有特性的总和，而"安全"只是乳制品中可能对人体健康造成损害的特性。因此，所研究的"质量安全"是指"质量方面的安全"，这也有别于食品安全领域中传统意义上"数量安全"的概念。

世界卫生组织（WHO）于 1996 年将食品安全定义为："对食品按其原定用途进行制作、食用时不会使消费者健康受到损害的一种担保。"需要指出的是，食品质量安全的概念在不断发展，其涵盖的内容也一直在丰富，在不同的经济条件下、不同的社会文化背景、不同的科技水平下，不同国家对食品质量安全的概念也存在很大差距。即便在同一国家，由于收入水平不同，人们对食品质量安全的认知也不一样。在发展中国家，由于自身条件限制，设定的质量安全标准的临界值较之于发达国家宽松，对有关质量指标的检测，如生物残留、化学残留等执行的标准较低，所以食品质量安全问题显得更加棘手。在发达国家，食品也不能保证完全的质量安全，只是规定的临界值、食品检测标准等更加严格一些，而且，有部分不安全因素由于技术的限制，还没有能够发现或者发现后没有方法对其控制，所以很难要求食品百分之百的质量安全。在国际间，食品质量安全标准不同，还会导致贸易摩擦和贸易争端，尤其是发展中国家出口到发达国家的食品，极易因质量安全标准不同给自身造成损失。

对于乳制品而言，我国学者认为，乳制品质量安全应该是乳制品中不含有任何可能损害或威胁人体健康的有害物质或因素，不应导致消费者急性或慢性的伤害，或危及消费者后代健康的隐患。这一阐述表明，乳制品质量安全问题涉及乳制品供应链的各个环节。根据我国《食品安全法》《产品质量法》《食品卫生法》《乳制品质量标准》和乳制品的生产与消费特点，乳制品质量安全的具体含义应包括如下三个方面。

1. 卫生安全

乳制品不能含有任何形式的对人体健康有害的成分，包括确定的或可能的危害、立刻的或长期的危害，着重强调乳制品的安全属性。这方面的危害形式主要有：①抗生素超标。乳制品本身含有的抗生素残留随着乳制品的饮用进入人体，而对人体健康造成不良影响。②微生物超标。微生物超标会导致人体消化道致病性细菌的诱发。③加工试剂的污染。在生产加工过程中，管道和设备清洗中，清洁剂等加工试剂未完全水洗干净，误入牛奶产品。④食品添加剂污染。如乳制品中添加三聚氰胺。⑤体细胞超标。

2. 营养安全

乳制品富含蛋白质、脂肪和碳水化合物以及矿物质和维生素，为人体生长发育和维持健康提供营养物质。不同分类的乳制品和特殊人群专用的乳制品，其营养成分必须达到相应的国家标准规定的理化指标，否则可能会对人体造成危害。例如，阜阳婴幼儿劣质奶粉导致"大头娃娃"的患病案例。

3. 包装安全

乳制品包装安全指通过包装，使乳制品在其包装内实现保质保量的技术性要求。包装材料必须对人体无毒无害，具有稳定的化学性质，不能和乳制品的各种组成成分产生任何反应，保证乳制品的质量及营养价值。包装应具有良好的密封性和足够的保护性能，保证乳制品的卫生及清洁，确保在储存和运输时不被其他微生物污染。

2.1.2　乳制品质量安全的经济学属性特征

按照消费者获取农产品质量安全信息的途径，把农产品质量安全的经济学属性特征分为三类，即搜寻品特性（Stigler，1961；1962）、经验品特性（Nelson，1970）和信用品特性（Darby and Karni，1973）。

1. 搜寻品特性

搜寻品特性主要指消费者在消费之前就可以直接了解商品内在和外在的特征。例如，一个苹果的色泽。之所以称为搜寻品，是因为只要能够找到这种产品就可以了。这类产品吸引顾客的因素主要是价格。在传递食品质量的搜寻品特征信号方面，市场不会出现失灵现象。因而，此类商品的质量安全问题完全可以由市场来调节，无需政府的介入。就是说，这类商品的消费者购买行为直接向生产者传递了针对一定质量的支付意愿信号。生产者可以根据消费者的购买状况和特征来调整自己的产品特点和质量水平。

2. 经验品特性

经验品特性主要指消费者在购买消费之后才能了解的商品特征。例如，一个苹果尝过后的口感。这类商品存在信息不对称问题，并且是在购买消费之前。

对于这类商品，由于消费者在使用之后才能了解其质量特征，因此，在一定程度上会激励优质生产商主动传递有关的质量信号。如果消费者在购买后能够迅速地了解所购物品的质量，并且能够经常性地重复购买，就可以通过重复购买来促使厂商为了维持其声誉努力提供高质量产品。

由于食品是日常生活的必需品，重复购买的概率很大，因此可以通过声誉机制来促进食品质量信号的有效传递。在质量声誉形成过程中，广告和担保也具有重要作用。虽然广告本身并没有直接说明产品的质量，广告词甚至跟质量毫无关系，但是高额广告费本身间接地传递了质量信号，从而使其产品与其他企业的产品区分开来。担保相当于质量声誉的投资，也可以传递高质量的信号，可以使自己与其他低质品生产企业区分开来。低质品生产企业如果模仿优质品生产企业的担保制度，将会收不抵支。因此，食品质量的经验品特征信号传递问题可以通过企业的声誉机制来解决，不需要政府的过多干预。

3. 信用品特性

信用品特性主要指消费者自己没有能力了解的商品特性，即使在消费之后仍不能确定商品的质量。例如，消费者无法知道吃一个苹果后会对心脏造成什么样的影响。或者说，食品质量安全的信用品特征是指食品对健康的消极影响不能马上显现出来或不能容易地确定致病食品和食品来源。乳制品的质量安全属性特征显然属于信用品行列，消费者在购买、食用之后无法判断其质量安全性。例如，消费者无法判断牛奶中是否含有抗生素、是否含有三聚氰胺等有害成分。

上述三种农产品质量安全的经济学属性特征如表 2.1 所示。

表 2.1　农产品质量安全的经济学属性特征

分类	识别特征	市场信息情况	政府管理取向
搜寻品	在购买前就能够了解其特征	信息对称	不需政府干预；通过市场调节来解决
经验品	只有在购买消费后才能了解其特征	信息不对称（+）	不需政府干预；通过企业的声誉机制可以解决
信用品	在购买消费后不能了解其特征，而只能通过专业机构的检测才能了解	信息不对称（+++）	需要政府干预

注：用"+"号的多少表示信息不对称的程度大小

2.2　乳制品质量安全问题的本质原因——信息不对称

2.2.1　信息不对称及其分类

加利福尼亚大学的乔治·阿尔克洛夫（George Akerlof）、斯坦福大学的迈克尔·斯彭斯（Michael Spence）和哥伦比亚大学的约瑟夫·斯蒂格利茨（Joseph Stiglitz）三位经济学家，因其在不对称信息分析方面所作出的开创性研究而获得2001年度诺贝尔经济学奖。所谓"信息不对称"，就是经济关系中一方知情(私有信息)，而另一方不知情，知情一方有着利用信息优势去获利的条件。在市场竞争的环境中，信息是不完全的，即信息不对称现象广泛存在，这也是导致乳制品质量安全问题频发的根源。

1. 绝对意义上的信息不对称

对于乳制品质量安全问题，绝对和相对意义上的信息不对称现象都存在。一般情况下，生产者并不必然比消费者掌握更多乳制品质量安全的信息。例如，奶牛饲养户知道自己使用了哪些饲料，但他并不一定知道产出的牛奶中是否存在有害成分；奶牛饲养户知道自己对生病的奶牛使用了哪些品种的兽药及使用量是多少，但他并不一定知道最终提供的原奶中残留了多少抗生素，更不知道这些残留的抗生素是否会对人体造成伤害。因此，尽管原奶提供者、加工者、经销商对乳制品的生产流通过程知道的比消费者多，但他们同样面临着对产品实际质量安全状况的信息不确定问题。或者，即使生产者完全掌握了这样的信息，而把这些信息完整且准确地传递给下游所有经手人的成本可能高得惊人。

2. 相对意义上的信息不对称

相对意义上的信息不对称就是通常所指的信息不对称。生产者（或销售商）对自己产品的质量安全信息永远要比消费者掌握得多。例如，个别奶农或奶站为了提升原奶检测中的蛋白质含量以达到企业收购的标准，而添加三聚氰胺；生产企业为了延长乳制品防腐保鲜的时间，添加防腐剂；为治疗奶牛乳腺炎和其他细菌感染性疾病而滥用抗生素等。乳制品的"信用品"特性决定了消费者无法通过感官来获知这些信息，这些信息只有生产者（或销售商）掌握。这种信息不对称现象直接的结果是给生产者提供了实施机会主义行为的条件和机会。在利益导向的驱使下，以次充好、假冒伪劣的产品就会充斥市场，会出现劣质乳制品驱逐优质乳制品的现象，质量安全的乳制品最终可能会从市场上消失。

2.2.2　乳制品供应链各交易主体之间的信息不对称

乳制品行业是一个比较特殊的行业，其产业链长，生产环节多，涉及第一产业（农牧业）、第二产业（食品加工业）和第三产业（分销、物流等）。乳制品供应链由原奶提供者奶农（奶站）、生产加工企业、经销商等构成，供应链成员的行为直接影响乳制品的质量安全，而出于自身利益的考虑，供应链上的成员之间存在着信息不对称现象。

1. 奶农、奶站与乳制品生产企业之间的信息不对称

原料乳的质量水平直接影响乳制品的质量安全水平，而原料乳的质量水平与奶牛的养殖过程和养殖模式有关，学界比较认可的养殖模式是标准化的"规模养殖"模式。根据项目组在内蒙古自治区呼和浩特市、集宁市等周边奶牛养殖区和牧场的调研情况看，内蒙古原奶生产组织模式主要有散养、奶农专业合作社、养殖小区、企业建设的牧场等几类。虽然，政府推广"规模养殖"模式，支持建立标准化的"奶农专业合作社"，但是，根据调研结果和内蒙古自治区奶业协会的介绍，实际情况远非达到政府的预期。表面上看养殖户组建了很多奶农专业合作社，但实际情况是很多奶农专业合作社并不是散户因生产经营需要自发组建的，一些是奶站为取得合法的开办资质而成立的，还有一些是养殖大户为获得国家政策扶持资金而凑合的。以合作社名誉建设的养殖小区没有在奶牛入园进区之后实现"统一管理"，而是事实上的"集中散养"，即养殖户在统一建设的小区内分别养自家的奶牛，标准化养殖并未实现。这就是说，目前我国奶牛的养殖还是以散养和小规模家庭养殖的传统养殖模式为主。这种散养模式存在很多缺陷和不足。例如，在养殖过程中难以得到专业技术指导；而且，由于奶农整体文化水平不高，导致饲养户普遍缺乏养殖的安全知识，对饲料的真假、质量好坏的鉴别能力有限，以及对饲料添加剂、抗生素、激素等合理使用的标准的了解也远远不够。这也是导致有毒有害的化学物质在奶牛体内蓄积，直接造成乳制品质量安全隐患的原因之一。奶站方面，在原奶收集过程中，奶站负责挤奶、牛奶的储藏、运输，因此，挤奶的方式及设备、储奶设备、运奶设备的卫生情况等也会造成乳制品污染。

目前，我国关于乳制品质量安全的信息披露机制还没有完全建立，信息可追溯技术还不够完备，因此，如果企业想了解上述情况或了解更多有关原料乳的质量安全信息，其搜寻成本过高，再加上企业之间搭便车的现象也相当严重，所以单个企业没有积极性去搜寻质量安全信息。这就导致乳制品质量安全信息在奶农、奶站与生产企业之间存在较为严重的不对称现象。

2. 乳制品生产企业与经销商之间的信息不对称

从频发的乳制品质量安全事故中反映出，我国乳制品生产加工过程中的生物性因素、滥用添加剂的化学性污染以及人为掺假等污染情况比较严重，尤其是乳制品加工过程中所引发的微生物污染给人类健康造成了严重损害。微生物污染的控制对乳制品生产厂家的生产条件、卫生条件、厂库设备条件、加工与包装、保鲜与运输等各个环节都提出十分严格的要求，其中任何一个环节稍出问题都会导致微生物的大量繁殖。此外，我国乳制品生产企业大多采取小规模、分散化的加工方式，生产企业的产品检验、商标认证的单位成本较高，使得生产企业主动传递乳制品质量安全信息的积极性不高。而对于经销商来说，又缺乏获取上述影响乳制品质量安全的因素信息能力，因此，造成生产企业与经销商之间的信息不对称。

3. 乳制品经销商与消费者之间的信息不对称

消费者处于供应链末端，信息经过供应链的层层缺失，消费者掌握的质量安全的真实信息相当有限。而经销商是乳制品的直接供给者，其进货渠道、销售方式会影响乳制品的质量安全。如果经销商把关严格，如对进货渠道严格控制、对劣质和无生产认证的乳制品严禁进入流通环节、对于过期变质的乳制品下架销毁，就能在很大程度上降低乳制品质量安全的风险。但是，往往受到自身利益和信息搜寻成本的影响，处于信息优势的经销商大多不愿将上述情况以及质量安全的真实信息传递给消费者，从而造成经销商与消费者之间的信息不对称。

4. 政府与乳制品供给方之间的信息不对称

这里指的乳制品供给方包括奶农、生产企业、经销商。与上述各主体之间存在单方面的信息不对称不同，政府与乳制品供给方之间的信息不对称是相互的。一方面，政府属于信息优势方，乳制品供给者属于信息劣势方。例如，政府发布的有关乳制品质量安全的政策法规，一般是在全面了解国家或某一个地区乳制品质量安全综合信息的基础上，为了避免某些质量安全问题的产生，以及进行必要的宏观引导而制定的；而该政策法规的颁布不是所有奶农、生产企业、经销商都能及时了解和掌握的。另一方面，政府属于信息劣势方，乳制品供给者属于信息优势方。由于监管成本的原因，政府对供给方的产品只是抽查或者作定期的检查，做不到全面检查。因此，政府对原料奶的提供、乳制品的生产加工或者经销渠道等情况的了解不可能是全面的。而乳制品供给方对于这些信息的掌握是充分的。也就是说，相对于政府监管者而言，乳制品供给方拥有更多有关乳制品质量安全的真实信息。

5. 政府与乳制品消费者之间的信息不对称

对于政府与乳制品消费者之间存在的信息不对称现象，政府处于信息优势地位，而消费者处于信息劣势地位。主要表现在政府非常了解乳制品质量安全规制方法和标准，如经常听到的无公害、绿色、有机，还有安全乳制品、放心乳制品等，对这些繁多的乳制品分级，多数消费者是不清楚的，即使知道一点也是模糊的。加之，我国监管部门繁多，部门之间还会出现监管上的矛盾，这就导致消费者只能根据乳制品的定价来区分不同的质量水平。这种监管部门管理上的问题和消费者知情权的受损，导致政府与消费者之间存在信息不对称。

2.2.3　信息不对称条件下乳制品生产经营者的行为选择和社会影响

根据信息不对称发生的时间，把发生在当事人知道之前的称为事前信息不对称，把发生在当事人知道之后的称为事后信息不对称。事前信息不对称会引发逆向选择，事后信息不对称会引发道德风险。

1. 逆向选择

1）逆向选择的形成

阿克劳夫（Akerlof，1970）的旧车市场模型解释了逆向选择理论。该模型指出：在交易市场上，逆向选择问题来自买者和卖者掌握产品质量信息的不对称。卖者知道产品的真实质量水平，而买者不知道；买者只知道产品的平均质量水平，因而只愿意按照平均质量水平来支付价格。如此一来，质量高而按平均水平定价的卖者由于没有利润可言就会退出交易，只有质量低的卖者进入市场。最终结果为，市场上的产品质量水平下降，买者愿意支付的价格也进一步下降，更多高质量的产品退出市场，逆向选择形成。在均衡的市场环境下，只有低质量的产品交易，在极端情况下，市场可能根本不存在，出现"零均衡"。

非零均衡市场从供需两方面形成：

（1）供给方面。市场上一些规模较小的企业，由于技术和资金受限，价格是其主要竞争手段。当面临低竞争产品的降价竞争时，规模较小的高质量乳制品生产企业在考虑自身的单位成本和保持产品质量的前提下，继续降价的空间很小，只有降低成本才能取得价格上的优势。因此，这些规模小的企业为了自身利益，会以牺牲产品质量为代价来降低成本，导致市场上的低质量产品增加。但是市场上也有一些资金雄厚、规模较大的企业，为了不被市场淘汰，会自愿的、想方设法传递高的产品质量信息，使消费者愿意为获得高质量产品支付较高价格。因此，在市场中低质量产品的供给会增加，相应的高质量产品的供给会减少，但是不至于消失。

（2）需求方面。在信息不对称的情况下，阿克劳夫的旧车市场模型指出，市场在多大程度上存在，也依赖于买卖双方对产品的估价情况，也就是说二手车的潜在买者有强烈的购车欲望，且买者的估价要高于卖者的估价交易才能实现。在市场中的确会有一部分买者对产品的估价会高于卖者，他们愿意支付高于产品质量水平的价格。因此，在非零均衡市场上，对高质量乳制品也有一定的需求。

2）信息不对称对乳制品供给的影响

在市场上，质量安全信息不对称是导致生产经营者逆向选择的直接原因。假设企业生产高质量乳制品和低质量乳制品的生产成本分别为 C_h 和 C_l，单位产品价格分别为 P_h 和 P_l，收益率分别为 R_h 和 R_l，高质量乳制品的生产需要高营养的饲料、优质的饲养、先进的加工技术等，所以高质量乳制品的生产成本要大于低质量乳制品的生产成本 $C_h > C_l$。在信息不对称情况下，消费者在购买乳制品前，对于所购乳制品是否为高质量产品并不知情，所以对不同质量水平的乳制品更愿意支付相同的价格，即 $P_h = P_l$。因为 $C_h > C_l$，所以 $R_h < R_l$。假设此时有两个供应商甲和乙，提供的乳制品种类相同，并均采用提供高质量和低质量乳制品两种策略，这时就会陷入"囚徒困境"，即在非合作博弈的情况下，为了各自的利益最终会选择（R_l，R_l）策略，即生产低质量的乳制品，而对高质量的乳制品的供应会大大减少，如图 2.1 所示。

乙供应商

		生产高质量乳制品	生产低质量乳制品
甲供应商	生产高质量乳制品	$(R_h; R_h)$	$(R_h; R_l)$
	生产低质量乳制品	$(R_l; R_h)$	$(R_l; R_l)$

图 2.1　乳制品供给方的"囚徒困境"博弈模型

3）信息不对称对乳制品需求的影响

假定市场上有两种质量的乳制品，即高质量乳制品和低质量乳制品，并且消费者和生产厂商都具有完全信息，即买卖双方都知道哪种是高质量乳制品、哪种是低质量乳制品。如图 2.2 与图 2.3 所示，横轴代表乳制品的销量，纵轴代表成交价格。图 2.2 中，S_H 代表高质量乳制品的供给曲线，D_H 是高质量乳制品的需求曲线；图 2.3 中，S_L 和 D_L 分别是低质量乳制品的供给和需求曲线。在任意给定的价格下 S_H 高于 S_L，这是因为高质量乳制品由于生产成本较高，故生产高质量乳制品的厂商为优质的商品制定更高的价格。同样，D_H 曲线要高于 D_L，这是因为优质乳制品能够更好地满足消费者的营养和健康要求，消费者愿意为优质乳制品支付更高的价格。在图 2.2、图 2.3 中，优质乳制品的市场均衡价格为 P_H，低质量乳制品的市场均衡价格为 P_L，每种乳制品的市场需求量都为 1000 吨。

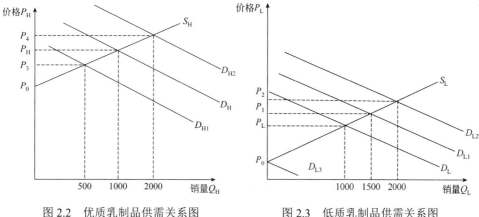

图 2.2　优质乳制品供需关系图　　　　　图 2.3　低质乳制品供需关系图

　　目前，乳制品已基本成为我国居民的生活必需品，虽然优质品与低质品在各种理化指标上有着严格的国家标准界定，但对于普通消费者来说，对优劣商品的界定是很困难的。消费者不仅在购买前无法从感官上对两种商品作出区分，而且即便食用后也不会感觉有明显差异。正是乳制品的这种信用品特性，使得优质乳制品与低质乳制品共存同一市场成为普遍现象。由于消费者对低质乳制品缺乏完全的信息，往往会将低质乳制品当成优质乳制品，就是说，购买相对低价的低质乳制品与购买高价的优质乳制品对消费者来说具有相同的效用，此时低质乳制品的需求会增加。

　　假定乳制品市场的需求总量不变（由于人们生活习惯等方面的影响，在现实生活中乳制品的总需求可以认为是刚性的）。在市场信息不对称情况下，为保持市场总量不变，优质乳制品和低质乳制品的需求曲线都将发生移动，均衡价格也将随之变化。如图 2.3 所示，低质乳制品需求量的增加，会使需求曲线向右移动，即从 D_L 向右移至 D_{L1}。此时需求量由 1000 吨增加至 1500 吨。市场均衡时，优质乳制品的市场需求则由 1000 吨减少至 500 吨。由于信息不对称，低质乳制品将优质乳制品部分挤出市场，从而在市场中占有更大份额。这种"逆向选择"，最终会使市场上会出现消费者对优质乳制品的需求得不到满足，而劣质乳制品充斥整个市场的局面。

　　2. 道德风险

　　1）道德风险的形成

　　道德风险就是指交易双方签约之后，信息优势方为了获取自身利益的最大化作出不利于另一方的行为，引发道德风险。

　　2）奶农（奶站）隐藏乳制品质量信息的道德风险

　　自交易双方签约到履约都会有一定的时间长度，这期间，乳制品生产企业一般不能全面了解奶农（奶站）的生产行为。在信息不对称的情况下，由于契约的不完全性，以及奶农文化素质偏低、社会责任感薄弱等原因，奶农有可能实施掺假等违规行为，从而导致原料奶的质量水平低于合同中规定的要求。奶农（奶站）的这种道德风险发生之后，如果乳制品生产企业重新购买原料奶的成本比较高或者奶源不足，就会在获取合理赔偿的情况下，被迫接受质量低于合同要求的原料奶，将其勉强作为乳制品的加工原料，其结果就会导致市场上乳制品质量水平的整体下降。

3）乳制品生产企业隐藏乳制品质量信息的道德风险

乳制品供应链中生产加工是最重要的环节，一般处于供应链主体地位。因此，企业生产经营者明显比经销商或者消费者了解更多有关乳制品质量安全的信息。但是，对于不利于企业自身的质量信息，企业不会自愿透露给经销商和消费者，这就是隐藏信息而引发的道德风险。此外，对于低质乳制品产生商，为了追求私利，可能会不择手段地生产存在安全隐患的产品。例如，①在生产加工过程中，违规使用三聚氰胺等国家禁用的添加剂、防腐剂；②使用超低质量的原料奶生产几乎毫无营养价值的产品，如阜阳劣质奶粉虽然不含有毒成分，但因没有营养而使许多婴幼儿失去了生命；③部分取得乳制品认证的生产企业，滥用认证标志。认证标志是将乳制品质量安全信息传递给消费者的一种载体，不同认证标志代表着不同的质量水平。但在信息不对称的情况下，如果政府监管不严，就会造成标志使用者打着认证通过的招牌生产不安全或者低质量的乳制品。

3. 信任危机

乳制品供应链中存在的信息不对称现象，会导致消费者的信任危机。通过博弈论来分析信任危机产生的过程。假设：

P_1：生产高质量乳制品的价格；

P_2：生产低质量乳制品的价格；

C_1：生产高质量乳制品的成本；

C_2：生产低质量乳制品的成本（$C_1 > C_2$）；

q_1：生产高质量乳制品的概率；

q_2：生产低质量乳制品的概率（$q_1 + q_2 = 1$）；

V：消费者购买高质量乳制品的效用；

W：消费者购买低质量乳制品的效用（$V > W$）。

根据假设，构建乳制品质量安全博弈模型，如图 2.4 所示。

在该博弈模型中，当 $P_1 - C_1 > 0$、$P_2 - C_2 > 0$ 时，无论是高质量乳制品生产企业还是低质量乳制品生产企业都是获利的，因此，这种情况的最优选择是两种企业都生产。当 $V - P_1 > 0$、$W - P_2 < 0$、$q_1(V - P_1) + q_2(W - P_2) > 0$，即 $q_1 > (P_2 - W)/(V - P_1 - W + P_2)$时，消费者虽然有购买到低质量乳制品而遭受利益和自身健康损失的可能

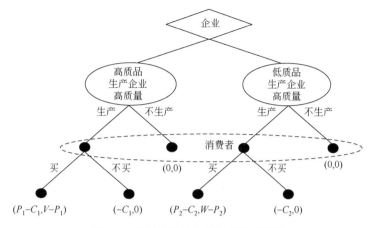

图 2.4 乳制品质量安全生产博弈模型

性，但其购买乳制品的利益总体上仍然大于零，所以消费者的最优选择为继续购买乳制品。这就使得生产低质量乳制品的企业继续生产。当市场上高质量乳制品的概率逼近$(P_2-W)/(V-P_1-W+P_2)$时，消费者购买到低质量乳制品的概率会增加。又因乳制品的信用品特性，消费者在购买之前和之后并不能了解乳制品的真实质量水平，只有在消费并付出一定的代价后，才能感悟到低质量乳制品会对自己的身体造成伤害，进而对市场上的乳制品产生怀疑，也逐渐会认识到低质量乳制品生产企业的行为是一种不诚实的欺骗行为。虽然这种被欺骗的交易可能会发生在每一位购买乳制品的消费者身上，但是，只要消费者知道自己遭到欺骗，就会对乳制品企业产生信任危机。当$W-P_2<0$，且$q_1(V-P_1)+q_2(W-P_2)\leqslant 0$时，市场上高质量乳制品的概率降低，消费者购买到低质量乳制品的概率增大，对生产企业的信任危机加重。

信息不对称现象还会造成消费者对政府的信任危机。因为信息不对称情况下，保证乳制品质量安全的重要手段是政府的监管。而频发的乳制品质量安全事故，使消费者有理由认为是由于政府没能有效承担起监管职责所致。更不能使消费者容忍的是，乳制品质量安全事故的发生是由于政府接受了劣质乳制品生产商的贿赂而有意包庇所致。这就导致消费者对政府产生信任危机。

2.2.4 解决乳制品质量安全信息不对称问题的信号干预机制

1. 我国缺乏有效的信号指引系统

当前，我国乳制品质量安全问题在信号干预方面，缺乏有效的信号指引系统。主要表现为：

（1）信息隐藏。常规情况下，乳制品质量安全信息公布的责任主体是地方政府，但是，是否公布当地发生的乳制品质量安全事故信息，取决于地方政府多重目标之间的平衡。因为，地方政府除了考虑乳制品质量安全的社会性目标外，还要考虑辖区的就业、税收以及培育企业竞争力等其他目标。如果将实际查处的乳制品质量安全事故全部、及时公之于众，政府对公众承诺的其他目标就可能难以实现，其代价（成本）可能远大于收益，成本与收益对比严重失衡。因此，现实中地方政府公布的乳制品质量安全信息数量会低于实际的发生值。而且，地方政府发布信息的成本收益均衡点，可能会成为企业透支政府声誉的公信力而降低质量的参照标准，使企业可以不必顾虑自身声誉而实施降低质量、提高收益空间的策略。只有当政府发布信息的成本收益达到均衡点或收益高于其成本时，才会披露已发生的质量安全事故的信息。因此，客观上作为利益相关方的地方政府，往往不会及时准确地公布乳制品质量安全信息，甚至会出现隐藏信息，使信息无法发挥信号价值。

（2）信息过载。乳制品供应链涉及的环节众多，每一个环节都有产生质量安全问题的隐患。因此，政府在实施监管职责时，会通过检测供应链各环节的质量数据与信息，来识别是否存在质量安全隐患。这些数据与信息是直接反映乳制品质量安全问题技术方面的证据，但是政府监管部门长期检测的这些数据与信息，很少能得到有目的的加工储存，致使消费者、政府、企业都不能进行利用，社会没有"记忆"，导致消费者、企业的选择没有参照系统。

（3）有价值信号与无价值信号相混淆、多个部门发出相互矛盾或重叠的信号。在2013年国务院"大部制"改革之前，我国关于食品安全问题实行的是分段监管体制，农业部门负责初级农产品监管、质量技术监督部门负责生产加工环节监管、工商行政管理部门负责流通环节监管、食品药品监管部门负责消费环节监管。这种"分段式监管"模式在乳制品质量安全监管过程中，各部门会发出相互矛盾或重叠的信号，而且是有价值信号与无价值信号相互混淆，使消费者难以有效识别和利用这些信息。为了解决这些问题，使食品在生产、流通、消费环节的安全性实施统一的监督管理，发出的相关信号是真实、唯一的，国家组建了新的食品药品监督管理总局。但是，能否实现这个目的，还需要实践的检验。

上述现象导致消费者、企业的选择没有参照系统。

2. 乳制品质量安全信号的管理

对于乳制品的信用品特性和信息不对称问题，解决的根本措施是建立有效的信息发现、显示和信誉机制。在我国，政府充当了乳制品质量安全监管和信号显示的主要角色。因此，政府采取相应措施干预是解决信息不对称的有效方法。可采用如下两种方法。

（1）建立信号反馈机制，增加信息供给量。政府监管部门制定严格的监管制度和科学的监管流程，规律性检查与非常规抽查相结合，实时了解企业生产的乳制品质量安全情况，对查到的不合格产品全部销毁，并及时将信息反馈给企业，如图 2.5 所示。

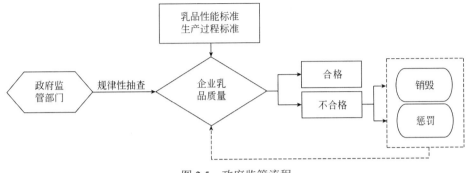

图 2.5 政府监管流程

这种信号机制的优点是，政府不需要将乳制品质量安全信息传递给消费者，也不需要储存相关信息，因为市场上所有乳制品都是合格的。这种机制也迫使企业高度关注乳制品的质量安全问题，主动采取确保质量安全的各种方法和手段，如HACCP 体系、溯源的可追踪系统等。这种信号机制的不足之处是代价高，一是执行成本高，如果把所有存在质量安全问题的乳制品销毁，那么市场供给就会面临极大的恐慌；同时，政府在执法过程中将面临生产经营者的极力反抗，使得政府的执法无法长期坚持。二是政府要投入极大的人力、物力，进行大量的检测。即便如此，也难以做到一点漏洞也没有。三是这种信号机制没能利用消费者的力量。

上述信号机制虽然存在不足之处，但是，政府可以通过加强管制来进行弥补和完善。一是强制要求乳制品供应链各环节主体披露有关产品特点和使用方法等方面的信息（如信息标签），以便消费者或下游企业能够对产品质量进行了解和评价。二是对企业为促销而主动进行的产品质量宣传和产品名称的使用进行严格控制（如不允许夸大其营养效果），以防止欺诈消费者。三是提供公共信息和教育。例如，定期公布质量抽检结果，建立可供消费者查询的乳制品质量安全与营养水平信息数据库，对消费者和乳制品领域从业人员进行质量安全方面的培训与教育等。四是对信息提供给予补贴。例如，对跟踪研究、搜集和提供国内外有关影响乳制品质量安全以及营养方面最新信息的机构或个人给予补贴激励等。

（2）建立转换信息为信用的信号体系。政府或者政府委托的质量认证机构对乳制品监管活动中抽查的质量安全数据，以及新闻媒体曝光的结果等信息，进行记录、整理、分类等，并把这些相对抽象的数据与信息转换为消费者容易理解的信号，消费者通过对照这些信号来决定购买行为。这种方法实际上是利用了市场机制来促使企业高度关注产品的质量安全问题，建立以质量信号为载体的质量信誉机制，如图 2.6 所示。

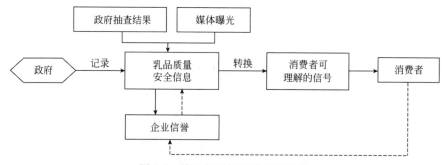

图 2.6　基于信誉机制的信号体系

为了建立生产者和消费者都认可的信号体系，政府需要做的工作是，要给予市场中每一个厂商一个独特的编号，同时，利用现代网络技术，收集、共享多个检测部门获得的质量安全信息，并将不同政府部门的信息综合转换成消费者、客户容易理解的信号，将信息转换成了信用。这样可以通过信誉机制鼓励生产经营者逐步改进自身的质量安全管理。

2.3　乳制品质量安全的外部性与公共物品属性分析

2.3.1　乳制品质量安全问题的外部性分析

外部性是指一个经济主体(生产商或消费者)在自己的活动行为中对旁观者的福利产生的一种有利影响（正外部性）或不利影响（负外部性），这种有利影响带来的利益(或者说收益)或不利影响带来的损失(或者说成本)，都不是生产者或消费者本人所获得或承担的，是一种经济力量对另一种经济力量"非市场性"的附带影响。外部性会导致市场失灵，即外部性的存在会造成社会脱离最有效的生产状态，使市场经济体制不能很好地实现其优化资源配置的基本功能。为了分析乳制品的外部性问题，先把乳制品市场中的供应者分成两类，一类是诚实的厂商，另一类是不诚实的厂商；这两类厂商的不同市场行为，会导致外部性问题的产生，主要体现在以下两个方面。

1. 诚实厂商对消费者和不诚实厂商产生的正外部性

诚实的厂商会严格按照国家相关标准组织生产，消费者对其产品的食用不仅是安全的，而且，产品所具有的营养价值能给消费者带来精神和物质上的满足感。因此，对于消费者而言，诚实的厂商带来的是正外部性。对于不诚实的厂商而言，由于诚实厂商带给消费者的正外部性，其生产销售的产品早已在消费群体中形成品质优良的形象，因此，当消费者对所要购买的乳制品质量心存疑惑而难以抉择时，诚实厂商优质品所留给他们的良好印象就可能会成为决定购买的依据，而实际购买到的却是不诚实厂商生产的问题产品。此时，客观上诚实厂商为不诚实厂商带来了利益，即诚实厂商对不诚实厂商带来的也是正外部性。

2. 不诚实厂商对消费者和诚实厂商产生的负外部性

诚实厂商的生产过程一般都有严格的质量控制措施，采用的原料奶也符合标准要求，因此，生产成本比较高，反映出来的价格也比较高。但是，乳制品的信用品特性决定了消费者在购买之前并不能确切了解其品质，在消费选择时，往往会选择价格低廉的不诚实厂商的产品，这样就造成了诚实厂商经济利益的损失。当消费者了解到所消费的可能是不诚实厂商生产的劣质乳制品时，心理上自然就会产生负面影响，致使其对市场上的乳制品心生不信任感而排斥消费，负外部性产生。这种不诚实厂商劣质品的负面影响，还会冲击诚实厂商优质品的销售，使诚实厂商遭受损失。

外部性是非排他的，不能通过市场机制自动设置价格机制来实现优胜劣汰，从而会引起逆向选择，导致劣质品驱逐优质品。具体来说，诚实的厂商不能因为正的外部性而得到另外的补偿，其提供的优质乳制品的边际成本大于边际收益；不诚实的厂商也没有因为负的外部性产生的损害而付出相应的代价，其提供的劣质乳制品的边际成本小于边际收益，最终导致市场失灵。

解决乳制品质量安全外部性问题的有效方法是政府干预。即政府依靠法律手段，使乳制品市场上的"外部效应内部化"。解决思路是使不诚实厂商生产劣质品而产生的社会成本纳入其生产成本之中。例如，通过严格监管，追究劣质产品的责任，按照给消费者造成的损失或造成损失的数倍进行惩罚和赔偿。

2.3.2　乳制品质量安全的公共物品属性分析

一般把社会产品划分为"私人物品"与"公共物品"两类。简单地说，私人物品是只能供个人享用的物品，公共物品是可以供社会成员共同享用的物品。相对于私人物品，公共物品具有消费的非竞争性和使用上的非排他性。非竞争性是指众多消费者可以从既定的供给中同时满足自己的需求，即使增加一个消费者也不会减少其他人对该物品的消费数量和质量；非排他性是指一个人在消费这类物品时，不能排除他人也同时消费这类物品。由于公共物品非竞争性和非排他性的属性，在其供给上就会出现"免费搭车"的现象。作为理性经济人，缺乏主动提供公共物品的动力，市场机制难以在公共物品的提供上发挥作用。因此，公共物品的需求与供给无法通过市场机制实现自我调节，需要通过政府规制来调节。

乳制品质量安全具有公共物品的属性。一是具有消费上的非竞争性，任何一个消费者购买到优质的乳制品，都享受到了提高乳制品质量安全水平带来的益处，并不会影响其他消费者享受同样的好处。二是具有收益的非排他性，对于每一位消费者，即便是他不愿意为企业加强乳制品质量安全控制与管理的行为支付任何费用，但是，要想将其排除在提高乳制品质量安全水平而带来的收益之外也是不可能的。因此，乳制品质量安全的这种公共物品属性，决定了乳制品的质量安全问题难以通过市场机制来解决。

鉴于乳制品质量安全的公共物品属性，在乳制品质量安全信息的享用上也具有非竞争性，即此消费者的享用不会影响彼消费者的享用；同时，由于信息的易传递性特点，信息消费者对其他消费者享用信息加以限制也是不可能的。但是，生产与传递信息需要付出成本，而对信息的消费又很难进行计量收费，这样，"免费搭车"的行为就会发生。由于信息提供者很难通过收费弥补成本和收益，因而私人提供乳制品质量安全信息的积极性不高，造成市场上乳制品质量安全信息的供给不足。此时就需要政府通过行政干预来加强信息供给。例如，对于优质乳制品的信息供给，可以借鉴信号传递理论，激励生产经营者自己传递产品信息，然后再将所产生的成本通过产品的价格转嫁到消费者身上，这样不仅实现了优质乳制品信息的有偿消费，实施优质优价，也排除了其他消费者"免费搭车"行为。但是对于一些劣质乳制品的相关信息，生产经营者没有积极性自己曝光，这样就会导致生产者不愿意提供优质乳制品，造成优质乳制品的供给不足。此时也需要行政干预，需要政府强制介入，本着对公众负责的态度，强制生产经营者披露乳制品质量安全信息，或者由政府直接向社会提供质量安全信息。

第3章 乳制品供应链现状及存在的问题

3.1 我国乳制品行业发展状况

3.1.1 总体概况

1. 乳制品企业的数量

根据国家统计局的数据统计，截至 2013 年 12 月，全国规模以上的乳品加工企业为 658 家，相比 2012 年增加 9 家。其中，处于亏损状态的企业有 91 家，相比 2012 年减少 23 家，亏损的比例也下降了 3.8%。我国在 2008 年出现乳制品危机事件之后，着重加强了乳制品行业的整顿和振兴，设立严格的乳制品行业准入和审核制度，通过对不规范和违规企业的整合，使规模以上的乳品企业从 2008 年的 1000 多家缩减到目前的 600 多家。乳制品加工企业的数量减少了，但是，乳制品的产能提升了，产能也更加集中，如图 3.1 所示。

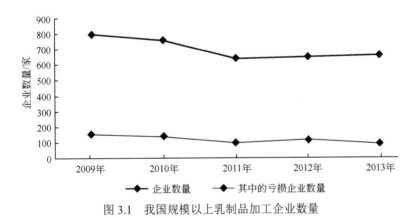

图 3.1 我国规模以上乳制品加工企业数量

资料来源：《2014 中国奶业年鉴》

2. 乳制品产量

根据国家统计局的数据统计，截至 2013 年 12 月，我国乳制品的产量达到 2698.03 万吨，相比 2012 年的总产量增长了 5.15%。其中，液态奶的产量达到了 2335.97 万吨，相比 2012 年增长 7.01%。与前几年不同的是，干乳制品的产量为

362.06 万吨, 相比 2012 年下降 9.17%, 如图 3.2 所示。

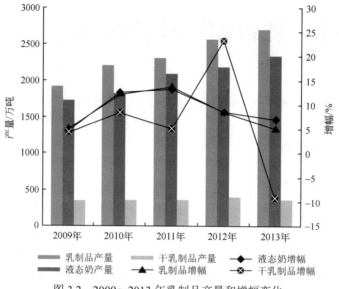

图 3.2 2009~2013 年乳制品产量和增幅变化

资料来源:《2014 中国奶业年鉴》

3. 收入与利润

据国家统计局的统计数据, 2013 年 658 家规模以上乳品企业, 产品销售收入为 2831.59 亿元, 比 2012 年增长 14.16%。利润总额 180.11 亿元, 比 2012 年增长 12.70%, 如图 3.3 所示。

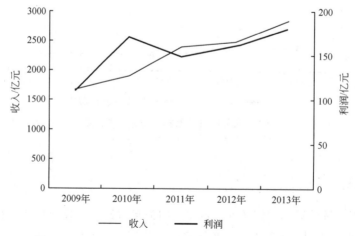

图 3.3 2009~2013 年乳品企业产品销售收入和利润情况

资料来源:《2014 中国奶业年鉴》

4. 经济类型

据国家统计局的数据，截至 2013 年年底 658 家规模以上乳品企业，其经济类型多种多样。其中，国有企业 20 家，集体企业 4 家，股份合作企业 2 家，股份制企业 46 家，私营企业 234 家，外资及我国港澳台地区投资企业 96 家，其他类型企业 256 家，如图 3.4 所示。

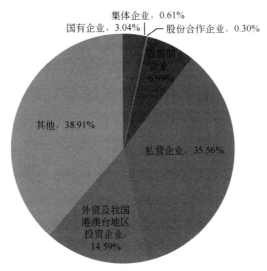

图 3.4　2013 年各种经济类型的乳企数量比例

资料来源：《2014 中国奶业年鉴》

5. 产业分布

总体而言，乳品加工产业的分布与奶牛养殖的分布基本匹配。乳品加工产业主要集中于我国北方区域。据国家统计局数据，2013 年乳品产量排名前 10 位的省份分别是内蒙古、河北、山东、黑龙江、河南、陕西、江苏、辽宁、四川、安徽，10 省乳品总产量为 1891.84 万吨，占全国乳品总产量 2698.03 万吨的 70%以上，如表 3.1 所示。

表 3.1　2013 年乳品产量排名前 10 位的省份情况

名次	省份	产量/万吨
1	内蒙古	300.92
2	河北	298.12
3	山东	274.73
4	黑龙江	213.74
5	河南	193.06

续表

名次	省份	产量/万吨
6	陕西	183.98
7	江苏	141.63
8	辽宁	96.69
9	四川	94.05
10	安徽	94.05
10 个省份合计		1891.84
全国合计		2698.03
10 个省份占全国比例/%		70.12

资料来源：《2014 中国奶业年鉴》

3.1.2　主要上市乳品企业发展情况

在产业发展总体良好的情况下，2013 年乳品企业发展业绩突出，特别是大型龙头企业及上市企业，如表 3.2 所示。

表 3.2　2013 年主要上市乳品企业业绩情况

公司简称	上市地点	2012 年		2013 年		2013/2012 增幅	
		营业总收入	净利润	营业总收入	净利润	营业总收入	净利润
伊利	上海	419.91	17.17	477.79	31.87	13.78	85.61
蒙牛	香港	360.8	12.57	433.6	16.3	20.18	29.67
光明	上海	137.75	3.11	162.9	4.06	18.26	30.55
三元	上海	35.5	0.33	37.88	-2.27	6.7	-787.88
贝因美	深圳	53.54	5.09	61.17	7.21	14.25	41.65
皇氏乳业	香港	7.54	0.33	9.89	0.36	31.17	9.09

资料来源：《2014 中国奶业年鉴》

龙头企业及上市公司整体运行情况良好、业绩突出的原因，一是奶业整体发展环境向好，如国家出台一系列促进奶业持续健康发展的政策。乳品企业都积极抓住机遇，加快企业自身发展。二是消费信心增强，消费需求旺盛。2013 年乳品产量同比增长 5.15%，液态奶进口同比增长 91.6%，以及 2013 年下半年奶源供应趋紧的情况，都说明了消费需求总体旺盛。三是企业通过不断的技术创新、产品优化、结构调整，进一步提升竞争力，扩大营业收入，节约运营成本。

1. 伊利

据内蒙古伊利乳业有限公司（简称伊利）2013 年年报，2013 年实现营业

收入 477.79 亿元，比 2012 年增长 13.87%；实现净利润 31.87 亿元，比 2012
年增长 85.61%。报告期内，增加公司营业收入和利润的因素有三：一是销量
增长而增加收入 29.30 亿元，二是产品结构升级而增加收入 17.37 亿元，三是
单价调整而增加收入 10.51 亿元。具体到产品来说：①液体乳产品 2013 年实
现主营业务收入 371.16 亿元，较 2012 年增加 48.45 亿元，同比增长 15.01%，
因销量增长而增加收入 26.11 亿元，因金典奶、儿童奶等高端产品的销售份额
不断提高，带来的产品结构升级而增加收入 12.84 亿元，2013 年通过对部分液
体乳产品进行价格调整使收入增加 9.5 亿元。②冷饮产品 2013 年实现主营业
务收入 42.42 亿元，较 2012 年减少 0.52 亿元，同比下降 1.20%，因销量增长
使得收入增加 0.63 亿元，但由于单价较低冰类产品占总收入的比例增加而导
致结构因素使总收入下降了 1.15 亿元。③奶粉及奶制品 2013 年实现主营业务
收入 55.12 亿元，较 2012 年增加 10.28 亿元，同比增加 22.92%，通过不断提
升金领冠等高端产品的销售份额，带来的产品结构升级使收入增加 5.68 亿元，
因销量增长使收入增加 3.59 亿元，2013 年对部分产品的价格调整而增加收入
1.01 亿元。④混合饲料 2013 年实现主营业务收入 5.83 亿元，较 2012 年减少
1.03 亿元，同比下降 15.07%，这主要由养殖户向规模化、集约化的养殖模式
转型，使其自配饲料比例增加、外购饲料比例下降，导致公司饲料销量下降所
致，如图 3.5 所示。

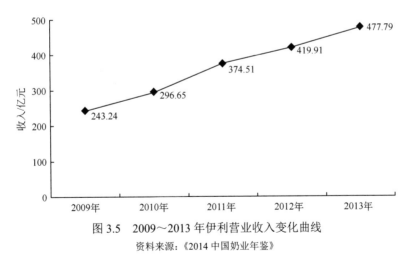

图 3.5　2009～2013 年伊利营业收入变化曲线

资料来源：《2014 中国奶业年鉴》

2. 蒙牛

据中国蒙牛乳业有限公司（简称蒙牛）2013 年年报，2013 年实现营业收入
433.6 亿元，比 2012 年增长 20.4%（不含雅士利增长的 16.3%）；实现净利润 16.3

亿元,比 2012 年增长 25.2%。其中,液体奶收入 379.03 亿元,比 2012 年增长 17.2%,占整体收入比例较去年下降 2.2 个百分点;冰淇淋收入 30.234 亿元,比 2012 年下降 4.7%,占整体收入比例较去年下降 1.8 个百分点;奶粉收入 21.773 亿元,比 2012 年上升 393.0%,占整体收入比例较去年上升 3.8 个百分点;其他乳制品收入 2.535 亿元,比 2012 年上升 94.6%,占整体收入比例较去年上升 0.2 个百分点,如图 3.6 所示。

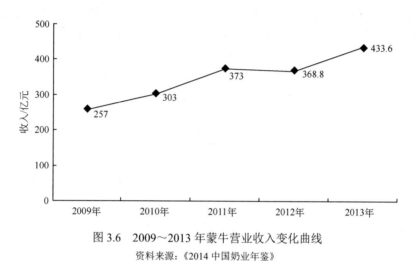

图 3.6　　2009～2013 年蒙牛营业收入变化曲线
资料来源:《2014 中国奶业年鉴》

3. 光明

据光明乳业股份有限公司(简称光明)2013 年年报,2013 年公司实现营业总收入 162.9 亿元,比 2012 年增长 18.26%;实现净利润 4.06 亿元,比 2012 年增长 30.43%。2013 年,公司以明星产品为核心,以重点地区为突破口,以渠道开拓为主要手段,实现鲜奶、酸奶、常温酸奶等明星产品的较快发展。2013 年,公司明星产品销售收入合计同比增长超过 50%,其中莫斯利安常温酸奶实现销售收入 32.2 亿元,同比增长 106.5%,优倍鲜奶实现销售收入 9 亿元,同比增长 38.3%,畅优系列产品实现销售收入 11.9 亿元,同比增长 35.2%。明星产品销售收入的较快增长驱动公司营业收入的较快增长,如图 3.7 所示。

4. 三元

据北京三元食品股份有限公司(简称三元)2013 年年报,2013 年实现营业收入 37.88 亿元,比 2012 年增长 6.6%;但受多种因素影响,净利润亏损 22 654 万元。2013 年公司营业收入较 2012 年有所增加,增长主要因素是配方奶粉销售量大幅提升，2013 年收入比 2012 年增长 99.5%；通过调整产品价格及产品结构，收入同比也有所增长，如图 3.8 所示。

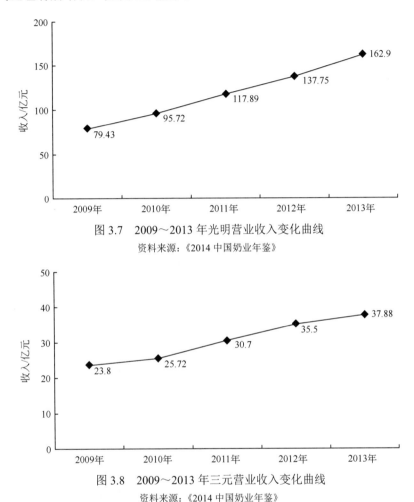

图 3.7　2009~2013 年光明营业收入变化曲线

资料来源:《2014 中国奶业年鉴》

图 3.8　2009~2013 年三元营业收入变化曲线

资料来源:《2014 中国奶业年鉴》

5. 贝因美

据贝因美婴童食品股份公司（简称贝因美）2013 年年报，2013 年实现营业收入 61.17 亿元，比 2012 年增长 14.14%；实现净利润 7.21 亿元，比 2012 年增长 41.54%。其中，奶粉生产 5.9 万吨，比 2012 年增长 21.19%；米粉生产 2.94 万吨，比 2012 年下降 11.08%，其他产品生产 2.42 万吨，比 2012 年下降 26.01%。因此，贝因美营业收入的增长主要驱动业务来源于奶粉产量的增加，如图 3.9 所示。

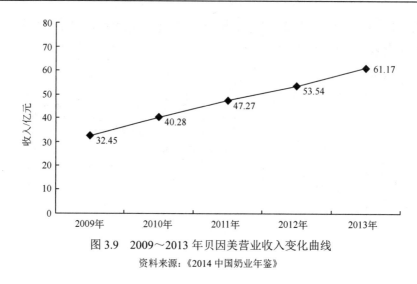

图 3.9　2009～2013 年贝因美营业收入变化曲线

资料来源:《2014 中国奶业年鉴》

3.2　供应链管理与食品供应链的类型

3.2.1　供应链管理

1. 供应链

国际上供应链(supply chain)的提出始于 20 世纪 80 年代，90 年代引起学者们的关注，开始快速发展，供应链涉及产品原材料的供应和市场对产成品的需求，所以有的学者也称供应链为供需链。

在传统生产模式下，企业一般对为其提供原材料、半成品或零部件的其他企业采取投资自建、投资控股或兼并的"纵向一体化"（vertical integration）管理模式。该模式的缺陷是：增加企业投资负担，迫使企业从事不擅长的业务活动，在每个业务领域都直接面临众多的竞争对手，增大企业的行业风险等。

由于"纵向一体化"模式的弊病，"横向一体化"（horizontal integration）管理模式随之兴起。"横向一体化"管理模式是以核心企业为龙头，在外部选择优秀的企业作为互利的合作伙伴，形成了一条从供方到制造商、再到分销商、直到最终顾客的物流和信息流网络，即供应链。

2. 供应链管理

供应链管理（supply chain management）是对供应链进行有效的协调运作和管理,目前国际上对其定义还未达成统一共识,David Adrian Murry 以及 J. Bloomberg 等认为供应链管理与物流的集成一体化类似，两者可以互换。Walters 和 Gattorna

认为，供应链管理是用于指导物流管理进行战略改革时的方法和工具。Ellram 认为供应链管理是当物资从供应商到最终顾客流动的过程中，通过计划和控制等手段提高运作效率的一种方法。Evens 认为供应链管理是将有关产品的物料流和信息流等作为主线，将原材料供应商、生产加工商、销售商等进行集成，连接为一个整体。Ellram 和 Evens 的观点强调供应链管理的主要任务是提高效率，但其核心思想与物流一体化的思想十分类似。Lalorde 认为供应链管理属于渠道管理，通过同步化管理物流和信息流，将产品价值最终向顾客传递。Ernest L. Niches 教授对供应链管理提出定义：供应链是以物料流动为核心，信息流为附加，将两者在从原材料供应到消费者消费的不间断进行传递所产生的一系列活动，而供应链管理是对一系列活动进行有效的管理和整合，使得供应链中的各个参与主体能够获得竞争优势。

上述专家学者对供应链管理的认识，反映出供应链管理是一种集成的管理思想和方法，其目的是使供应链整体运作效率达到最高，运作成本降到最低。因此，供应链管理是将原材料供应、产品生产加工、成品流通和销售等看成相互联结的环节；为了提高各参与主体的绩效并实现供应链整体的竞争优势，在供应链内部和外部进行物料、信息等各种资源交流时，需要对交流活动进行计划、组织，为顾客提供价值的同时实现供应链整体绩效最优。

为了实现供应链管理的目的，供应链管理应包括以下内容。

（1）供应链的需求管理：以供应链的末端客户和生产需求为核心，有计划地利用各种资源，协调和控制需求，以实现供应链供需平衡的业务活动。需求管理中的一项重要工作是制订"需求计划"。

（2）供应链的供给管理：根据供应链的需求计划来确定供给什么、何时供给以及如何最有效分配供给量；同时，将现有的供给资源与需求管理过程确定的、已划分的优先次序的需求进行匹配,确定生产多少产品以及何时并在何处生产等。供给管理中一项重要工作是制订"供给计划"。

（3）供应链协调管理：是供应链上的成员之间在共享需求、库存、产能和销售等信息的基础上，根据供应链的供需情况实时调整自己的计划和执行交付或获取某种产品和服务的过程。

供应链管理过程如图 3.10 所示。

3.2.2　食品供应链的类型

1. 国外食品供应链的类型

随着科技的进步，信息技术在物流系统中的广泛应用，食品供应链的类型向着多样化发展，为进行有效的供应链管理提供了参考，提高了供应链整体的绩效

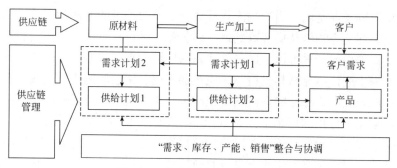

图 3.10　供应链管理过程示意图

水平。国外学者 Go1an 和 Boselien 等梳理了食品和农产品物流发展的阶段，以此为依据，将食品或农产品供应链划分为三种类型。

1）哑铃形食品供应链

哑铃形食品供应链是一种准供应链，其结构类似于哑铃结构，供应链的长度较短，交易主体主要集聚在供应链的两端，中间环节较少，且交易主体类型单一。哑铃形食品供应链广泛存在于发展中国家，由于发展中国家生产条件有限，导致食品或农产品生产者向供应链的上游集聚，且农产品产地在市场附近，消费者不需要中间商即可方便地购买到所需产品，所以供应链中的参与方主要是农产品生产者和最终消费者，城郊的蔬菜供给即是此种供应链结构，消费者直接到附近的蔬菜市场购买产品，不需要中间的分销商和零售商，哑铃形食品供应链的具体形式，如图 3.11 所示。

图 3.11　哑铃形食品供应链

2）T 形食品供应链

农产品中有一些是易腐烂的产品，必须快速销售或通过冷藏、深加工处理。然而，食品或农产品生产者不具备此方面的技术和能力，只能依靠专业的第三方物流提供方、农产品生产商或者大型的批发商，这些人或机构就构成了提供专业服务的中间商。这些中间商对农产品产地相对了解，而且，其他类型的中间商又比较少，农产品生产方的单个数量众多，就形成了 T 形的食品供应链。T 形食品供应链较哑铃形供应链的结构长，中间商会提供增值服务，即对收来的初级农产品进行加工增值。T 形食品供应链主要存在于产地同市场距离较远、当地又无法快速消费的地区，如图 3.12 所示。

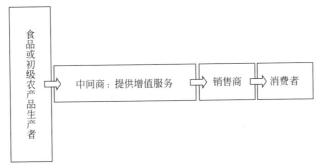

图 3.12　T 形食品供应链

3）对称型食品供应链

对称型食品供应链是一种新型的食品供应链模式，广泛存在于发达国家，发展中国家正在推广，这种模式的核心思想是"农超对接"。随着人们生活水平的提高，消费方式的改变，大型超市越来越成为人们日常消费的主要场所，小型的零售商也逐渐被超市所取代。另外，农产品生产也向集约化、规模化发展，少数种植商将农户整合，或农户之间形成一定合作模式，如农业合作社、奶联社等，这样，在供应链的两端，集聚了少数的经营主体，供销双方直接进行交易。而且，随着超市数量的增加，大型供应商的数量也随之增加；大型销售商通过一定条件的筛选，与少数供应商建立长期的战略合作伙伴关系，产品由销售商订购，由物流配送商进行运输，供应链内部减少不增值的环节，实现了食品供应链效率的提高。对称型食品供应链将成为未来主要的供应链模式，其结构如图 3.13 所示。

图 3.13　对称型食品供应链

2. 国内食品供应链类型

与国外不同，国内对食品供应链的分类主要以食品从业者所具备的市场力量来区分，主要分为以下三种类型。

1）以加工企业为核心的食品供应链

由于农户分散经营，组织化程度低，在供应链中处于弱势地位。为了促进产品的销售，大型的食品加工企业组建了自己的配送体系，建立以加工企业为链主的供应链系统，乳品行业多是此种供应链类型，如图 3.14 所示。

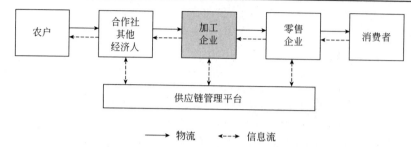

图 3.14　以加工企业为核心的供应链系统

这种系统的主要特点是：①加工企业具有较强的市场力量，以加工企业为中心能够保证生产活动的稳定性，在资金技术和生产资料等方面由公司为农户提供支持；②企业在加工原料的供应上能够获得保证；③利用农户的合作社组织，可以通过规模经济提高生产效率，降低生产成本；④通过加工企业内部协调和信息化水平的提高，带动上下游环节进行相应的整合，提供整体供应链的竞争能力；⑤在加工企业与农户的关系上，可以通过契约来规定双方的权利和义务；⑥该系统中，供应链管理的主要任务交给了加工企业，有可能使加工企业的管理成本提高，风险增加。

食品供应链系统中供应链管理平台起到了关键的支持作用，是供应链功能实现的技术基础。供应链管理平台应包括电子信息系统、网络等硬件，也包括企业间利益联结机制与统一的战略目标管理机制及供应链绩效评估机制。

2）以物流中心为主导的食品供应链

大型的货物运输公司作为食品或农产品的物流公司，在整个供应链中占核心地位，兼有大型分销商和第三方物流的性质，如图 3.15 所示。

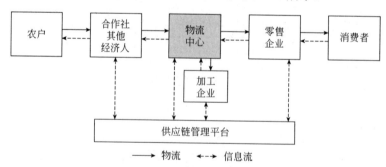

图 3.15　以物流中心为主导的供应链系统

这种系统的主要特点是：①物流中心具有较大的规模与物流能力，可以同时为多个上游环节和下游环节提供物流服务；②物流中心采用先进的电子信息技术辅助交易，配备完善的物流体系和信息平台，使物流中心成为联结生产、加工、零售的核心环节。

3）以大型零售企业为主导的食品供应链

大型超市依靠其强大的分销网络，众多的零售门店，主导整个食品供应链，如图 3.16 所示。

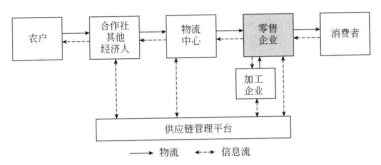

图 3.16　以大型零售企业为主导的供应链系统

这种供应链系统一般是由大型超市的生鲜食品配送加工中心向上游延伸和发展而来。主要特点是能够面向连锁超市实现生鲜食品的快速调配，及时满足最终消费者的需求。

3.3　乳制品供应链模式与特点

3.3.1　乳制品供应链模式

乳制品供应链是以乳制品为对象，围绕核心企业，通过对物流、资金流和信息流的控制，从原奶的生产、采购，经乳制品企业的生产加工，再到经销商、配送商，将乳制品运送到超市、商场等终端系统，最后卖给消费者，将奶农、乳制品加工企业、经销商、配送商、零售商以及最终消费者连成一体的功能网链模型。其模式如图 3.17 所示。

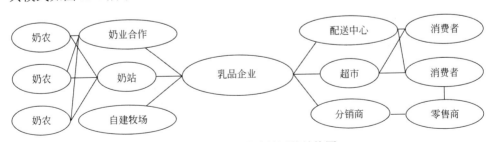

图 3.17　乳制品供应链网状结构图

为了更清晰地体现乳制品供应链中各环节之间的逻辑关系，以及各环节所属的交易主体，总结提炼出乳制品供应链模式，如图 3.18 所示。

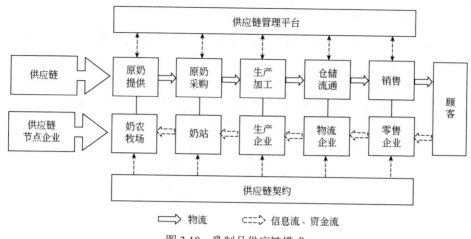

图 3.18　乳制品供应链模式

整个供应链流程是伴随着物流、信息流和资金流同步运作的。对供应链中的物流、资金流和信息流的管理，是供应链管理的主要内容，"三流"缺一不可。其中物流从上游向下游流动，资金流从下游向上游流动，而信息流的流动则是双向的，这三种流贯穿了乳品企业的全部活动。

1. 物流

乳制品供应链中的物流活动涉及从原料奶到成品奶的运输和储存，它始于上游原奶供应商的原料奶供应，终止于下游成品奶销售到客户手中。物流管理的顾客目标是以最低成本实现 5 个 right，即在正确的时间（right time）、正确的地点（right location）、正确的条件（right condition）下，将正确的商品（right good）送到正确的顾客（right customer）手中。

2. 信息流

乳制品供应链信息流包含整个供应链中有关库存、运输、储存和顾客及其反向的所有数据和分析。信息流是各种需求在一个供应链系统中所处状态的体现。乳品供应链中各交易主体之间有关需求信息、库存状况、订单确认以及其他业务活动信息的及时交流，将会对企业销售产品、提供服务和结算收款方式的改进起到促进作用，同时，能够快速、及时响应实际的客户的需求。

3. 资金流

在供应链中，资金流是从下游向上游流动。只有建立起高效的资金流管理，才能够确保各节点企业的物流和信息流的有效运行。对供应链管理来说，物流、信息流、资金流缺一不可，这或许是供应链管理的真谛所在，只有这些都畅通，供应链才能够有效运作。

3.3.2　乳制品供应链的特点

乳制品行业是一个特殊的行业，产业链长，生产环节多。因此，除具有一般供应链的特点之外，乳制品供应链还具有自身的一些特点。

（1）原奶质量具有较大的波动性。奶源具有生物属性，奶牛的品种，以及饲养过程中的自然条件、饲料营养成分、饲养方式等，都会造成原奶供给质量的波动，也可能产生不可预见的影响。

（2）供应链的设备专用性高。乳制品具有很强的鲜活易腐性，从原奶收购到加工生产需要在短时间内完成。而且，对保质期、卫生条件、存储条件等都有极高的要求。因此，需要通过专用的具有低温冷藏功能的奶罐车进行运输，整个物流属于完全的冷链系统。

（3）加工柔性高。乳制品供应链在加工环节上具有较高的柔性，企业可以通过调整生产保质期不同的产品的加工比例来应对市场需求变化。

（4）乳制品供应链风险具有累加性。乳制品的信用品特性，决定了其质量安全风险难以察觉。加之乳制品供应链的环节多，若某个环节发生的质量安全风险没能被发现，则会向下一个环节传递集聚，直至最终的质量安全问题发生。并且，当乳制品质量问题发生时，既成事实，难以控制。

（5）乳制品供应链的整合一般是以加工企业为核心向上下游的整合。对上游采取纵向整合方式，为了保持原奶的新鲜度，采取就近开辟奶源的策略；下游对销售渠道进行整合，加工企业与超市、销售代理和销售大户建立长期合作关系。

3.4　乳制品供应链现状及存在的问题

3.4.1　原料奶生产环节现状及存在的问题

1. 原料奶供应模式

原料奶质量的好坏直接影响最终乳制品的品质，原奶供应方的养殖环境、饲养条件等对原奶质量的形成至关重要，而饲养组织模式的不同造成了不同的养殖环境和饲养条件。目前我国奶牛的饲养组织模式主要有：农户家庭式散养、养殖小区和现代化规模饲养。

早期农户家庭式散养的原奶供应是"公司+奶农"模式。这种模式是指乳制品加工企业直接从分散小规模饲养的奶农那里收购原奶。乳制品加工企业和奶农签订原奶收购协议，协议规定原奶收购数量、品种、价格和质量等要求。一般这种模式的原奶收购适合于乳品企业就近的一些奶农养殖户，这样可以就近收购原奶，避免长时间的运输时间而导致原奶品质下降。但是，自从2008年"三聚氰胺"事件的爆发，企业已停止了这种模式的原奶供应。

目前的农户家庭式散养和养殖小区的原奶供应是"公司+奶站+奶农"模式。该模式是一种分散养殖、集中收购的原奶组织形式。在"公司+奶农"组织模式初期，奶站是加工企业的一个内设部门，专门负责各奶源基地的收奶及初步质检工作，产权属于公司。但是，这并不能保证奶站管理者的行为与企业所有者的利益完全一致，为了激励奶站管理者收购更多的优质原奶，则出现了公司与奶站之间的委托代理关系，独立奶站出现使得公司不需要亲自到各个奶农家中购买牛奶，只需等待奶站运送原奶，从而进一步降低了交易费用；奶站作为独立主体参与原奶的供应，由此形成了具有中国特色的"公司+奶站+奶农"模式。目前，这种模式是蒙牛、伊利等企业原奶收购的主要模式。

现代化规模饲养的原奶供应模式包括奶业合作社、奶联社和现代化牧场。

"奶业合作社"是政府倡导由分散的奶农通过奶牛入股的一种模式，意在建设奶源基地。它在奶业产业化及乳品供应链整合中起着积极的作用：①奶业合作社可以为奶农提供养牛的专业知识和技术指导，帮助奶农科学养牛，并且提供原奶收购价格的信息服务，为奶农在原奶收购价中争取和生产企业的谈判地位，从而获得原奶收购价的话语权。②奶业合作社通过将分散的奶农组织起来，实现规模化养殖，并提供原奶的采集和储存设备、统一运输、实现规模经济。这种模式是一种新兴的原奶组织模式，伊利在几年前就已经实施，它在稳定奶源供应、确保原奶收购质量以及保证奶农稳定收入等方面发挥了显著成效。

"奶联社"是一种类似于奶业合作组织同时又比奶业合作组织更高级的奶业组织模式，它是以现有奶农的奶牛资源为基础，通过搭建技术、管理、现代化设施设备和资金投入的平台，吸纳奶农以现有奶牛保本入社并获取固定回报，解决奶农处于弱势地位的生存问题。目前这种模式在国外比较普遍，并且运行非常成功。例如，印度的"阿南德模式"通过组建奶联社，将牛奶生产、加工与市场销售连接起来，实现奶农利益和生产力的最大化。这种模式的特点是：①采取人畜分离和严格防疫措施以规避奶牛养殖所面临的高疫病风险；②推行以牛为本的集约化生态奶牛养殖模式，以提高奶牛生产效率，实现社会、农民和企业的共赢。

"现代化牧场"是乳制品企业自己投资建设的一种原奶提供模式。三鹿奶粉事件发生后，国家发改委颁布了《奶业整顿和振兴规划纲要》，其中规定"乳制品生产企业基地自产鲜乳与加工能力的比例要达到70%以上"。对此，国家政策的倾斜对企业自建规模化牧场起到积极的推进作用。由此，乳制品企业纷纷宣告自建牧场的规划，伊利、蒙牛也分别建了一定数量的规模化牧场，但是，与企业加工能力相比，所能提供的原奶还相差甚远。

上述各种原奶供应模式中，随着规模的增大、技术条件的成熟、养殖条件和饲养环境也随之提高，现代化牧场生产的原料奶质量最高，养殖小区和家庭式散养次之，现代化牧场供应的原奶主要作为高端奶的原料奶，收购价格也较其他组织形式高。但是，由表 3.3、表 3.4 可知，目前原料奶的主要供应方依然是小规模的养殖农户。这些养殖户由于养殖规模、资金、技术等的限制，其供应的原料奶质量不容乐观，质量指标偏低。

表 3.3　2013 年全国不同规模牛场与奶牛数及占全国总数比例

饲养规模/头数	场户		奶牛存栏	
	数量/万户	比例/%	数量/万头	比例/%
1～4	142.56	75.41	314.58	21.83
5～19	38.68	20.46	305.35	21.19
20～99	6.36	3.36	229.27	15.91
100～199	0.7007	0.37	83.72	5.81
200～499	0.3866	0.20	108.80	7.55
500～999	0.2374	0.13	142.95	9.92
1000 以上	0.1363	0.07	256.36	17.79
合　计	189.06		1441.03	

资料来源：《2015 中国奶业统计摘要》农业部奶业管理办公室. 中国奶业协会

表 3.4　不同组织形式鲜奶质量比较

指标	现代牧场	养殖小区	养殖散户
脂肪率	3.3	3.16	3.11
蛋白质	3.5	3.02	2.97
微生物	<5	<8	<200
杂质度/$\times 10^{-6}$	<1.5	<2.7	<3.3

资料来源：杨伟民. 2009. 中国乳业产业链与组织模式研究. 中国农业科学院

2. 原料奶供应环节存在的问题

1）养殖技术的限制

首先，我国良种奶牛的覆盖率比较低。良种奶牛主要是指荷斯坦奶牛，俗称黑白花奶牛，由于良种奶牛的价格较高，奶农没有能力大规模养殖，一般通过荷斯坦奶牛同其他奶牛杂交、繁殖来扩大养殖规模，杂交奶牛同荷斯坦奶牛在产奶量、牛奶蛋白含量、乳脂含量等方面存在不小差距。由于良种奶牛的覆盖率低，单产水平低，原料乳中的脂肪含量、蛋白质含量、乳糖含量等达不到收购标准，因此，部分奶农出于自身利益的考虑，在原料奶中掺杂掺假。例如，为了提高产量，在原奶中加入米汤或者兑水，为通过检验，掺杂尿素、三聚氰胺等。当然，这些做法更多的是反映在早期奶农提供原料奶的环节中。

其次，养殖中的防疫措施不规范。奶牛防疫主要是防止奶牛受到病菌的侵害，减少疾病的发生，重点防范乳房炎的发生。奶牛发生疾病，将使得体细胞数量增加，而体细胞数量与奶牛的产奶能力呈负相关，体细胞数量增加，还会造成牛乳成分的变化，乳糖含量和蛋白含量降低。目前小规模的散户对奶牛疾病主要是通过药物预防，由于卫生条件较差，农户没有能力通过环境整洁、挤奶卫生等手段预防疾病。在奶牛防疫中，农户会大量使用抗生素药品，存在不规范和滥用现象。此外，奶农对休药期和牛乳废弃期的概念模糊，在使用抗生素后，不考虑此时奶牛所产乳中抗生素的含量。奶农对使用抗生素奶牛的管理不到位，一般不将使用抗生素的奶牛隔离，对使用抗生素的天数、已经休药的天数、牛乳废弃期等也不做记录。由于手段落后，难以有效监测出抗生素含量，给合格乳制品的生产埋下了隐患。

2）饲料管理水平低

饲料管理主要包括饲料仓储、青储发酵、饲料配比、饲料添加剂使用。奶农绝大多数不清楚国家的相关规定。例如，国务院第 609 号文规定，饲料中不添加明令禁用的添加剂；农业部第 168 号公告，不添加明令禁用的药物添加剂；规范饲料水分含量（因地制宜，一般为 14%～15%）及仓储条件，控制温度、湿度和通风条件；提高青储发酵技术，包括捆绑脱水、添加乳酸菌营养剂霉菌抑制剂等。忽视这些规定，会造成生原料奶中黄曲霉毒素 M1 等污染和兽药残留。

再者，由于奶农相关知识的缺乏，难以实现科学的饲料配制。奶牛的饲料种类众多，包括粗饲料、精饲料、矿物质饲料、动物性饲料、饲料添加剂、多汁饲料等六大类。在奶牛饲养过程中，需要对饲料进行配比，且在奶牛饲养的不同时期，饲料成分不同。例如，奶牛正常的日粮中精饲料与粗饲料配比应以 30%～40%：60%～70%为宜，对于断奶后的犊牛，应以精饲料为主，不能饲喂发酵饲料。但是，奶农对饲料的选择主要依靠自己的经验，或者考虑饲料成本、易获得性等因素。例如，在产奶的高峰期，奶农认为多喂精饲料有助于产奶量的提高，就提高精饲料比例；而在奶牛停奶期，认为饲喂精饲料是浪费，只喂粗饲料，导致奶牛不能获得足够的营养，影响奶牛的健康。在北方地区，由于牧草价格较高，农户主要以玉米秸秆配以精饲料饲喂奶牛，造成牛奶的理化指标达不到收购标准，表 3.5 为学者杨伟民对小规模散户和养殖大户饲料配比的调研数据。

表 3.5　奶牛饲料结构

饲养类型	精饲料	秸秆粗饲料	青储饲料	羊草苜蓿
小规模散养	25.8	65	8	1.2
养殖大户	29	30	35	6

资料来源：杨伟民. 2009. 中国乳业产业链与组织模式研究. 中国农业科学院

3）饲养环境差

目前，我国小规模的散养农户，将奶牛多分散在村前屋后，由于粪便得不到及时、科学处理，环境卫生十分恶劣，再加上防疫意识淡薄，人牛相互感染疫病时有发生。中等规模的养殖户虽以圈养为主，但是圈舍建设随意，不考虑奶牛在饮水、饮食方面的需要，且圈舍的卫生条件恶劣。课题组在对内蒙古自治区呼和浩特市和乌兰察布市周边的几家中等规模养殖户的调研过程中发现，奶牛圈舍卫生条件极差，奶牛没有栖身的干净场所，蚊蝇多，奶牛直接在潮湿的泥水中休息，牛体表面附着粪便、泥土、饲料等污染物。这些污染物中的细菌随着挤奶过程进入原奶，造成原料乳中的菌落数、细菌数增加。因此，牛舍的清理、消毒已成为影响原料奶质量安全的一大要素。

4）质量控制体系难以实施

小规模养殖难以发挥规模养殖优势。广大奶农无论在财力还是物力方面，均没有能力实施系统的质量控制体系，对于奶农这一庞大群体，我国还没有建立相应的服务部门为奶农提供技术指导，奶农主要通过乡镇农技站或其他养殖户学习相应的养殖、防疫技术，加之受教育程度较低，纵然有相应的农牧专家指导，奶农也不能迅速掌握。另外，对奶农的行为存在监管空白。而依靠生产企业检验原料奶质量来间接监管奶农生产行为的做法，当因检测标准发生纠纷时，没有公正的第三方进行仲裁，致使奶农利益受损。目前，部分大型乳品生产商在现代化牧场中引入了 HACCP 质量管理体系，取得了良好效果，但是对于主要的奶源供应方——小规模养殖的农户，由于数量多、分布广、不集中等原因，这一先进的管理体系还无法推行。

5）组织模式松散，农户承担的风险大

尽管通过公司确立质量标准，奶农按要求生产，一定程度上能够保证产品品质。但是由于分散养殖的组织模式，管理难度较大，出现问题的概率也随之增高。在散养的条件下，对每家农户都进行全面检测是不可能的，更重要的是，这种检测只能是一种事后的质量控制。而且一旦发生市场风险，供应链容易断裂。2007年发生的"卖牛杀牛"事件以及 2008 年"三聚氰胺"事件中，就有相当多的奶农出现"倒奶"现象，充分说明奶业产业链的脆弱性。

此外，当市场上乳制品供大于求或发生质量问题而导致市场需求降低时，加工企业会选择收缩生产规模，减少原料奶收购量；此时生产商还会压低收购价格，奶农的利益受损。而且，病疫等导致的奶牛死亡风险也由奶农自己承担，奶站、生产企业和销售商的风险则相对较小。这些问题得不到解决，奶农就没有长期经营、努力提高质量的动力。

3.4.2　奶站经营现状及存在的问题

1. 奶站经营现状

奶站（生鲜乳收购站）的功能是聚集分散的奶农，集中收集原料奶，并将其运往生产加工企业。奶站实行统一挤奶，保鲜储藏、及时转运，统一结算的模式。奶站处于生产加工企业和农户之间，是乳制品供应链中的重要环节，对乳制品质量安全影响巨大。

从奶站的出现发展到现在，形成了几种不同类型的奶站。根据投资主体的不同，可以将奶站划分为乳品加工企业奶站、奶畜养殖场奶站、奶农专业生产合作社奶站（分别简称乳企奶站、养殖场奶站和合作社奶站）。根据原料奶销售者的不同，可以将奶站划分为规模场奶站、小区奶站和散户奶站。规模场奶站主要是乳企奶站和养殖场奶站；小区奶站既有乳企奶站，又有合作社奶站；散户奶站主要是合作社奶站。"三聚氰胺"事件后，将所有散养奶牛全部入区饲养，目前基本无散户奶站。

奶站的监管由畜牧兽医行政管理部门和生鲜乳收购加工企业共同负责，按照乳企管理方式的不同，又可将奶站划分为乳企直接经营管理、托管和派驻站员管理三种类型。乳企直接经营管理的奶站是指由乳品企业投资建设并派员工进驻奶站进行管理的奶站；乳企托管奶站是指受奶站委托由乳品企业派员工，对由个人投资建设的奶站进行全权管理的奶站；乳企派驻站员管理奶站是指乳品企业派员工，对由个人投资建设的奶站定期监管的奶站，乳企派驻站员管理的奶站主要是养殖场奶站和合作社奶站。

课题组通过近期的调查结果显示，我国的奶站经过大力整顿和建设，其标准化管理水平日渐提高。在设施设备方面，均有专门的挤奶厅和制冷罐，实行机械挤奶；在挤奶操作方面，大部分能按照《生鲜乳收购站标准化管理技术规范》规定的挤奶操作程序进行挤奶，规模较大的养殖场奶站执行规范中最严格的挤奶操作；卫生条件方面，奶站均能做到每班次挤奶完毕后对输奶管道及挤奶设备进行清洗消毒，储奶罐依据送奶频率进行清洗消毒。

2. 奶站存在的问题

虽然我国的奶站在管理上有了较大的改进。但是，受技术条件的限制，以及经营者的利益驱动等影响，在保证乳制品质量安全方面依然存在着一些问题。

1）标准化管理技术水平不高

通过调查发现，合作社奶站和部分乳企奶站标准化管理技术水平仍有待进一步提高。

设备方面：收集散户生鲜乳的合作社奶站设施设备比较落后，很多采用平台式挤奶机，虽然投资小，但挤奶效率低，劳动强度大。挤奶设备也主要采用国产品牌，舒适度差，对奶牛乳房损伤严重。个别奶站仍在使用提桶式挤奶机，无法保证整个收奶过程在密闭条件下进行。

挤奶操作方面：部分奶站挤奶操作过程不尽科学。一些奶站时常出现几头牛共用一条毛巾的现象，奶牛乳房炎发病率较高，生鲜乳细菌数也较高。部分奶站虽然配备一次性纸巾，但很少使用。一些奶户为了多挤奶，甚至不惜牺牲奶牛乳房健康，过度挤奶。

奶样留取方面：调研中发现部分地区奶样留取的科学性较差。一些奶站的挤奶设备虽然也安装有奶样采集设备，但采样管过长过粗，阀门不能控制流量，采样过程中奶样浪费严重，混合奶样均匀度较差。还有一些奶站没有安装专门的采样装置，主要由奶站工作人员在挤完头三把奶后，用手将每户的奶挤入采样瓶中。因此，其奶样仅能用于抗生素检测。

检测能力方面：调查的奶站中大部分奶站仅能检测抗生素，很少有奶站配备乳蛋白率、乳脂率等指标的检测设备。奶站只能通过乳品加工企业获得这些检测结果。这样，一方面导致奶站在以质论价方面受控于乳品加工企业；另一方面，奶站不能及时获得每头牛的生鲜乳的理化指标，无法指导奶户调整日粮，提高奶牛产量和质量。

2）激励方式的不足导致道德风险问题

目前，我国大部分奶站都是独立经营、自负盈亏。奶站经营者的收入主要来自于乳品加工企业支付的服务费，此服务费一般是按照奶站采集原奶的数量多少来支付。对于奶站收集到的原奶质量，只要能够通过生产商的初级检测即可，即便质量优良，生产商也不会支付奶站额外的费用，所以奶站在提高牛奶质量方面（例如严格检测程序，仔细清理容器管道等）缺乏动力。虽然部分地区对原料乳实行了按质论价机制，但是奶站无法区分原料奶的质量高低，按质论价机制难以实施，这也是导致奶农不愿付出高成本生产高质量原料奶的主要原因。这些现象导致奶站更关注的是原奶的采集数量，所以在原奶收集过程中，随意性比较强，对采集规范不重视，利己性大，败德行为发生的可能性大，导致原料乳质量安全风险随之增加。

3）对奶站的监管不力

对奶站的监管是政府畜牧部门和乳品加工企业的责任，目前的监管作用尚需加强。虽然乳品加工企业派驻了驻站员，对生鲜乳的收购和质量控制过程进行监督和管理，畜牧主管部门也派专人进行驻站监督，但对于企业来说，奶站数量众多，驻站员的培训、管理、工资等开支庞大，再加上监督所用检测器具等相关设备的成本很高，企业接管奶站的能力有限。尽管驻站员在一定程度上保证了生鲜乳质量和安全,但是不负责、不敬业的驻站员仍然存在,奶站奶质不合格的情况依然时有发生。内蒙古土默特左旗察镇什兵地村某农户反映,由于所在地区奶站驻站员把关不严,多次出现抗生素奶被乳品加工企业拒收的情况。对于畜牧部门来说,由于人员编制有限,也难以派出如此庞大的监管队伍。另外,基层农牧业部门在人力、财力等各方面捉襟见肘,使得驻站监督的效果经常会打折扣。

4)第三方检测制度不健全

生鲜乳第三方检测机构是指独立于购销双方、经过购销双方共同认可、为生鲜乳交易中的质量安全和定价纠纷仲裁提供检测服务的机构。奶站和乳品加工企业在交易过程中时常发生纠纷,纠纷的原因绝大多数是奶站对乳品加工企业的检测结果产生异议。由于奶站在交易过程中处于弱势地位,几乎只能接受乳品加工企业提出的处理结果,即使奶站觉得牛奶没有问题,但也只能面临牛奶被拒收或降价的局面。如果有健全的第三方检测制度,出现这种情况,奶站完全可以利用第三方检测机构维护自己的权益,乳品加工企业也会因此而受到威慑。

3.4.3　生产加工环节现状及存在的问题

1.　生产加工环节现状

乳制品的生产加工由乳制品企业负责实施。目前,我国乳品生产企业众多,行业的发展趋势是向规模化、集团化发展,小型企业数量呈下降趋势,如表 3.6 所示。

表 3.6　全国不同规模乳品企业数量统计情况

企业类型	2003 年	2005 年	2010 年	2011 年
大型企业	9	10	11	15
中型企业	88	109	141	145
小型企业	487	579	676	484

资料来源:《中国奶业统计资料 2012》

根据 2011 年我国上市乳品企业销售额情况(表 3.7)可计算出我国乳品行业的绝对集中度(CR)和市场结构 HI 指数,$CR_4=90.54$,$CR_8=99.42$,$HI=30.25$。根据 CR_4、CR_8 值结合贝恩市场结构类型标准,我国乳品行业的集中度高,属于极高寡占型 A。

表 3.7　2011 年我国上市乳品企业销售额情况

企业	销售额/亿元	占全行业比例/%
伊利	374.51	37.80
蒙牛	373.88	37.74
光明	117.89	11.90

续表

企业	销售额/亿元	占全行业比例/%
三元	30.70	3.10
雅士利	29.58	2.99
圣元	21.41	2.16
飞鹤	18.64	1.88
银桥	18.36	1.85
皇氏乳业	5.72	0.58

资料来源：《中国奶业统计资料 2012》

由此可见，在我国广大城镇地区销售的乳制品绝大多数是由大型乳制品企业生产的，产品质量安全系数相对较高。但是，在当今城镇居民整体文化素质和生活水平不断提高的背景下，消费者开始关注乳品中营养成分的含量，在同等价格的水平下，追求更有营养、更健康的乳制品。这就使得乳品加工企业为迎合大众的需要而追求更高的营养成分指标。但是，企业为了在不提高价格（成本）的前提下，提高乳制品检测时的营养成分含量，以扩大市场销售份额，就可能会非法添加非食用物质和滥用食品添加剂。典型案例就是"三鹿"奶粉为增加其含氮量（提升乳制品检测中的蛋白质含量），向婴幼儿奶粉中添加三聚氰胺，对婴幼儿的身体健康造成了极大的危害。而且，非食用物质和滥用食品添加剂，并不是一定能被检测出来的，也就是说检测出来的可能性很小，在没有被检测出来的情况下，企业可以获得较高的利润。再者，"三聚氰胺"事件发生前，一些大型生产商获得国家"免检产品"的称号，因此在"免检产品"的保护下进行大量生产。

此外，各大乳品制造商之间的竞争从未停歇，价格战、广告战、品牌战、促销大战等不断上演，企业经营的重心发生偏离，对企业的生命——产品质量没有给予足够的重视。

2. 生产加工环节存在的问题

乳制品企业是供应链的核心，其加工工艺、操作规程、生产环境等都会对产品质量产生影响。但是，从我国目前的乳制品企业生产情况来看，这些都不是生产加工环节中影响乳制品质量安全的主要原因。真正影响乳制品质量安全的原因有以下几个方面。

1）企业社会责任意识淡薄

食品质量安全问题是关乎人身健康和社会稳定的大问题，食品生产商理应具备最基本的社会责任意识来自觉维护，而不是为了追逐利益而生产有害食品。但事实并非如此，尤其在乳品行业显得更为严重。2008 年乳品行业曝出"三聚氰胺"事件，国内乳业巨头三鹿、蒙牛、伊利、光明等均曝出其产品中含有超标的有害成分三聚氰胺，造成乳品消费者空前的消费恐惧，尤其给广大婴幼儿带来巨大的身心伤害。更有甚者，当公司发现产品质量安全存在问题时，却采取了封锁消息的方式来隐瞒事实，造成了极坏的社会影响。还有一些不诚信的企业，把产品出现质量问题的责任归结为同行的陷害和诋毁，对产品的质量问题不详细调查，反而参与到对其他同行企业的诋毁中。这种淡薄的社会责任意识，不仅导致乳品质量安全事件的频发，也导致了在处理这类问题时所产生的抵制与低效，最终使广大消费者对乳制品行业失去信心。

2）单个企业的质量管理措施缺乏效率

乳品行业的产品同质化程度高，加之行业竞争激烈，使得某一家乳企开发出一种新产品后，其他乳企会在短时间内推出与之类似的产品，目前市场上的两种高端液态奶蒙牛特仑苏与伊利金典就是其中的典型。这种产品的趋同化，导致消费者对各家乳企产品的认识趋于模糊，难以分清具体的生产厂家，当行业内某一乳企发生质量安全问题时，消费者往往认为是整个乳品行业出现了质量安全问题，本应该拒绝消费的是问题产品，但实际上是导致对整个乳制品需求的下降。这就是说，乳制品被赋予了公共品的特性，即行业中某一企业的不良经营行为将导致其他优秀企业的努力不能正常发挥作用。

另外，乳企在提高产品质量方面的投资具有滞后性，短期内难以取得成效。例如，为了保证奶源质量安全，兴建大型的现代化牧场，从投产到盈利需要相当长的一段时间，投资回收期长将增加企业风险；加之乳制品的公共品特性进一步增加了收益的不确定性。

以上两个方面的问题，导致单个乳企在质量管理方面的努力缺乏效率，制约了企业在质量安全方面的投资。

3）乳企与奶农之间的利益联结机制不合理

乳品生产企业与奶农的连接方式松散，仅仅通过奶站发生利益关系，并没有将广大的奶农作为合作伙伴，反之，却一味地压缩奶农的利润空间。乳企为了争取高额利润，借产品同质性高以及奶农分散难以形成规模而具备讲价能力的特点，以压低原料乳收购价格或者变相提高收购标准而压低价格、损害奶农正常利益。另外，饲料价格的持续上涨使得奶农成本压力增大、利润空间缩小，严重影响其奶牛饲养的积极性和原料乳的产量。由于这两方面的原因，为了保证个人的利益，一些奶农不惜铤而走险，向原料奶中掺杂掺假，给乳品质量安全埋下了巨大隐患。

4）质量认证缺乏规范，认证标识失效

在当前我国质量体系认证领域普遍存在形式重于内容、结果重于实效的大环境中，认证机构对乳品加工企业的质量认证也存在着认证不规范、认证把关不严等严重问题；企业实施认证的成本是减小了，但是，一部分达不到资质的生产企业却同样也取得了诸如 ISO、HACCP 等认证证书，使得通过质量认证来提高企业质量信誉、划分企业优良层次的作用未能实现，出现鱼龙混杂的局面。这也导致消费者无法通过质量认证标识来区分乳制品的质量优劣，出现了信息经济学中的混同均衡。这种形式上通过了认证，而实际上却是认证失效的做法，制约了企业规范生产、提高产品质量的积极性。

3.4.4　流通销售环节现状及存在的问题

1.　流通销售环节现状

乳制品的流通与销售包括运输、储存与销售环节。乳制品具有易腐变质、保鲜难的自然属性，其生产主要分布在城郊及农村牧区，而消费市场集中在城市，流通渠道多，参与流通的人员复杂。乳制品的这些特点决定了流通环节容易出现质量安全问题，如乳制品的储藏、运输的方法和条件会影响乳制品的质量安全。

我国乳制品销售网络一般是由乳品加工企业建立起来的。一些实力雄厚的乳品企业所建立的庞大而完善的销售网络甚至参与了从奶牛场直到消费者的全部流通过程，其产品可以顺畅地销售到全国各地。目前大型乳制品生产企业的产品流通销售形式主要有四种：经销商、直配商、销售分公司和以大型超市为主的战略合作伙伴。其中经销商、直配商和战略合作伙伴为独立经营、自负盈亏的法人，销售分公司为企业自有的销售部门。相对于乳品加工企业的快速发展，流通环节无论在硬件设施还是管理制度方面的建设都显得滞后，还存在众多风险因素。

2.　流通销售环节存在的问题

1）基础设施建设落后

乳制品的生物特性决定其必须是低温配送，即产品需要低温环境以达到配送及销售的目的。但是，我国目前很多企业的冷链物流手段落后，极容易导致产品在保质期内出现质量问题。同时，也极大地影响了产品的质量稳定性。造成冷链物流手段落后的主要原因是：作为主要销售渠道，经销商、直配商和战略合作伙伴对生产企业所供应的乳制品具有所有权，对产品的经营自负盈亏，生产商对于售出的产品不承担由于变质而造成的损失，因此，生产商缺乏冷链物流系统建设的积极性。对于乳品销售方而言，行业对冷链物流的建设没有硬性规定，生产商在评价销售方时，虽然将有无冷链物流作为销售方合格与否的指标，但生产商无权强制销售方建立冷链物流系统，而且，具备良好的流通和储藏设备的物流系统需要花费一定成本，这在一定程度上抑制了销售方建立冷链物流系统的积极性。

2）对销售方的质量监管缺乏效率

乳制品的销售方式多种多样，生产商对于各销售组织的约束力也不尽相同，尤其在"渠道为王"的形式下，生产商依靠大型经销商开拓市场，在入驻大型超市时不仅需缴纳入场费，而且面对强大的销售方，生产商往往处于谈判下风，无法对经销商施加有效的约束。另外，一级分销商之下聚集着大量的二级、三级分销商，使得政府监管部门在面对众多分销商的监管中显得力不从心；尤其在广大的农村地区，乳制品特别是液态奶在广大小卖店普遍有售，若对数量巨大的小卖店中的乳品采用同样的监管方式，无论是从目前政府的监管力量还是监管手段来看都无法实现。加之在层层的分销商中，对乳品的运输和储藏缺乏行业规范和控制，即便存在行业规范，由于地理位置的限制，如在交通不发达地区、偏远山区，行业规范也无法发挥作用。

3）利益驱使下的道德风险

我国目前主要的乳品销售主体均是自负盈亏的独立法人，其目标是利益最大化，出于节约成本的考虑，经销商一般不愿在质量保证中投资。对于存在质量缺陷的产品，经销商可能在利益的驱使下，作出败德行为。例如，山东某经销商对过期乳品篡改生产日期的事件；对于变质过期乳品，也有经销商通过降价等方式将其售出。特别是在广大的农村地区，由于缺乏监督，加之消费者没有形成正确的消费理念，不良经销商将问题乳品以低价进行销售，给广大消费者的健康造成损失。

第4章　乳制品供应链质量安全问题实证分析

4.1　制造商主导型乳制品供应链质量安全影响因子实证分析

当前，我国乳制品行业绝大多数是以制造商为主导，整条乳制品供应链由制造商控制。本章以制造商为调查对象，通过问卷调查的形式，利用因子分析的方法，对我国乳制品供应链质量安全影响因子进行实证分析。

4.1.1　调查问卷设计与分析方法选择

1. 调查问卷设计

为了全面而客观地分析我国乳制品供应链质量安全的影响因子，课题组成员在参考国内外文献和一些优秀乳制品企业质量管理成功经验的基础上，根据乳制品供应链管理的内容与特点，走访乳品企业相关部门负责人、咨询该领域的相关专家，进而提出问卷的题项内容。本调查问卷分为两大部分：第一部分是乳制品供应链质量安全影响因子的调查内容；第二部分是乳制品质量安全的内外环境制约因素的调查内容。

1）乳制品供应链质量安全影响因子调查

按照供应链的构成，乳制品供应链质量管理可以分为原奶供应环节（采购）的质量管理、乳制品生产环节的质量管理、流通销售环节的质量管理。作者设计了29个问题作为问卷题项来描述制造商主导型乳制品供应链质量管理实施的情况，如表4.1所示。表中对每一个题项可能出现的结果（答案）设立了5个等级，分别为：①未实施；②不了解；③已有实施的意向；④已经实施；⑤成功实施。

2）乳制品质量安全的内外环境制约因素调查

第二部分主要包括五个方面的制约因素，分别是：政策因素、行业规范因素、原奶质量因素、企业自身因素、消费者因素。基于此，本章设计了26个问题作为问卷题项来描述企业实施供应链质量管理的制约因素，如表4.2所示。表中对每一个题项可能出现的结果（答案）设立了五个等级，分别为：①非常不重要；②不重要；③一般；④重要；⑤非常重要。

表 4.1 制造商主导型乳制品供应链质量安全影响因子调查表

供应链环节	调查题项		因子符号
	序号	调查内容	
原奶供应环节	1	企业向原奶供应方宣传质量安全的重要性，培养原奶供应方的质量意识	x_1
	2	企业对原奶供应方定期进行质量考核，建立供应方淘汰机制	x_2
	3	企业对提供优质原奶的供应方给予奖励	x_3
	4	企业向原奶供应方提供原奶的具体质量要求	x_4
	5	企业与原奶供应方建立长期合作关系，发展专业牧场、建设优质奶源基地	x_5
	6	对于奶牛的福利问题（如卫生、环境舒适度、生活习惯等），企业定期为原奶供应方提供现场指导和咨询服务	x_6
	7	企业要求原奶供应方在奶牛场建立 HACCP（危害分析和关键控制点）体系	x_7
	8	企业根据情况，扩充原奶质量的检测指标，并更新检测标准	x_8
	9	企业与奶牛饲料供应公司建立长期合作关系，以保证饲料品质	x_9
	10	企业指导原奶供应方对奶牛饲料进行合理搭配，以保证原奶的产量和质量	x_{10}
	11	企业对饲料的营养指标进行分析（如蛋白质含量、矿物质含量等），剔除达不到要求的饲料	x_{11}
	12	企业要求奶站实施 QS（质量安全）体系认证	x_{12}
生产制造环节	13	企业对于奶牛、饲料、药品、原奶和产品等，实施信息化管理，以便保证产品的可追溯性	x_{13}
	14	企业建立了乳制品质量安全预警系统	x_{14}
	15	企业建立了质量可追溯体系	x_{15}
	16	企业通过了 ISO 9000 体系认证	x_{16}
	17	全体员工学习 SSOP（卫生标准作业流程），贯彻质量安全理念	x_{17}
	18	企业经常使用小册子、电影等，向员工宣传不良质量所带来的额外成本	x_{18}
	19	企业定期向公众公布本企业的乳品质量安全信息	x_{19}
	20	企业在生产过程建立了 HACCP 体系	x_{20}
	21	企业获得了新版 GMP 认证（已于 2011 年 3 月 1 日起施行）	x_{21}
	22	企业在储藏过程中建立了 HACCP 体系	x_{22}
	23	企业长期与高校及科研机构合作研发新产品和新技术	x_{23}
流通销售环节	24	企业要求下游分销商和零售商在销售过程建立 HACCP 体系，以保证乳制品在销售过程的质量安全	x_{24}
	25	建立分销商管理信息系统，使企业能够及时掌握下游产品的销售信息	x_{25}
	26	企业要求下游分销商和零售商在销售环节进行低温控制，以保证乳制品的最佳储藏温度	x_{26}
	27	企业要求第三方物流供应方在运输过程建立 HACCP 体系，以确保乳制品的质量安全	x_{27}
	28	对物流运输过程进行全程实时监控，使企业能及时应对运输过程中出现的问题	x_{28}
	29	企业实施冷链物流运输方式，确保乳制品在运输过程的质量安全	x_{29}

表 4.2　乳制品质量安全内外环境制约因素调查表

制约环境因素	调查题项		因子符号
	序号	调查内容	
政策因素	1	有关乳品质量安全方面的法律法规的健全程度	y_1
	2	相关执法人员对乳品质量安全的督查力度大小	y_2
	3	质量法规影响力的大小	y_3
行业规范因素	4	企业诚信体系建设的完备与否	y_4
	5	国内行业标准与国际标准的不一致性	y_5
	6	乳品行业协会监督的力度大小	y_6
	7	乳品行业协会影响力的强弱	y_7
	8	独立的第三方检测和评估机构的存在与否	y_8
	9	监督监管乳品行业的专门机构的存在与否	y_9
原奶质量因素	10	奶源地分散，质量参差不齐	y_{10}
	11	原奶产量的大小	y_{11}
	12	企业对于奶源质量控制能力的大小	y_{12}
	13	乳品质量检测成本的高低	y_{13}
企业自身因素	14	乳品行业兼并重组	y_{14}
	15	乳品准入门槛提高（实施新版认证体系）	y_{15}
	16	员工质量安全意识的强弱	y_{16}
	17	加工设备更新成本的高低	y_{17}
	18	乳品质量安全体系的完善程度	y_{18}
	19	建立乳品质量可追溯体系的技术和成本的高低	y_{19}
	20	问题奶召回制度的完善程度	y_{20}
	21	是否配备负责分析降低质量管理成本的人员	y_{21}
	22	冷链物流体系的完善程度	y_{22}
	23	冷链物流运输成本的高低	y_{23}
	24	运输过程质量实时监控成本的高低	y_{24}
消费者因素	25	消费者对于乳制品质量安全的认知程度	y_{25}
	26	消费者对于高质量乳制品支付能力的大小	y_{26}

2. 调查问卷发放和分析方法选择

1）预调研问卷发放

为了测试问卷的适用性，需要先对问卷进行预调研进而对不贴切的题项进行调整。选择问卷的分发对象是乳企有实践经验的管理人员。表 4.1 与表 4.2 是经过调整后的调查表。

2）正式问卷的发放

经过调整后，将问卷发放至内蒙古自治区位于呼和浩特市主要乳制品企业的采购部门、生产部门、销售部门、质检部门以及其他相关部门的管理人员。共发放问卷 200 份，回收有效问卷 148 份，有效率为 74%。

3）调查样本概况

为了确保问卷调查的有效性和客观性，调查对象尽可能涵盖位于呼和浩特市的主要乳制品企业，鉴于对企业信息的保密，将不透露具体企业名称。样本及调查问卷的统计情况如表 4.3 所示。

表 4.3　调查问卷统计情况

部门	数量	比例/%
采购部门	33	22.30
生产部门	31	20.95
销售部门	34	22.97
质检部门	35	23.65
其他部门	15	10.14
合计	148	100.00

4）数据分析方法

采用因子分析方法，并利用统计软件 SPSS 21.0 对数据进行处理。因子分析是多元统计分析中的一类降维方法，它是主成分分析的推广和发展。因子分析是研究相关阵或协方差阵的内部依赖关系，主要应用于两个方面：一是寻求基本结构，简化观测系统，将多个具有错综复杂关系的变量综合为少数几个因子（不可观测的随机变量），以再现因子与原始变量之间的内在联系；二是用于分类，基本思想是将测量题项进行分类，相关性较高的题项划分至同一类中，目的是利用最少数量的公共因子的线性函数与特殊因子之和来描述最初观测的各个变量。

运用该分析方法，主因子的提取并不是由主观确定的，而是根据数学变换中所产生的权数来确定的，因此，这类方法可以避免其他方法所产生的主观随意性的问题，使得对于问题的探究分析更具客观性。

将调查问卷所收集的数据录入统计分析软件 SPSS 21.0，并进行探索性因子分析，将供应链质量管理实施部分的 29 个题项和实施供应链质量管理制约因素的 26 个题项进行主因子归类，利用主因子的提取简化所要探究的问题，使之更加明确。利用主因子分析法提取主因子，经过方差最大化正交旋转后，分析结果按照 Kaiser 标准（特征根大于 1），对测量题项进行公共因子提取。具体方法如下：

第一，分析相关性矩阵，以主成分分析法抽取特征值大于 1 的共同因子。再以最大方差法进行正交旋转处理，使得旋转后的每一个共同因子的因子载荷量大小相差尽可能最大，这样有助于辨别共同因子。

第二，每个题项间需要确保有较为清晰的区分度，通过每个题项最大因子载荷量进行相应的筛选，剔除载荷量小于 0.5 的题项。剔除不符合要求的题项后，继续进行正交旋转步骤，直至剩下的题项的因子载荷量均大于 0.5。

4.1.2　乳制品供应链质量安全影响因子调查问卷数据分析

1. 问卷题项描述性统计分析

利用所收集的数据，对乳制品供应链质量安全影响因子进行描述性统计分析。该项内容实际上是对制造商主导型乳制品供应链质量管理的实施情况进行了解。统计的数据主要包括极小值、极大值、均值和标准差，如表 4.4 所示。

表 4.4　乳制品供应链质量管理实施题项描述统计量

	测量题项	极小值	极大值	均值	标准差
原奶供应环节	x_1	1	5	3.8905	0.7846
	x_2	2	5	4.1689	0.7594
	x_3	2	5	4.2162	0.7607
	x_4	2	5	4.3108	0.6685
	x_5	2	5	4.4054	0.6154
	x_6	2	5	3.9229	0.7721
	x_7	2	5	4.2432	0.6240
	x_8	2	5	3.9162	0.7241
	x_9	2	5	4.2635	0.6320
	x_{10}	2	5	4.3243	0.5979
	x_{11}	2	5	3.9197	0.7657
	x_{12}	2	5	4.2567	0.6813
生产运作环节	x_{13}	2	5	4.3918	0.7250
	x_{14}	1	5	4.1283	0.7584
	x_{15}	1	5	3.8945	0.8275
	x_{16}	2	5	4.1216	0.6989
	x_{17}	2	5	4.2054	0.7127
	x_{18}	1	5	4.2702	1.0040
	x_{19}	2	5	3.8310	0.8197
	x_{20}	1	5	4.2212	0.5987
	x_{21}	2	5	4.2864	0.7647
	x_{22}	2	5	4.1959	0.7794
	x_{23}	2	5	3.9459	0.8063
销售环节	x_{24}	2	5	4.1202	0.7601
	x_{25}	2	5	4.3226	0.7698
	x_{26}	2	5	3.8648	0.8135
	x_{27}	2	5	3.8875	0.6867
	x_{28}	2	5	3.9208	0.7305
	x_{29}	2	5	3.9351	0.7436

2. KMO 检验和 Bartlett 检验

对乳制品供应链质量管理实践的 29 个测量题项进行因子分析之前，需要进行 KMO 检验和 Bartlett 检验，以确定由表 4.1 得到的调查数据是否适合进行因子分析。

表 4.5 是这 29 个测量题项的 KMO 值和 Bartlett 值，KMO 统计量是用于比较变量之间简单相关系数和偏相关系数的指标，取值范围为 0～1。当所有变量之间的简单相关系数平方和远远大于偏相关系数平方时，KMO 值接近于 1，一般认为 KMO 值大于 0.7 时，做因子分析的效果比较好。对这 29 个测量题项进行因子分析的 KMO 值为 0.786，说明适合进行因子分析。Bartlett 球形检验的统计量是通过相关系数的行列式计算得知，并且近似服从卡方分布，用来检验相关阵是否为单位阵。分析结果说明，近似卡方值为 1822.699，自由度为 406，显著性水平为 0.000<0.001，说明测量题项间共同因子存在，适合做因子分析。

表 4.5　KMO 检验和 Bartlett 检验

取样足够度的 Kaiser-Meyer-Olkin 度量		0.786
Bartlett 的球形度检验	近似卡方	1822.699
	df	406
	Sig.	0.000

3. 公共因子的提取

应用 SPSS 21.0 软件，采取主因子分析法和正交旋转法，并采用 Kaiser 标准（特征根大于 1），对上述 29 个测量题项进行公共因子提取。分析结果如表 4.6 和表 4.7 所示。

表 4.6　因子提取和旋转结果

成分	初始特征值			提取平方和载入			旋转后平方和载入		
	合计	方差的/%	累计/%	合计	方差的/%	累计/%	合计	方差的/%	累计/%
1	10.936	37.710	37.710	10.936	37.710	37.710	8.578	29.579	29.579
2	6.726	23.193	60.903	6.726	23.193	60.903	7.316	25.228	54.807
3	2.973	10.252	71.155	2.973	10.252	71.155	4.741	16.348	71.155
4	0.978	3.372	74.528						
5	0.830	2.862	77.390						
6	0.731	2.521	79.910						
7	0.730	2.517	82.428						
8	0.650	2.241	84.669						
9	0.638	2.200	86.869						
10	0.616	2.124	88.993						

成分	初始特征值			提取平方和载入			旋转后平方和载入		
	合计	方差的/%	累计/%	合计	方差的/%	累计/%	合计	方差的/%	累计/%
11	0.528	1.821	90.814						
12	0.338	1.166	91.979						
13	0.315	1.086	93.066						
14	0.239	0.824	93.890						
15	0.236	0.814	94.703						
16	0.218	0.752	95.455						
17	0.207	0.714	96.169						
18	0.201	0.693	96.862						
19	0.180	0.621	97.483						
20	0.168	0.579	98.062						
21	0.129	0.445	98.507						
22	0.108	0.372	98.879						
23	0.094	0.324	99.203						
24	0.056	0.193	99.397						
25	0.054	0.186	99.583						
26	0.043	0.148	99.731						
27	0.039	0.134	99.866						
28	0.023	0.079	99.945						
29	0.016	0.055	100.000						

表 4.7　旋转成分矩阵

测量题项	主因子		
	C_1	C_2	C_3
x_1	0.683		
x_2	0.821		
x_3	0.694		
x_4	0.782		
x_5	0.532		
x_6	0.916		
x_7	0.643		
x_8	0.787		
x_9	0.618		
x_{10}	0.837		
x_{11}	0.911		
x_{12}	0.814		
x_{13}		0.671	
x_{14}		0.856	
x_{15}		0.923	
x_{16}		0.587	

续表

测量题项	主因子		
	C_1	C_2	C_3
x_{17}		0.593	
x_{18}		0.652	
x_{19}		0.942	
x_{20}		0.869	
x_{21}		0.659	
x_{22}		0.922	
x_{23}		0.845	
x_{24}			0.773
x_{25}			0.645
x_{26}			0.584
x_{27}			0.912
x_{28}			0.745
x_{29}			0.617

从结果中发现，可以提取 3 个因子作为 29 个变量的公共因子，将这 3 个主因子分别命名为 C_1、C_2、C_3，与问卷内容大致相符，依次对应原奶供应管理、生产运作管理、市场营销管理。因子分析的目的是简化因子结构，以最少的公共因子，最大限度地解释全部变量。如表 4.6 所示，3 个主因子的未旋转累计方差贡献率为 37.710%、60.903% 和 71.155%，旋转后的累计方差贡献率为 29.579%、54.807% 和 71.155%，通过这 3 个主因子可以反映上述 29 个变量的 71.155% 的信息。从表 4.7 可以看出，上述 29 个变量，经过旋转，最大负荷量都大于 0.5，较好地保证了题项之间的区分度。

通过对所得数据的分析，得到制造商主导型乳制品供应链质量管理实施内容的主因子和二级因子指标，如表 4.8 所示。

表 4.8　各级因子指标

主因子	二级因子
原奶供应管理 C_1	x_1：企业向原奶供应方宣传质量安全的重要性，培养原奶供应方的质量意识； x_2：企业对原奶供应方定期进行质量考核，建立供应方淘汰机制； x_3：企业对提供优质原奶的供应方给予奖励； x_4：企业向原奶供应方提供原奶的具体质量要求； x_5：企业与原奶供应方建立长期合作关系，发展专业牧场、建设优质奶源基地； x_6：对于奶牛的福利问题（如卫生、环境舒适度、生活习惯等），企业定期为原奶供应方提供现场指导和咨询服务； x_7：企业要求原奶供应方在奶牛场建立 HACCP（危害分析和关键控制点）体系； x_8：企业根据情况，扩充原奶质量的检测指标，并更新检测标准； x_9：企业与奶牛饲料供应公司建立长期合作关系，以保证饲料品质； x_{10}：企业指导原奶供应方对奶牛饲料进行合理搭配，以保证原奶的产量和质量； x_{11}：企业对饲料的营养指标进行分析（如蛋白质含量、矿物质含量等），剔除达不到要求的饲料； x_{12}：企业要求奶站实施 QS（质量安全）体系认证

续表

主因子	二级因子
生产运作管理 C_2	x_{13}：企业对于奶牛、饲料、药品、原奶和产品等，实施信息化管理，以便保证产品的可追溯性； x_{14}：企业建立了乳制品质量安全预警系统； x_{15}：企业建立了质量可追溯体系； x_{16}：企业通过了 ISO9000 体系认证； x_{17}：全体员工学习 SSOP（卫生标准作业流程），贯彻质量安全理念； x_{18}：企业经常使用小册子、电影等，向员工宣传不良质量的成本； x_{19}：企业定期向公众公布本企业的乳品质量安全信息； x_{20}：企业在生产过程建立了 HACCP 体系； x_{21}：企业获得了新版 GMP 认证（已于 2011 年 3 月 1 日起施行）； x_{22}：企业在储藏过程中建立了 HACCP 体系； x_{23}：企业长期与高校及研究机构合作研发新技术和新流程
市场营销管理 C_3	x_{24}：企业要求下游分销商和零售商在销售过程建立 HACCP 体系，以保证乳制品在销售过程的质量安全； x_{25}：建立分销商管理信息系统，使企业能够及时掌握下游产品的销售信息； x_{26}：企业要求下游分销商和零售商在销售环节进行温度控制，以保证乳制品的最佳储藏温度； x_{27}：企业要求第三方物流供应方在运输过程建立 HACCP 体系，以确保乳制品的质量安全； x_{28}：对物流运输过程进行全程实时监控，使企业能及时应对运输过程中出现的问题； x_{29}：企业实施冷链物流运输方式，确保乳制品在运输过程的质量安全

4. 信度分析

通过因子分析提取的主因子所反映的问题是否与问卷调查的初衷一致，需要对其进行信度分析。采用 SPSS 21.0 的 Cronbach's alpha（克隆巴赫系数 α）方法进行信度分析，该指标主要是用来评价多维度量表的内部一致性。在实证研究领域该法得到广泛使用，克隆巴赫系数 α 是量表可靠性评价的有效指标。一般情况下，若 $\alpha>0.7$，则认为该量表的可靠性较高；若 $0.35<\alpha<0.7$，说明该量表的可靠性可以接受；若 $\alpha<0.35$，则认为该量表不可靠。分析结果如表 4.9 所示，所有的 α 值均大于 0.7，说明本项研究的测量量表具有较好的可靠性。

表 4.9　主因子信度分析

项目	C_1	C_2	C_3
α	0.878	0.894	0.921

5. 主因子数据分析

根据表 4.6 可以计算出 3 个主因子旋转后的方差贡献率，分别是 29.579%、25.228%、16.348%，对其进行归一化处理，对应每个主因子的影响系数分别是 0.4157、0.3545、0.2298。由此可得，制造商主导型乳制品供应链质量安全影响因子 C 的表达式为：

$$C=0.4157C_1+0.3545C_2+0.2298C_3 \tag{4.1}$$

图 4.1 为制造商主导型乳制品供应链质量安全主因子的影响力模型。主因子原奶供应管理的贡献率最大，达到 29.579%，说明制造商针对上游的原奶供应管理对于其主导实施乳制品供应链质量管理来说是非常重要的。根据表 4.4 的数据统计得出，二级因子中："x_1：企业向原奶供应方宣传质量安全的重要性，培养原奶供应方的质量意识"、"x_6：对于奶牛的福利问题（如卫生、环境舒适度、生活习惯等），企业定期为原奶供应方提供现场指导和咨询服务"、"x_8：企业根据情况，扩充原奶质量的检测指标，并更新检测标准"和"x_{11}：企业对饲料的营养指标进行分析（如蛋白质含量、矿物质含量等），剔除达不到要求的饲料"的均值较低，说明制造商在对原奶供应方的质量安全宣传和约束力度较一般，而且对于奶牛的饲养环境、饲料营养配比方面没有达到较高的水准。因此，很有必要探究是什么原因导致目前的管理效果不佳，主要障碍又是哪些。

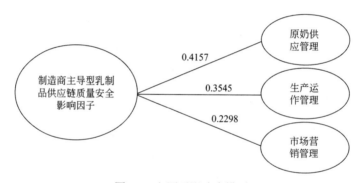

图 4.1　主因子影响力模型

主因子生产运作管理的贡献率为 25.228%，根据表 4.4，二级因子中"x_{15}：企业建立了质量可追溯体系"、"x_{19}：企业定期向公众公布本企业的乳品质量安全信息"和"x_{23}：企业长期与高校及科研机构合作研发新产品和新技术"的均值较低，说明制造商需要更多地和专业研究机构合作，完善乳制品质量追溯体系，而且对外公布乳品质量安全信息量需要加大。

主因子市场营销管理的贡献率为 16.348%，根据表 4.4，二级因子中"x_{26}：企业要求下游分销商和零售商在销售环节进行温度控制，以保证乳制品的最佳储藏温度"、"x_{27}：企业要求第三方物流供应方在运输过程建立 HACCP 体系，以确保乳制品的质量安全"、"x_{28}：对物流运输过程进行全程实时监控，使企业能及时应对运输过程中出现的问题"和"x_{29}：企业实施冷链物流运输方式，确保乳制品在运输过程的质量安全"的均值较低，说明制造商对于下游分销商、零售商以及物流服务商的约束较弱，业务面较广，监管困难。

4.1.3　乳制品供应链质量管理制约因子调查问卷数据分析

1．问卷题项描述性统计分析

利用所收集的数据，对制造商主导型乳制品供应链质量管理制约因素进行描述性统计分析，统计的数据主要包括极小值、极大值、均值和标准差，如表 4.10 所示。

表 4.10　乳制品供应链质量管理制约因素题项描述统计量

测量题项	极小值	极大值	均值	标准差
y_1	3	5	4.2838	0.5719
y_2	3	5	4.0878	0.6591
y_3	2	5	4.1486	0.6212
y_4	3	5	4.3041	0.5908
y_5	3	5	4.1419	0.6282
y_6	3	5	3.9527	0.6934
y_7	3	5	4.1216	0.6691
y_8	3	5	4.2230	0.7268
y_9	3	5	4.2027	0.7556
y_{10}	3	5	4.2703	0.7056
y_{11}	3	5	4.1959	0.7252
y_{12}	3	5	4.3176	0.6065
y_{13}	3	5	4.2432	0.6018
y_{14}	3	5	4.2703	0.6345
y_{15}	3	5	4.3446	0.6464
y_{16}	3	5	4.3514	0.5932
y_{17}	3	5	4.3041	0.6459
y_{18}	3	5	4.3581	0.5833
y_{19}	3	5	4.2365	0.6532
y_{20}	3	5	4.3243	0.6517
y_{21}	3	5	4.2095	0.6827
y_{22}	3	5	4.4595	0.5876
y_{23}	3	5	4.2973	0.6747
y_{24}	3	5	4.3243	0.6823
y_{25}	3	5	4.5068	0.6116
y_{26}	3	5	4.6014	0.5312

2．KMO 检验和 Bartlett 检验

对上述制约因素的 26 个题项进行因子分析前，需要进行 KMO 检验和 Bartlett 检验，以确定这组数据是否适合做因子分析，如表 4.11 所示。

表 4.11　KMO 检验和 Bartlett 检验

取样足够度的 Kaiser-Meyer-Olkin 度量		0.779
Bartlett 的球形度检验	近似卡方	2204.948
	df	325
	Sig.	0.000

表 4.11 表明，KMO 值为 0.779>0.7，近似卡方值为 2204.948，自由度为 325，显著性水平为 0.000<0.001，说明测量题项间共同因子存在，这组数据适合进行因子分析。

3. 公共因子的提取

对上述制约因素的 26 个测量题项进行公共因子提取，分析结果如表 4.12 和表 4.13 所示。

表 4.12　因子提取和旋转结果

成分	初始特征值			提取平方和载入			旋转后平方和载入		
	合计	方差/%	累计/%	合计	方差/%	累计/%	合计	方差/%	累计/%
1	7.145	27.481	27.481	7.145	27.481	27.481	6.034	23.208	23.208
2	6.389	24.573	52.054	6.389	24.573	52.054	5.123	19.704	42.912
3	2.212	8.508	60.562	2.212	8.508	60.562	3.255	12.519	55.431
4	2.056	7.908	68.470	2.056	7.908	68.470	2.583	9.935	65.365
5	1.439	5.534	74.004	1.439	5.534	74.004	2.246	8.638	74.004
6	0.944	3.631	77.635						
7	0.712	2.738	80.373						
8	0.644	2.477	82.850						
9	0.513	1.973	84.823						
10	0.456	1.754	86.577						
11	0.431	1.658	88.235						
12	0.430	1.654	89.889						
13	0.350	1.346	91.235						
14	0.317	1.219	92.454						
15	0.312	1.200	93.654						
16	0.302	1.162	94.816						
17	0.223	0.858	95.674						
18	0.202	0.777	96.451						
19	0.201	0.773	97.224						
20	0.181	0.696	97.920						
21	0.157	0.604	98.524						
22	0.156	0.601	99.125						
23	0.101	0.388	99.513						
24	0.062	0.238	99.751						
25	0.042	0.161	99.912						
26	0.023	0.088	100.000						

表 4.13　旋转成分矩阵

测量题项	主因子				
	Z_1	Z_2	Z_3	Z_4	Z_5
y_1			0.843		
y_2			0.782		
y_3			0.691		
y_4				0.785	
y_5				0.698	
y_6				0.798	
y_7				0.865	
y_8				0.913	
y_9				0.945	
y_{10}	0.896				
y_{11}	0.885				
y_{12}	0.794				
y_{13}	0.901				
y_{14}		0.956			
y_{15}		0.913			
y_{16}		0.782			
y_{17}		0.628			
y_{18}		0.791			
y_{19}		0.697			
y_{20}		0.793			
y_{21}		0.947			
y_{22}		0.858			
y_{23}		0.756			
y_{24}		0.742			
y_{25}					0.934
y_{26}					0.839

从结果中发现，可以提取 5 个因子作为 26 个变量的公共因子，将这 5 个主因子分别命名为 Z_1、Z_2、Z_3、Z_4、Z_5，与问卷的制约因素分类大致相符，依次对应原奶质量因素、企业自身因素、政策因素、行业规范因素和消费者因素。如表 4.12所示，5 个主因子的累计方差贡献率为 74.004%，因子的提取效果较好。从表 4.13可以看出，上述 26 个变量，经过旋转，最大负荷量都大于 0.5，较好地保证了题项之间的区分度。

4. 信度分析

进行信度分析，得到 Cronbach's alpha 系数，如表 4.14 所示。可见所有主因子的 α 值均大于 0.7，说明本项研究的测量量表具有较好的可靠性。

表 4.14　主因子信度分析

项目	Z_1	Z_2	Z_3	Z_4	Z_5
α	0.891	0.962	0.881	0.914	0.937

5. 主因子数据分析

根据表 4.12 可以计算出 5 个主因子旋转后的方差贡献率，分别是 23.208%、19.704%、12.519%、9.935%、8.638%，对其进行归一化处理，对应每个主因子的影响系数分别是 0.3136、0.2663、0.1692、0.1342、0.1167。由此可得，制造商主导型乳制品供应链质量管理制约因子 Z 的表达式为：

$$Z=0.3136Z_1+0.2663C_2+0.1692C_3+0.1342Z_4+0.1167Z_5 \qquad （4.2）$$

由式（4.2）得出，制造商主导型乳制品供应链质量管理制约因素中最主要的因子是原奶质量因素，其影响系数达到 0.3136，说明原奶质量是影响制造商主导实施乳制品供应链质量管理的最大因素；排在第二的是企业自身因素，系数为 0.2663，因为企业自身的质量控制成本不断增加，自身因素也是制造商实施乳制品供应链质量管理的障碍。之后依次是政策因素、行业规范因素和消费者因素。图 4.2 为制造商主导型乳制品供应链质量管理制约因素主因子的影响力模型。利用二级因子得分系数矩阵，可以计算二级因子的权重，如表 4.15 所示。

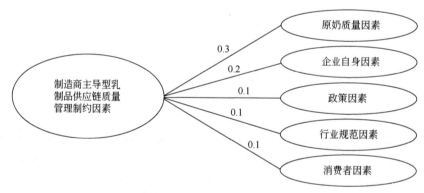

图 4.2　主因子影响力模型

表 4.15　二级因子得分系数矩阵

二级因子	主因子				
	Z_1	Z_2	Z_3	Z_4	Z_5
y_1			0.283		
y_2			0.291		
y_3			0.252		
y_4				0.153	
y_5				0.204	

二级因子	主因子				
	Z_1	Z_2	Z_3	Z_4	Z_5
y_6				0.182	
y_7				0.191	
y_8				0.196	
y_9				0.164	
y_{10}	0.242				
y_{11}	0.192				
y_{12}	0.198				
y_{13}	0.210				
y_{14}		0.130			
y_{15}		0.145			
y_{16}		0.126			
y_{17}		0.139			
y_{18}		0.151			
y_{19}		0.147			
y_{20}		0.134			
y_{21}		0.102			
y_{22}		0.130			
y_{23}		0.120			
y_{24}		0.114			
y_{25}					0.521
y_{26}					0.437

　　根据二级因子得分系数矩阵，归一化二级因子得分系数，可得二级因子各自在其主因子下的权重。再将各个二级因子的权重和对应的一级主因子的系数相乘，得到各个二级因子的影响系数，如表 4.16 所示。

表 4.16　二级因子权重和影响系数

主因子	二级因子	二级因子 得分系数	二级因子 指标权重	二级因子 影响系数
政策因素 0.1692	y_1	0.283	0.312	0.053
	y_2	0.291	0.326	0.055
	y_3	0.252	0.362	0.062
行业规范因素 0.1342	y_4	0.153	0.140	0.019
	y_5	0.204	0.187	0.025
	y_6	0.182	0.167	0.022
	y_7	0.191	0.175	0.023
	y_8	0.196	0.180	0.024
	y_9	0.164	0.150	0.021
原奶质量因素 0.3136	y_{10}	0.242	0.295	0.093
	y_{11}	0.192	0.234	0.073
	y_{12}	0.198	0.259	0.082
	y_{13}	0.212	0.211	0.066

续表

主因子	二级因子	二级因子得分系数	二级因子指标权重	二级因子影响系数
企业自身因素 0.2663	y_{14}	0.129	0.094	0.025
	y_{15}	0.145	0.098	0.026
	y_{16}	0.126	0.105	0.028
	y_{17}	0.139	0.094	0.025
	y_{18}	0.151	0.102	0.027
	y_{19}	0.147	0.099	0.026
	y_{20}	0.134	0.090	0.024
	y_{21}	0.102	0.069	0.018
	y_{22}	0.131	0.088	0.023
	y_{23}	0.119	0.086	0.023
	y_{24}	0.114	0.077	0.021
消费者因素 0.1167	y_{25}	0.437	0.475	0.055
	y_{26}	0.521	0.525	0.061

根据表 4.16 可以发现，当前对制造商主导实施乳制品供应链质量管理的障碍排在前列的依次是："y_{10} 奶源地分散，质量参差不齐"、"y_{12} 企业对于奶源质量控制能力的大小"、"y_{11} 原奶产量的大小"、"y_{13} 乳品质量检测成本的高低"、"y_3 质量法规影响力的大小"和"y_{26} 消费者对于高质量乳制品支付能力的大小"。

6. 制约因素分析

1）原奶质量因素

通过上面的实证研究可以发现，原奶质量因素的全部二级因子的影响系数均排在前列，显然，原奶的质量优劣直接影响最终乳制品成品的质量安全。这是因为原奶供应处于整条乳制品供应链的顶端，如果出现问题，将会扩散到后续的每个节点。根据课题组的调查，目前反映出来的情况是：①乳制品企业对于原奶质量的控制能力十分有限，特别是对于以奶站或社区形式收购的原奶质量难以做到标准统一；②我国地域辽阔，奶源地也较为分散，水质和环境也各有差异，这也直接导致原奶的质量会出现参差不齐的现象；③近几年由于原奶的价格不断被乳制品企业打压，致使一部分奶农放弃从事饲养奶牛的活动，导致原奶产量在不断下降，不少投机者为了提高产量，对原奶掺水作假、添加有害物质，致使原奶质量问题频出；④目前我国虽然在逐步完善乳品质检标准，但每次都是在出现较为严重的质量安全事件后，迫于压力才进行相关标准的制定与完善，而且，乳制品的全面检测成本比较高，国家经费的划拨并不足以支付这么高的检测费用。

2）企业自身因素

总体来看，处于主导地位的乳制品制造加工企业是乳制品供应链质量管理的引领者。目前反映出来的情况是：①近几年，乳制品行业内进行了兼并重组，大型乳制品企业收购兼并了一定数量的中小型乳制品企业，收购者与被收购者能否实现良好的融合度，将会对实施供应链质量管理形成一定的影响；②企业内部的质量体系审核是保证乳制品企业良好运行的基础，员工能否吸收企业的质量安全理念，并能否贯彻于工作之中，也会对质量管理产生一定的影响；③由于乳制品的储藏温度需要严格控制，企业建设冷链系统的成本又非常高，这也给企业能否做到全程监控、能否保证乳制品以良好的品质状态运输到消费者手中造成障碍，这将是乳品企业实施供应链质量管理的又一大问题；④目前乳制品企业采用的加工设备大多是从国外进口，这些设备的加工性能和安全性能均比较高，可以保证产品的质量安全，但是，这也会导致产生成本大幅上升；⑤乳制品在销售过程中如果出现质量问题，为了避免消费者的健康受损，如何迅速发现问题、快速召回问题奶并环保地处理问题奶，也是阻碍乳品企业实施乳制品供应链质量管理的一个问题。

3）政策因素

乳制品质量安全的相关法规是乳制品企业实施供应链质量管理的主要外部约束。通过实证研究结果可以发现，乳制品企业认为政府的法规影响力大小是乳制品企业实施质量管理最主要的制约因子。目前，我国有关乳制品质量安全方面的法律法规比较健全，但是，受执法力量、经费等限制，督查与执法的力度偏弱。从质量法规的威慑力来说，由于政府监管的对象一般侧重于生产加工企业，这就导致一些质量法规对供应链其他环节的影响减弱，降低了质量法规的威慑力，极大地制约了乳制品供应链的质量管理。

4）行业规范因素

目前，我国乳品行业协会的影响力和监督能力还是非常有限的。作为维护乳品企业自身利益的行业性组织，应该将维护本行业的乳品质量信用作为组织的一项基本职能，必要的话，可以制定具有强制约束力的行业标准，并联合起来通过对各自成员乳品质量的检查活动，来提升协会的权威和监督力。同时，通过协会的常规性监督与检查工作，来帮助乳制品企业建立和完善诚信体系。

5）消费者因素

虽然消费者的质量安全意识不断增强，但是，乳制品的信用品特性决定了消费者通过自己的消费经验难以识别乳制品的质量优劣。这会间接影响乳制品企业实施供应链质量管理的主动性。在乳制品的消费方面，由于绝大部分消费者的收入水平还处于中等，因此，对价格比较高的高端高品质乳制品的消费能力还是十分有限。而出现质量安全问题的往往又是绝大部分消费者日常消费的中低端产品，这会影响企业实施供应链质量管理的效应。

4.2　乳制品质量安全水平多因素敏感性分析

不同因素对乳制品质量安全水平的影响有强弱之分，为理清乳制品质量安全问题影响因素的强弱关系，本节采用多因素敏感分析方法——正交分析法，分析各影响因素对提高乳品质量安全水平的作用，为制定有效的监管政策提供理论指导。

4.2.1　乳制品质量安全响应函数的确定

乳制品供应链中涉及的主体众多，监管部门通过对生产企业的监管，间接同供应链中的其他参与方产生联系；供应链中相邻两个节点企业之间存在直接的监管与被监管关系，导致各主体的行为之间相互联系，利益博弈关系复杂；而乳制品具有的"信任品"特性导致供应链中各主体有关乳制品质量信息的不对称，进一步增加了各节点企业之间的复杂性。乳制品质量安全水平的响应函数没有固定的函数模型，也不能通过实验得到，其必须在分析各方行为及其利益取向的基础上才能准确拟合。下面从现有监管模式入手，在效用最大化的条件下，通过分析政府监管部门同生产企业之间的监督管理关系，确定乳品质量水平对各影响因素的响应函数关系。

1.　前提假设

参与主体：乳制品生产商，政府监管部门。两者均以实现各自利益最大化为目标。其效用函数分别为：生产商 U_m；政府监管部门 U_Z。

乳制品生产商的质量预防水平为 P_m，即生产商产品质量好的概率，$0 \leqslant P_m \leqslant 1$；政府监管部门的质量监管水平 P_Z，即监管部门能够发现乳品质量问题的概率，$0 \leqslant P_Z \leqslant 1$。

影响因素：r 为成品乳价格，b 为公司运营成本。如果当乳制品没有质量问题，监管部门能够通过抽检证实，而若乳制品存在质量问题，被监管部门检测发现，则将对乳品生产企业罚款 K_1，此时生产商的内部损失为 f，外部损失为 I。若乳品存在质量问题，但没有检测发现，生产商可得超额利润 U_1，社会（政府监管部门）损失为 W。

生产商的质量预防成本函数为 $C_m(P_m)$，假设 $C_m(0) = C'_m(0) = 0$，$C'_m(1) = \infty$，若 $P_m > 0$，$C'_m(P_m) > 0$，$C''_m(P_m) > 0$。政府的质量监管成本函数为 $C_Z(P_Z)$，假设条件与 $C_m(P_m)$ 相同。采用 Stanly 教授等的成本函数公式，令：

$$C_m(P_m) = \frac{1}{2} C_m \times P_m^2$$

$$C_Z(P_Z) = \frac{1}{2}C_Z \times P_Z^2$$

其中，C_m 为提高质量预防水平的单位成本，C_Z 为单位乳制品的监管成本。

假设乳制品的总体质量安全水平为：$J = P_m \times P_Z$，其中 $0 \leqslant J \leqslant 1$。

2. 效用最大化条件下的响应函数的确定

通过前提假设可计算出各博弈参与方的效用函数，即：

乳制品生产商：

$$U_m = r - b - C_m(P_m) - (1 - P_m)P_Z(K_1 + f + I) + (1 - P_m)(1 - P_Z)U_1$$

政府监管部门：

$$U_Z = (1 - P_m)P_Z K_1 - C_Z(P_Z) - (1 - P_m)(1 - P_Z)W$$

在现有博弈中，作为理性参与方，都以最大化自身的效用函数为目标，即：

$$\max U_m = r - b - C_m(P_m) - (1 - P_m)P_Z(K_1 + f + I) + (1 - P_m)(1 - P_Z)U_1 \quad （4.3）$$

$$\max U_Z = (1 - P_m)P_Z K_1 - C_Z(P_Z) - (1 - P_m)(1 - P_Z)W \quad （4.4）$$

将 U_m，U_Z 分别对 P_m，P_Z 求导，并将 r、b、C_m、C_Z、K_1、f、I、U_1、W 代入式（4.3）与式（4.4），并联立求解得：

$$P_m = \frac{(K_1 + W)(K_1 + f + I + U_1) - C_Z U_1}{(K_1 + W)(K + f + I + U_1) - C_Z C_m}$$

进而求得目前乳制品的总体质量安全水平 J：

$$J = P_m \times P_Z \quad （4.5）$$

由式（4.5）可得，质量安全水平 J 是监管参数 r、b、C_m、C_Z、K_1、f、I、U_1、W 的函数，$J = P_m \times P_Z$ 即为所求的质量安全水平对影响因素的响应函数。

4.2.2　敏感性分析方法选择

对各影响因素进行敏感性分析的常规方法是通过质量安全水平 J 分别对各影响因素进行求导数，比较影响乳制品质量的各监管参数发生变化时，乳制品质量水平发生变化的程度。即单因素敏感性分析。其缺点在于：单因素敏感性分析假定各个影响因素以同等幅度增减变化；假定各个影响因素以同等概率出现；假定某个影响因素变化时，其他各因素都保持不变；假定各个影响因素之间相互独立，即一个因素的变动幅度、方向与其他因素的变动无关。这些假设条件影响了所得结论的实用性与准确性。由计算可知，J 由 I、U_1、C_m、W、K_1、b、C 所决定，若其中某个或者某几个变量同时发生变化，各节点企业在个人理性的条件下，根据式（4.3）、式（4.4）决定自身的质量努力水平，P、J 也将随之变化。进行敏感性分析的目的是找出对 J 影响最大的因素变量，从而对其重点管理，将有限的资源有效配置,达到提高乳品整体质量水平的目标。

正交分析是研究多因素多水平的一种设计方法,与单因素敏感性分析相比较,正交分析考虑了多个因素同时变化的情形,具有"均匀分散,齐整可比"的特点。在进行正交分析时,各参数一般取三个水平,第二水平为现状平均数据,在第二水平的基础上加减 $\sqrt{\frac{3}{2}}\sigma$ 作为第一与第三水平,σ 为参数各年数据波动的标准差。

选取合适的正交表安排各个参数水平,将各因素水平均匀分布于正交表中,由式(4.3)～式(4.5)计算各实验条件下的 J 值,将各因素水平下的 J 值加总并计算极差,得出各影响因素的敏感性排序。

乳制品的总体质量安全水平 J 受七个因素的影响,结合实验次数的考虑,采用 $L_{18}(2^1 \times 3^7)$ 正交表对影响因素进行分析。

4.2.3　敏感性实证分析

选取对乳品行业冲击重大的"三聚氰胺"事件与黄曲霉毒素事件,以企业 1～企业 4 作为研究样本,对质量安全事件给企业所带来的影响进行数据收集。b 由公司的运营成本计量,公司外部损失 I 为质量安全事件所导致的股票市值缩减量,W 为同期税收的减少额,C_m 与 C_z 通过改善质量的投资间接计算得出。K_1 与 U_1 由质量安全事件的实证数据计算得出。通过查阅各股相关财务报表与新闻公告,相关实证数据,如表 4.17 所示。

表 4.17　实证数据

企业	事件	市值缩水/亿元	当年产量/万 t	企业利税减少	质量投资/亿元	年均运营成本/万元
企业 1	黄曲霉毒素	137	650			
企业 1	三聚氰胺	188.22	450	18.39	35	503 817.2
企业 2	三聚氰胺	34.76	600	22.56	11	515 375
企业 3	三聚氰胺	149.07	180	18		
企业 4	三聚氰胺	11.02	70	4.989		238 475

通过计算,可得 I=2667.026 元/t,U_1=560.00 元/t,C_m=368.00 元/t,W=324.7761 元/t,b=1122.917 元/t,C_z=900.00 元/t,K_1 约等于 0.001 元/t。需要指出的是,所有影响因素值的计算均用当年产量进行均摊。

由表 4.17 计算各因素水平的标准差,将均摊数据作为影响因素的第二水平,在第二水平的基础上加减 $\sqrt{\frac{3}{2}}\sigma$ 作为第一与第三水平。因素水平表,如表 4.18 所示。

表 4.18　因素水平表

水平	因素						
	I	U_1	C_m	W	K_1	b	C_Z
1	2644.024	537.113	350.329	319.276	-3.014	1080.115	881.680
2	2667.026	560.000	368.000	324.776	0.001	1122.917	900.00
3	2690.027	582.887	385.671	330.276	3.014	1165.718	918.320

资料来源：研究计算所得；同表 4.19

　　影响因素的变化将导致质量安全水平 J 的变化，供应链上各参与主体在效用最大化的激励下将根据式（4.3）～式（4.5）决定自身的质量问题预防水平 P_Z、P_m，进而决定乳制品的总体质量安全水平 J。

　　运用 $L_{18}(2^1 \times 3^7)$ 正交表对各参数进行分析，$L_{18}(2^1 \times 3^7)$ 正交表，如表 4.19 所示。

表 4.19　$L_{18}(2^1 \times 3^7)$ 正交表

实验号	1	I	U_1	C_m	W	K_1	b	C_Z	J
1	1	1	1	1	1	1	1	1	0.212
2	1	1	2	2	2	2	2	2	0.214
3	1	1	3	3	3	3	3	3	0.217
4	1	2	1	1	2	2	3	3	0.200
5	1	2	2	2	3	3	1	1	0.219
6	1	2	3	3	1	1	2	2	0.222
7	1	3	1	2	1	3	2	3	0.204
8	1	3	2	3	2	1	3	1	0.218
9	1	3	3	1	3	2	1	2	0.214
10	2	1	1	3	3	2	2	1	0.218
11	2	1	2	1	1	3	3	2	0.208
12	2	1	3	2	2	1	1	3	0.217
13	2	2	1	2	3	1	3	2	0.207
14	2	2	2	3	1	2	1	3	0.216
15	2	2	3	1	2	3	2	1	0.217
16	2	3	1	3	2	3	1	2	0.214
17	2	3	2	1	3	1	2	3	0.205
18	2	3	3	2	1	2	3	1	0.218
k_1		1.286	1.256	1.302	1.280	1.281	1.292	1.256	
k_2		1.280	1.280	1.280	1.280	1.280	1.280	1.280	
k_3		1.274	1.304	1.259	1.280	1.279	1.268	1.304	
R		0.013	0.048	0.043	0.000	0.006	0.024	0.049	
影响次序		5	2	3	7	6	4	1	

由表 4.19 可见，对乳制品总体质量安全水平 J 影响最大的前三个因素依次是单位监管成本 C_Z、缺陷乳制品冒充安全乳制品获得的额外利润 U_1 和生产商的单位预防成本 C_m，三者极差占总极差的 78.13%，而传统上认为最为敏感的惩罚系数 K_1 只占 1.04%，对提高总体质量水平的贡献很小，即对乳制品生产商行为监管是否有效，主要取决于监管方是否将监管行为认真落实，其次才是惩罚力度是否恰当。

4.2.4　结论

在现有监管模式下，依据效用最大化原则，分析各节点企业行为取向，结合多因素敏感性分析方法，分析出影响乳制品总体质量水平的因素。各因素敏感性大小的明晰有助于监督管理政策的制定和管理重心的聚焦，在节约成本的同时，将提高乳制品质量安全水平。结果表明，现行的乳品质量安全管理体系有待完善，当下对乳制品质量安全的管理重点还是以加大罚款力度为主，忽视了对乳制品总体质量安全水平影响较大的影响因素。首先，没有将重心转移到如何降低监管成本上来，如开发成本更低的检测仪器，建立科学的抽检方法；其次，对社会上缺陷产品的信息披露机制还不健全，造成不法分子的违法所得颇高；最后，由于政府支持力度不够，企业负担了改良质量的全部成本，造成企业在质量投入方面积极性不高，这些严重阻碍了乳制品质量安全水平的提高。

本节将实际问题进行抽象提炼，建立了一套分析影响乳制品质量水平因素的框架，理清了乳制品质量安全问题影响因素的强弱关系，为分析乳制品质量安全水平影响因素方面提供了一种思路，希望能在提高乳制品质量方面发挥一定的理论参考作用。而如何开发出快速且成本低廉的检测设备或者检测方法、怎样进一步完善对缺陷产品的披露机制、如何有效地对企业在改善质量方面进行政策支持等问题，应该成为管理部门努力的方向。若将降低监管成本、披露缺陷产品信息和支持企业在质量投资方面的工作作为工作的重心，将有限的资源投入进行聚焦，那么企业的质量预防水平将大幅度提高，乳制品总体质量水平将会显著改善，这也为今后的研究提供了新的方向。

第5章 乳制品供应链 HACCP 体系构建

5.1 HACCP 体系

5.1.1 HACCP 的概念和发展情况

1. HACCP 的概念

HACCP 的全称是 hazard analysis critical control point，即危害分析与关键控制点。它是一个预防食品产生质量安全问题的食品安全管理体系，由食品的危害分析（hazard analysis，HA）和关键控制点（critical control points，CCPs）两部分组成。HACCP 体系对食品生产过程中存在的危害通过进行识别、评价和控制等方法，确保食品安全。目前，一些国家和国际组织相继制定或正在着手制定以 HACCP 为基础的相关技术法规和标准，作为对食品企业的强制性管理措施或实施指南。

2. HACCP 的发展情况

HACCP 的发展可以分为两个阶段。

第一阶段是创立阶段。HACCP 诞生于 20 世纪 60 年代，最初是用于制造太空食品而建立的质量控制体系。1973 年，美国食品药品管理局（Food and Drug Administration，FDA）首次将 HACCP 食品质量控制的概念应用于低酸罐头加工中。鉴于 HACCP 方法在罐头食品质量控制上取得成功，1985 年，美国国家科学院（National Academy of Sciences，NAS）建议与食品相关的政府机构使用 HACCP 方法实施稽查工作。

经过数年的研究和发展，1989 年 11 月，美国农业食品安全检查局（FSIS）、水产局（NMFS）、食品药品管理局（FDA）等机构发布了"食品生产的 HACCP 法则"。

国际食品法典委员会（Codex Alimentarius Commission，CAC）在 1993 年 6～7 月第 20 次会议上考虑修改《食品卫生通则》（*General Principles of Food Hygiene*），把 HACCP 纳入该通则。其中包括制定了食品控制计划内 HACCP 应用的准则和风险评估的准则。

上述国际组织和美国发布的报告，确立了 HACCP 成为世界性标准的依据。

第二阶段是应用阶段。

（1）美国。20 世纪 90 年代以来，美国相继将 HACCP 应用于肉禽产品、水产品等诸多方面。1997 年 FDA 对水果汁、蔬菜汁的生产提出包括 HACCP 在内的强制性和非强制性管理方案；1998 年，要求在适当的时候对其他食品，包括动物饲料在内，采用 HACCP 原理和在可能的地方采用风险评估的方法。2001 年 9 月，FDA 又颁布了美国第二个强制性的蔬菜汁 HACCP 法规，规定对所有在美国销售的蔬菜汁企业（包含外国企业）必须建立和保持 HACCP 体系，否则产品不得进入美国市场。HACCP 体系的引入，反映了美国在食品质量安全控制上的重大变化，即从强调最终产品的检验和测试阶段转换到对食品生产的全过程实施危害的预防性控制的新阶段。

（2）欧盟。1993 年欧盟颁布的《通用食品卫生规定》中就运用了 HACCP 的部分原理建立食品安全控制体系；2002 年 2 月 21 日，欧盟在《通用食品卫生规定》的基础上建立的《通用食品法》正式生效，这是欧盟为统一其成员国的食品安全法规而建立的新法令，包括了从"农场到餐桌"的所有环节的细节性要求。

（3）其他国家。1997 年，加拿大农业部制订了食品安全强化计划，通过各种单独的会议，提出至少 19 种食品的 HACCP 模式；澳大利亚检验检疫署建立有关水产品、乳制品等的新的检验体系，要求生产的食品建立有书面的 HACCP 计划；日本早在 20 世纪 90 年代就对 HACCP 体系做了系统介绍，目前对大约 20 多种食品进行 HACCP 的研究。

5.1.2　HACCP 的基本原理及主要内容

以 HACCP 为基础的食品安全体系，是以 7 个原理为基础的，1999 年国际食品法典委员会（CAC）在《食品卫生通则》中将 HACCP 的基本原理和主要内容确定为 7 个部分，如图 5.1 所示。

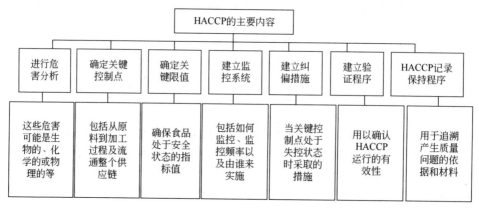

图 5.1　HACCP 的主要内容

原理 1：进行危害分析（hazard analysis，HA）。危害分析是进行 HACCP 工作的基础。进行危害分析时，应依据食品生产中可能的危害和控制措施，并结合供应链的整个环节对可能的生物、化学和物理危害进行分析。

原理 2：确定关键控制点（critical control point，CCP）。关键控制点是指能对食品安全产生显著危害的工序、步骤和流程点。通过有效地控制，防止发生、并消除危害，使之降低到可接受的水平。

原理 3：确定每个关键控制点的关键限值（CL）。关键限值非常重要，不仅要合理、适宜、符合实际和实用，而且可操作性要强。关键限值如果过严，即使没有发生影响到食品质量安全的危害，可能也会采取一些不必要的纠偏措施；关键限值如果过松，又会造成不安全的产品流到用户手中。

原理 4：确立关键控制点的监控程序，应用监控结果来调整及保持生产处于受控状态。企业应制定监控程序并予以执行，以确定产品的性质或加工过程是否符合关键限值的要求。

原理 5：确立经监控系统认为关键控制点失控时，应采取的纠正措施（corrective actions）。当监控系统表明，关键控制点偏离关键限值或不符合关键限值时，确立应采取的程序或行动。如有可能，纠正措施应是在 HACCP 计划中提前设定的。

原理 6：验证程序(verification procedures)。用来确定 HACCP 体系是否按照 HACCP 计划运行，或者计划是否需要修改，以及修改后的计划再被确认生效时，确定其使用方法、程序、检测及审核手段。

原理 7：记录保持程序（record-keeping procedures）。企业在实行 HACCP 体系的全过程中，须有大量的技术文件和日常的监测记录，这些记录应是全面的。记录应包括体系文件，HACCP 体系的运行记录，HACCP 小组的活动记录，HACCP 体系前提条件的执行、监控、检查和纠正记录。

5.1.3　HACCP 与 GMP、SSOP 的关系

GMP（good manufacturing practice），即良好生产规范（也称良好操作规范）。它规定了食品生产、加工、包装、储存、运输和销售等环节的规范性要求，是保证食品具有安全性的良好生产管理体系。GMP 通常是政府颁布的规范食品加工企业环境、硬件设施、加工工艺和卫生质量管理等的法规性文件。GMP 要求食品企业应具备合理的生产过程、良好的生产设备、正确的生产知识、完善的质量控制和严格的管理体系，并用以控制生产全过程。

GMP 和 HACCP 体系都是为了保障食品安全和卫生而制定的一系列措施和规定。GMP 适用于所有相同类型的食品生产企业，而 HACCP 则是适用于不同类型的食品生产企业以及加工工艺不同的企业。GMP 体现了食品加工企业实现卫生安

全的普遍原则，HACCP 则是针对每个不同加工企业应遵循的特殊原则。

GMP 的内容是全面的，它对食品生产过程中的各个环节、各个方面都制定了具体的要求，是一个全面质量保证系统。HACCP 则突出对重点环节的控制，以点带面来保证整个食品加工过程中食品的安全。

GMP 和 HACCP 在保证食品质量安全中所起的作用是相辅相成的。GMP 是食品企业必须达到的生产条件和行为规范，企业只有在实施 GMP 规定的基础上，才能使 HACCP 体现有效运行。通过 HACCP 体系，可以找出影响食品质量安全的关键项目，通过运行 HACCP 体系，可以控制这些关键项目使其达到规定要求。一个缺乏基本卫生和生产条件的企业是无法开展 HACCP 工作的。

SSOP（sanitation standard operation procedure），即卫生标准操作程序。它是食品加工企业为了达到食品 GMP 的要求，确保加工过程中消除不良因素，使其加工的食品符合卫生要求而制定的指导性文件。GMP 的规定是原则性的，SSOP 的规定相对具体，是对 GMP 的细化。SSOP 至少包括 8 项内容：①与食品接触物表面接触的水(冰)的安全；②与食品接触的表面(包括设备、手套、工作服)的清洁度；③防止发生交叉污染；④手的清洗与消毒，厕所设施的维护与卫生保持；⑤防止食品被污染物污染；⑥有毒化学物质的标记、储存和使用；⑦雇员的健康与卫生控制；⑧虫害的防治。

一般来说，涉及产品本身或某一加工工艺的危害由 HACCP 来控制，而涉及加工环境或与人员有关的危害由 SSOP 来控制比较合适。建立和维护一个良好的 SSOP 是实施 HACCP 计划的基础和前提。

因此，GMP 和 SSOP 是制订和实施 HACCP 计划的基础和前提条件。

5.2　乳制品供应链 HACCP 体系构建

在保证食品质量安全的方法中，HACCP 体系的应用比较普遍。然而，在具体应用中，它主要是针对食品的生产加工环节，而把 HACCP 体系应用于整条供应链的情况不多，尤其是对乳制品供应链的 HACCP 体系的研究与应用更是少见。

5.2.1　HACCP 体系构建的相关法律法规和前提条件

1. 乳制品供应链 HACCP 体系构建的相关法律法规

2008 年是我国乳制品行业遭受重创的一年，与此同时我国乳制品相关的法律法规得到补充和完善，这些法律和标准对于构建乳制品供应链 HACCP 体系提供了基础和依据。现对乳制品有关的法律法规梳理如下。

2008 年 10 月 9 日国务院颁布并实施的《乳品质量安全监督管理条例》，是三聚氰胺事件后发布的最新法规，针对乳制品质量安全暴露的问题，严格和细化了奶牛养殖、生鲜乳收购以及乳制品生产和销售等环节的管理制度。

农业部颁布的与乳制品有关的规章制度有：2008 年 10 月 29 日发布了《生鲜乳生产技术规程（试行）》，2008 年 11 月 7 日颁布并实施了《生鲜乳生产收购管理办法》，2009 年 3 月 23 日颁布了《生鲜乳收购站标准化管理技术规范》。这三个法规的颁布，分别规定了乳制品最薄弱的上游原奶生产、奶站和原奶收购环节的活动要求，确保原奶的质量安全。

此外，国务院以及农业部、国家标准委、工商总局和中国奶业协会等机构于 2010 年 1 月至 2 月制定了"乳品安全国家标准 66 项"，其中包括卫生和良好操作标准、通用标准（包括水质标准、食品添加剂、限量标准等）、产品标准、检验方法和有关设备要求等。

这些法规和标准为企业 HACCP 体系的构建和实施奠定了基础和依据。

2. 乳制品供应链 HACCP 体系构建的前提条件

构建 HACCP 体系之前，必须保证企业具备并实施了良好操作规范 GMP 和卫生标准操作程序 SSOP，这是构建乳制品供应链 HACCP 体系的前提条件，如图 5.2 所示。

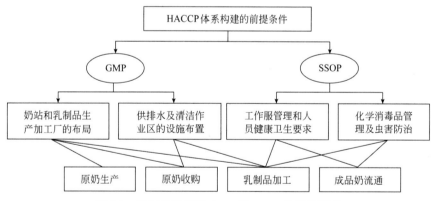

图 5.2 乳制品供应链 GMP 和 SSOP 的结构模式

2010 年 3 月，我国颁布了适用于乳制品生产企业的《乳制品良好生产规范》（GB12693—2010），规定了乳制品生产企业应当达到的要求，即企业应具备合理的生产过程、良好的生产设备、正确的生产知识、完善的质量控制和严格的管理体系并用以控制生产的全过程。卫生标准操作程序 SSOP 至少包括 4 项内容：

（1）保证生产过程中接触的水（冰）和手套、工作服及设备的清洁度；

（2）防止发生交叉污染；

（3）有关化学物品的标记、储存和使用；

（4）虫害的防止。

该标准包括了乳制品生产作业区清洁度的要求，将作业区分为清洁作业区、准清洁作业区和一般作业区。对于清洁作业区中空气菌落总数应该达到菌落数（CFU/皿）≤30 的标准；准清洁区菌落数（CFU/皿）≤50；一般作业区则没有菌落数的要求。对于设备的清洁要求特别强调了对于设备管道的清洁处理方法，建议采用原位清洗（CIP）系统。人员卫生设施包括洗手消毒设施、更衣间设施和卫生间设施等方面的要求，并要求从事乳制品的生产人员必须经过专业卫生知识的培训后上岗，且每年至少进行一次体检。对于包括原奶的运输和储存，要求生鲜乳在挤奶后 2 小时内应降温至 0～4℃，且运输工具应符合无污染、无虫害、无异味的卫生要求。储运方式和环境应避免阳光直射、雨淋以及温湿度的变化，并保证定期检查；如有包装破损、涨包、品质恶化等应及时处理，在使用时应符合"先进先出"的原则等。

GMP 和 SSOP 通常是政府颁布的规范食品生产加工的环境、硬件设备和加工工艺等的法规性文件，一般不具备强制执行性，只是作为规范推荐给企业使用。但是在我国参差不齐的乳制品行业中要达到 GMP 和 SSOP 的规范标准还是比较困难的。

如图 5.2 所示，在构建和实施 HACCP 体系之前，核心企业首先要确保乳品供应链中的原奶生产、收购、乳制品加工和成品奶流通等各个环节都达到 GMP 和 SSOP 的标准要求。需要强调的是：原奶生产环节包括奶农、奶业合作社、奶联社以及乳品企业自建牧场；奶牛养殖环节中，奶牛场的布局应该能够保证良好的通风、光照和温湿度的适宜；原奶收购环节中，奶站和乳品企业在收奶过程中，注意收奶场所的布局、收奶设备的清洁和收奶人员的卫生管理，应按照 GMP 和 SSOP 的规范来执行；乳制品加工环节中，应该保证从厂房布置、加工车间内部工艺流程布局到流程实施过程中化学消毒品的管理，以及工作人员的健康卫生等都应严格执行 GMP 和 SSOP 的规范要求；成品奶流通过程中，要防止有害有毒物的侵入，同样需按照 SSOP 的规范来执行。

5.2.2　基于供应链管理的乳制品 HACCP 体系构建

1. HACCP 体系构建

为了构建有效的 HACCP 体系，需要先完成 3 项基本工作。

1）组建 HACCP 小组

实施 HACCP 体系，必须组建 HACCP 小组，由专门的人员来组织构建并指导实施。HACCP 小组的成立需要得到企业管理层的允许和任命。由于乳制品供应链 HACCP 体系，不仅涉及企业的生产加工环节，还涉及原料奶的生产和收购以及乳制品销售环节。所以，乳品生产企业作为核心企业在组建 HACCP 小组时，除本企业内部的专业人员外，自然要考虑到原料奶收购环节承担质量安全职责的人员，还要考虑到成品奶销售环节的人员。因此，HACCP 小组一般由供应链上的管理与生产技术人员组成，包括部门经理、畜牧兽医和饲料营养学家、有经验的生产操作人员、质量控制与加工工艺专家等；也可邀请了解潜在危害、熟悉公共卫生健康的外聘专家，但不能依赖外聘专家顾问。

2）进行产品特性的描述，确定预期用途

描述产品是了解并实施 HACCP 体系的必要步骤，内容包括：

（1）产品的加工类别；

（2）产品的主要原辅料；

（3）产品的包装和储存、运输方式；

（4）产品中有关的生物、化学和物理特性；

（5）产品的预期用途和消费群体等。

3）绘制乳制品产生流程图并确认其正确性

流程图应包括产品从原奶生产到成品销售的整个过程。流程图应尽量清晰、准确，而且，符合产品实际的生产加工工序，使得能够协助 HACCP 小组成员运用专业知识来分析产品潜在的安全危害。HACCP 小组成员要对绘制好的流程图按照产品生产加工流程核实其正确性。

在完成上述工作的基础上，根据乳制品的供应链逻辑和 HACCP 的理论要求，构建乳制品供应链 HACCP 体系模式，如图 5.3 所示。

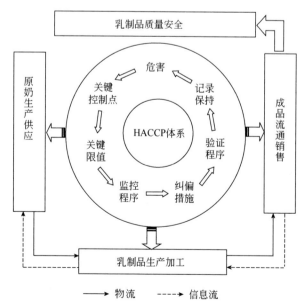

图 5.3　乳制品供应链 HACCP 体系

由图 5.3 所示，乳制品供应链中的物流是从原奶供应环节到生产加工环节，最后流向成品奶的销售环节；而其质量安全信息，则是从下游销售环节，通过信息集成平台依次向乳品加工企业和原奶供应采购环节传递。在建立了乳品供应链系统后，核心企业将 HACCP 体系集中应用于乳制品的生产加工环节，同时通过系统集成，扩展到原奶供应和成品奶销售环节。即将 HACCP 系统的 7 个原理延伸至供应链上下游的各个环节，通过构建乳品供应链的 HACCP 体系，来实现确保乳制品质量安全的目的。

2. HACCP 体系实施计划

1）进行危害分析

危害分析是对乳制品供应链各个环节存在的危害进行分析判断，或对潜在的危害进行分析判断。危害识别和危害评估构成危害分析的两个阶段。在危害识别阶段，应全面列出供应链各环节存在和潜在的生物、化学、物理三方面的危害。在完成危害的识别后，对识别的危害进行评估，即评估每一个危害的风险及其严重程度。在此基础上确定危害的显著性；并提出相应的控制措施，使危害降到可以接受的水平。这些工作内容通过危害分析表来反映，如表 5.1 所示。

表 5.1　危害分析表

产品生产加工工序	确定引入的潜在危害因素	潜在危害因素是否显著	潜在危害因素显著与否的判断依据	显著危害的预防措施
奶牛饲料	生物的：化学的：物理的：			
奶牛养殖	生物的………………			
……	……			

2）确定关键控制点

在危害分析中判断的显著性危害就可确定为关键控制点（CCP），每一个显著性危害构成一个 CCP，CCP 的数量取决于产品或生产工艺的复杂性、性质和研究的范围等。HACCP 执行人员常常采用国际食品法典委员会推荐的关键控制点决策树，如图 5.4 所示，以问答形式找出生产流程中的关键控制点。对关键控制点采取控制措施，就可预防、消除产品的安全危害隐患，或使危害降到可以接受的水平。

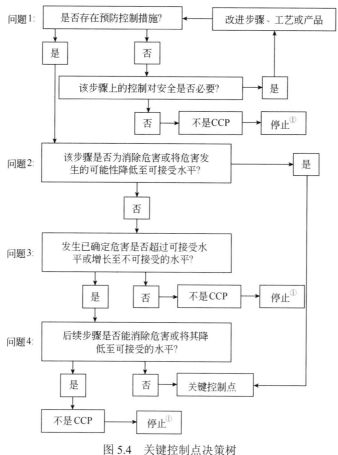

图 5.4　关键控制点决策树

注：①表示按过程进行至下一个危害

3）确定每个关键控制点的关键限值

HACCP 小组应对每个 CCP 需有对应的一个或多个参数作为关键限值（CL），并且这些参数应能确实表明 CCP 是可控制的。如乳制品生产线上，针对显著危害病原性微生物的一个 CCP 是巴氏杀菌，其关键限值的因素有杀菌时间和温度。关键限值的设立应直观，易于监测和可连续监测，通常采用物理参数和可快速测定的化学参数作为 CL。关键限值的来源一般是国家法律法规、相关标准以及实验数据和企业生产的经验等。

在实际执行 HACCP 计划中，为了严格生产过程的监控，也可以选择一个比 CL 稍严格的操作限值（CL），它既可充分考虑产品的消费安全性，也能最大限度地减少经济损失，弥补设备和监测仪表自身存在的正常误差（如水银温度计和自动温度记录仪的记录误差），并且为生产条件的瞬间变化设立一个缓冲区。关键限值一般采用关键限值表的形式表述，如表 5.2 所示。

表 5.2　关键限值表

关键控制点（CCP）	主要危害因素	关键限值
CCP_1	温度，湿度	
CCP_2	...	
...	...	

4）建立关键控制点的监控系统

关键控制点（CCP）的监控是对关键控制点的测量和观察，以确保 CCP 始终处于关键限值的控制范围之内，并进行准确记录用于未来验证。当监控结果表明 CCP 偏离关键限值时，监控系统必须能及时提供信息，指示生产人员进行校正操作，恢复生产的受控状态。监控系统包括监控对象、监控方法、监控频率和监控人员。

监控对象包括每个关键控制点及其关键限值；监控方法应该及时准确；监控频率一般是连续监控，若非连续监控，监控频率应该能够保证关键控制点始终处于受控状态；监控人员应该接受适当的培训，并熟悉监控操作并及时准确地记录监控结果。

5）建立纠偏措施和验证程序

纠偏措施是当监控结果表明失控时所采取的补救措施。纠偏措施应包括：能保证 CCP 恢复到控制限值内（关键限值）的纠偏动作，纠偏动作应得到权威部门确认；有缺陷的产品能得到及时处理的方法；纠偏措施实施后，CCP 一旦恢复控制，需要对系统进行重新审核，防止类似偏差再度出现；授权给操作者，当出现偏差时操作者有权停止生产，保留所有不合格产品，并通知工厂质量控制人员；当特定的 CCP 失控时，可使用经批准的可替代原工艺的备用工艺（如生产线某处出现故障，可按 GMP 的要求，用手工控制）。可采取的具体纠偏措施有：①对不符合规定的原辅料退回不再使用；②将受危害影响的原辅料及产品移除或降级使用；③重新加工；④销毁产品等。如果连续出现偏离时，需要对 HACCP 计划进行重新验证，即验证整个 HACCP 体系能否有效控制危害、预防措施能否得到有效实施、整个 HACCP 体系运行是否正常有效。

无论采用什么样的纠偏措施，均应保存记录。例如，被确定的偏差、保留产品的原因、保留的时间和日期、涉及的产量、产品的处理和隔离、作出处理决定的人员、防止偏离再发生的措施等。

6）HACCP 计划的记录保持程序

保持记录是有效地执行 HACCP 的基础，以书面文件证明 HACCP 系统的有效性。与 HACCP 计划相关的记录包括：说明 HACCP 系统的各种措施（手段）；用于危害分析采用的数据；HACCP 执行小组会议上的报告及决议；监控方法及记录；由专门控制人员签名的监控记录；偏差及纠偏记录；审定报告等及 HACCP

计划表；危害分析工作表等表格。所有相关记录都应按照规定的程序进行，而且，这些记录不仅包括生产加工环节，还应包括原奶收购以及乳品销售环节。

5.3　乳制品供应链 HACCP 体系应用

通过对乳制品供应链 HACCP 体系的构建，以及影响乳制品质量安全因素的论述，为乳制品供应链 HACCP 体系的应用做了铺垫。本节以 A 乳制品公司作为核心企业，阐述 HACCP 体系的应用情况。

5.3.1　A 乳制品公司简介

A 乳制品公司是一个集团股份有限公司，是目前的乳业领军者。公司由液态奶、冷饮、奶粉、酸奶和原奶五大事业部组成，所属企业 130 多个，旗下拥有雪糕、冰淇淋、奶粉、奶茶粉、无菌奶、酸奶、奶酪等 1000 多个产品品种。在奶源建设和发展模式方面，集团在保持原有的"公司+奶站+奶农"模式下，在国家政策支持下大力推行奶联社模式和企业自建牧场模式，以此推进奶源基地的建设。A 公司始终将食品安全问题视为企业的生命线，不断加强产品质量安全保障工作，将食品安全贯穿于生产经营全过程，强化安全措施、增强服务意识。117 项原奶检测项目，899 项涵盖原辅材料、包装材料的超国标检测，物流全程的 GPS 跟踪等都成为行业质量管理的标杆，更赢得数亿消费者支持和信赖。A 公司拥有世界一流的质量标准体系和管理制度，符合国家标准良好操作规范和卫生标准程序的要求，在业内最早进行 ISO 9001 体系认证、ISO 22000 食品安全管理体系认证、绿色食品认证、ISO 14001 环境管理体系认证，在质量管理方面强调"质量零缺陷"。A 公司在国内乳品行业内享有高市场占有率、高品牌知名度，是国内最具竞争力的企业之一。

虽然 A 公司取得了不少成绩，但是企业在高速发展过程中，产品质量安全事件也时有发生。作者选择以乳制品中最容易发生问题的液态奶为例，对 A 公司巴氏消毒奶供应链 HACCP 体系的应用进行研究。

5.3.2　A 公司巴氏杀菌奶供应链 HACCP 体系应用

A 公司巴氏杀菌奶供应链 HACCP 体系的应用，严格按照 HACCP 原理的要求，以如下步骤展开。

1. 组建 HACCP 小组

根据 A 公司的组织结构，并结合液态奶奶源供应和销售的实际情况，组建 HACCP 小组，如图 5.5 所示。

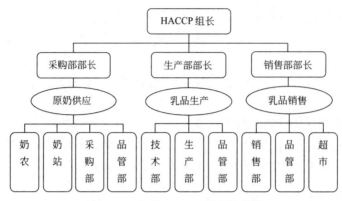

图 5.5　A 公司 HACCP 组织结构图

2. HACCP 小组成员职责

HACCP 小组成员职责，如表 5.3 所示。

表 5.3　HACCP 小组成员职责表

乳制品供应链环节	HACCP 小组成员	HACCP 小组成员职责
巴氏杀菌乳供应链	负责液态乳副总担任组长	负责液态乳 HACCP 体系建立和实施
原奶收购	生鲜乳采购部部长	采购部、品管部、供应原奶奶站和奶农负责原奶生产、收购和质量把关
乳品生产	液态乳产品线生产部部长	生产部、技术部和品管部负责液态乳生产线的质量
乳品销售	销售部部长	销售部、品管部和下游超市负责成品奶销售环节的质量

3. 巴氏杀菌奶产品描述

巴氏杀菌奶是以新鲜牛奶为原料，采用巴氏杀菌法加工而成的牛奶。该牛奶的特点是采用 72~85℃ 的低温杀菌，在杀灭牛奶中有害菌群的同时完好地保存了牛奶的营养物质和纯正口感。经过离心净乳、标准化、均质、杀菌和冷却等生产程序，以液体状态灌状后，直接供给消费者饮用。巴氏杀菌奶产品描述，如表 5.4 所示。

表 5.4　巴氏杀菌奶产品描述

产品主要项目	描述
产品类型	巴氏杀菌奶（pasteurised milk）又称市乳（market milk）
产品特性	1.感官特性 色泽：呈均匀一致的乳白色，或微黄色； 滋味和气味：固有的滋味和气味，无异味； 组织状态：均匀的液体，无沉淀，无凝块，无黏稠现象 2.理化指标 蛋白质≥2.9g/100g 脂肪≥3.1g/100g 酸度 12~18°T 非脂乳固体≥8.1g/100g 三聚氰胺（mg/kg）≤2.0

续表

产品主要项目	描述
包装形式及要求	应符合食品卫生要求，包装形式多为玻璃瓶、屋顶纸盒
储存运输条件	需在 2～6℃的条件下冷藏运输储存
保质期	3～7d
预期消费群	大众群体
食用方法	直接饮用或加热后饮用
标签说明	应符合 GB7718—2010 的相关要求

4. 巴氏杀菌奶工艺流程

巴氏杀菌乳工艺流程，如图 5.6 所示。

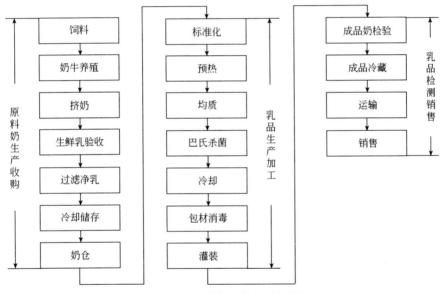

图 5.6　巴氏杀菌奶生产工艺流程

5. 进行危害分析

危害分析见表 5.5 所示。

6. 确定关键控制点

根据国际法典委员会（CAC）推荐的关键控制点决策树，确定巴氏杀菌奶的关键控制点为：奶牛养殖、生鲜乳验收、标准化、巴氏杀菌、灌装和成品奶冷藏 6 个关键控制点。具体判定过程，如表 5.6 所示。

表 5.5 巴氏杀菌奶危害分析表

产品流程工序	确定引入的潜在危害因素	潜在危害是否显著	潜在危害是否显著的判断依据	显著危害的预防措施
饲料	生物的：无	否		
	化学的：农兽药及重金属残留	是	饲料在生产过程中容易出现	饲料按照国家规定鼓励实施HACCP体系进行生产加工，注重饲料质量检测
	物理的：不合理搭配	是	奶农喂养奶牛时不注意合理搭配	奶农加强奶牛喂养和饲料知识的培训，购买高营养价值和搭配合理的饲料
奶牛养殖	生物的：奶牛疫病、细菌危害	是	原奶在奶牛有疫病时会使微生物超标	确保疫病有效防治，并保证在奶牛有病时不挤奶
	化学的：无	否		
	物理的：牛舍环境污染	是	牛舍温湿度、通风及卫生状况	按照卫生标准操作程序的要求对牛舍进行及时清理和消毒
挤奶	生物的：致病菌	是	挤奶过程中细菌污染；有疫病的奶牛	对奶牛的健康状况进行及时检查；加强原料奶质量检验
	化学的：抗生素及农兽药残留	是	过量化学药品的使用	严格按操作规范挤奶和设备清洗；挤奶人员进行卫生标准培训
	物理的：无	否		
生鲜乳验收	生物的：细菌	是	病牛及挤奶操作不规范	严格生鲜乳的温度控制；严格细菌总数的检测
	化学的：农药、重金属残留	是	过量化学药品的使用	严格生鲜乳的质量检测
	物理的：异物及掺假	是	异物流入、奶站检测手段不足	严格执行卫生标准操作程序，防止异物流入
过滤净化	生物的：细菌	是	过滤器和净乳机清洁不够	按照工艺流程标准加强设备清洗度
	化学的：洗涤液等残留	是	设备清洗液的使用	按照国标GMP及SSOP加强消毒液的使用规范
	物理的：	否		
冷却储存	生物的：微生物	是	储存温度不当	加强温度及时间的控制
	化学的：无	否		
	物理的：无	否		
奶仓	生物的：细菌	是	奶仓清洗不当	加强奶仓及储乳灌的清洗
	化学的：洗涤液	是	设备清洗液使用	按照国标GMP及SSOP加强消毒液的使用规范
	物理的：无	否		
标准化	生物的：细菌	是	设备清洗不合格	按照工艺流程进行CIP（原位清洗），确保设备清洁度
	化学的：无	否		
	物理的：异物	是	辅料添加不当	加强工作人员培训；进行标准的工艺流程设计

续表

产品流程工序	确定引入的潜在危害因素	潜在危害是否显著	潜在危害是否显著的判断依据	显著危害的预防措施
预热	生物的：细菌	是	预热温度控制不当	预热温度保持在 50~55℃
	化学的：无	否		
	物理的：异物	否		
均质	生物的：细菌	是	设备清洗不合格	按照工艺流程进行 CIP（原位清洗），确保设备清洁度
	化学的：消毒剂	是	消毒剂等化学品使用不当	按照 GMP 及 SSOP 规范消毒液的使用
	物理的：无	否		
巴氏杀菌	生物的：细菌	是	杀毒时间与温度控制不当；设备细菌残留	严格执行标准工艺流程；按照 GMP 进行 CIP 清洗与消毒
	化学的：消毒液	是	消毒液等化学品使用不当	按照 GMP 及 SSOP 规范消毒液的使用
	物理的：无	否		
冷却	生物的：细菌	是	冷却温度与时间不符合要求；设备清洗不合格	按要求控制冷却时间和温度；进行 CIP 清洗与消毒
	化学的：清洗剂	是	清洗剂残留	进行 CIP 清洗与消毒
	物理的：无	否		
包材验收	生物的：细菌	是	生产、运输和储存不当	选择合适的供应商；检验合格证明
	化学的：化学品残留	是	生产造成污染物残留	选择合适的供应商；检验合格证明
	物理的：金属物	是	包装材料不合格	加强检验，并进行信息反馈
包材消毒	生物的：细菌	是	外来污染；不适当的消毒	按 GMP 及 SSOP 规范消毒液的使用
	化学的：双氧水	是	双氧水残留	按 GMP 及 SSOP 规范消毒液的使用
	物理的：无	否		
灌装	生物的：细菌	是	杀毒时间与温度不当；设备细菌残留	严格执行标准工艺流程；按照 GMP 规范进行 CIP 清洗与消毒
	化学的：消毒液	是	消毒液等化学品使用不当	按 GMP 及 SSOP 规范消毒液的使用
	物理的：无	否		
成品奶检验	生物的：指标不达标	是	检测各项营养成分指标	严格规范检测工序，杜绝不合格奶流出
	化学的：违禁物	是	使用违禁添加物	加强生产流程质量控制，引进先进的检测设备
	物理的：异物	是	包装不合格	选择合格的包材供应商，正确实施包装程序
成品奶冷藏	生物的：细菌	是	冷藏温度不当	严格实施低温冷藏保存
	化学的：无	否		
	物理的：交叉污染	是	不同种类物品混放	规范成品奶码放流程

续表

产品流程工序	确定引入的潜在危害因素	潜在危害是否显著	潜在危害是否显著的判断依据	显著危害的预防措施
运输	生物的：细菌	是	冷链系统不完善	引进完善的冷链系统
	化学的：无	否		
	物理的：杂物	是	装卸搬运导致包装破损	注意装卸搬运动作；退回不合格奶
销售	生物的：细菌	是	温度控制不当	严格在冷链系统储存
	化学的：违禁物	是	人为恶意添加违禁物	问题奶下架，回收进行合理处理
	物理的：异物	是	饮用过程中异物混入	消费者正确饮用，并将未喝完的牛奶及时放入冰箱冷藏

表 5.6　确定关键控制点

产品流程工序	问题1	问题2	问题3	问题4	是否为关键控制点
饲料	是	否	是	是	否
奶牛养殖	是	是	—	—	是
挤奶	是	否	是	是	否
生鲜乳验收	是	否	是	否	是
过滤净化	是	否	是	是	否
冷却储存	是	否	否	—	否
奶仓	是	否	否	—	否
标准化	是	是	—	—	是
预热	是	否	否	—	否
均质	否	—	—	—	否
巴氏杀菌	是	否	是	否	是
冷却	是	否	否	—	否
包材验收	是	否	否	—	否
包材消毒	是	否	是	是	否
灌装	是	否	是	否	是
成品奶检验	是	否	是	是	否
成品奶冷藏	是	是	—	—	是
运输	是	否	是	是	否
销售	否	—	—	—	否

7. 确定关键控制点的关键限值

关键控制点的关键限值，如表 5.7 所示。

8. 关键控制点的监控程序

关键控制点的监控程序，如表 5.8 所示。

表 5.7　关键控制点的指标限值

关键控制点（CCP）	指标	限值
奶牛养殖	抗生素	定性检验为阴性
	变质残留	黄曲霉毒素 M1（μg/kg）≤0.05
	兽药残留/（μg/kg）	氯霉素≤0.3
		链霉素≤200
	农药残留/（mg/kg）	六六六≤0.02
		滴滴涕（DDT）≤0.02
		林丹≤0.01
	汞/(mg/kg)	≤0.01
生鲜乳验收	蛋白质/（g/100g）	≥2.95
	脂肪/（g/100g）	≥3.1
	酸度/°T	12～18
	非脂乳固体/（g/100g）	≥8.1
	杂质度/（mg/k）	≤2.0
	人为掺假	三聚氰胺（mg/kg）≤2.0
		亚硝酸盐（mg/kg）≤0.2
		硝酸盐（mg/kg）≤11
		水解蛋白粉为阳性
标准化	菌落总数/（万个/ml）	≤50
巴氏杀菌	温度/℃、时间	72～85，15～20s；或 63～65，30min
	菌落总数/（万个/ml）	≤30
灌装	消毒液的使用	使用要符合工艺和 GMP 要求
成品奶冷藏	温度/℃	2～6

表 5.8　关键控制点的监控程序

关键控制点（CCP）	监控对象	监控方法	监控频率	监控人员
奶牛养殖	抗生素残留、农兽药残留及重金属含量	微生物检验、化学试验、感官检验及经验方法	每头奶牛	奶农；饲料专家；兽医专家
生鲜乳验收	营养成分（包括蛋白质、脂肪、酸度）以及人为掺杂有毒有害物质含量	微生物检验、化学试验、感官检验等	每批	奶站检验员；企业品管部人员；生鲜乳化验员
标准化	菌落总数	观察仪器测度	连续	生产线上的操作员
巴氏杀菌	温度及时间的控制和巴氏杀菌间的菌落总数的限量	观察液位差、记录时间和温度	连续	生产线上的操作员
灌装	双氧水等消毒液的规范使用	观察仪器测度	每隔 10min 抽检	生产线上的操作员
成品奶冷藏	温度	观察仪器测度	连续	商品待销售的工作人员

9. 纠偏措施和验证程序

纠偏措施和验证程序，如表 5.9 所示。

表 5.9　纠偏措施和验证程序

关键控制点（CCP）	纠偏措施	记录	验证
奶牛养殖	根据检验情况对奶牛进行治疗、弃用或另作他用	奶农保存饲料购买记录、奶牛养殖情况记录、检测记录	农业部及畜牧业有关部门对是否符合规范要求进行审查
生鲜乳验收	根据偏离情况对其拒收或另作他用	奶农、奶站提供检验记录、纠偏记录	品质管理部定期审查相关证明和记录
标准化	根据各指标偏离情况拒收或另作他用	标准化指标记录、纠偏记录	抽样检测产品微生物指标
巴氏杀菌	根据偏离情况重新加工、报废或另作他用	灭菌记录、纠偏记录	品管部定期审查杀菌记录
灌装	对偏离情况拒绝使用或另作他用	包装物检测记录	品管部定期抽样检测
成品奶冷藏	对偏离情况拒绝销售或另作他用	成品奶进货台账、销售记录	工商部门定期抽样检测

10. 巴氏杀菌奶 HACCP 计划

根据前面的分析，最后得出巴氏杀菌奶的 HACCP 计划表，如表 5.10 所示。

表 5.10　巴氏杀菌奶 HACCP 计划表

关键控制点（CCP）	危害	关键限值	监控			纠偏措施	记录	验证
			方法	频率	人员			
奶牛养殖	奶牛疫病细菌、牛舍环境	抗生素为阴性；兽药残留、农药残留均符合国标	微生物检验、感官检验及经验方法	每头奶牛	奶农、饲料专家、兽医专家	根据检验情况对对牛进行治疗、弃用或另作他用	奶农保存饲料购买记录、奶牛养殖情况记录、检测记录	农业部及畜牧业有关部门对是否符合规范要求进行审查
生鲜乳验收	细菌、农药残留、重金属及异物渗入	蛋白质、脂肪、酸度、非脂乳固体、杂质度符合国标	微生物检验、化学试验、感官检验等	每批	奶站检验员、生鲜乳化验员	根据偏离情况对其拒收或另作他用处理	奶农、奶站提供检验记录、纠偏记录	品管部定期审查相关证明和记录
标准化	细菌及异物	菌落总数（万个/ml）≤50	观察仪器测度	连续	生产线上的操作员	根据指标偏离情况拒收或另作他用	标准化指标记录、纠偏记录	抽样检测产品微生物指标
巴氏杀菌	细菌消毒液的危害	温度72~85℃，时间5~20s 菌落总数（万个/ml）≤30	观察液位差、记录时间和温度	连续	生产线上的操作员	根据偏离情况重新加工、报废或另作他用	灭菌记录、纠偏记录	品管部定期审查杀菌记录

续表

关键控制点（CCP）	危害	关键限值	监控			纠偏措施	记录	验证
			方法	频率	人员			
灌装	细菌及消毒液	消毒液的使用符合工艺规范	观察仪器测度	隔 10min 抽检	生产线上的操作员	对偏离情况拒绝使用或另作他用	包装物检测记录	品管部定期抽测
成品奶冷藏	温度不达标	温度为 2～6℃	观察仪器测度	连续	商品待销售的工作人员	对偏离情况拒绝销售或另作他用	成品奶进货台账、销售记录	工商部门定期抽检

5.4　乳制品供应链 HACCP 体系评价

　　乳制品供应链的质量安全控制过程比较复杂，既涉及奶农、奶站以及乳制品生产企业的质量控制，还涉及下游仓储、物流与销售商的行为因素。为了掌握 HACCP 体系在供应链应用中保障乳制品的质量安全程度，需要对所应用的 HACCP 体系进行评价，以便进行改进。以"HACCP 体系安全性"作为 HACCP 体系保障乳制品质量安全程度的评价指标。

　　本节将运用模糊层次评价法对乳制品供应链 HACCP 体系进行评价。模糊层次评价法是结合层次分析法与模糊数学的理论，从多个因素对被评价对象隶属度等级状况进行综合评价的方法。

5.4.1　乳制品供应链 HACCP 评价指标体系构建

1．指标选取依据

　　（1）根据"危害分析"，选择 HACCP 体系确定的 6 个关键控制点作为评价 HACCP 体系安全性的一级指标。关键控制点中，"奶牛养殖"下属 5 个二级指标，"生鲜乳验收"下属 6 个二级指标，"巴氏杀菌"下属 2 个二级指标，其余的关键控制点均下属 1 个二级指标。

　　（2）根据实施"良好操作规范 GMP"和"卫生标准操作程序 SSOP"作为 HACCP 体系构建的前提条件，选择"职业卫生"和生产流程中的"设备安全可靠性"两个因素作为评价 HACCP 体系安全性的一级指标。其中，"职业卫生"下属 4 个二级指标，"设备安全可靠性"下属 2 个二级指标。

2．指标体系

　　共确定 8 个一级指标。每一个一级指标下属若干二级指标；个别二级指标又包含若干三级指标。指标体系如表 5.11 所示。

表 5.11 指标体系

被评价对象总目标	一级指标	二级指标	三级指标
乳制品供应链 HACCP 体系安全性 $A=\{A_1, A_2, A_3, A_4, A_5, A_6, A_7, A_8\}$	职业卫生因素 $A_1=\{A_{11}, A_{12}, A_{13}, A_{14}\}$	生产流程的清洁 $A_{11}=\{A_{111}, A_{112}\}$	水的清洁度 A_{111}
			工作服清洁度 A_{112}
		交叉污染 A_{12}	—
		化学品的标识 A_{13}	—
		虫害危害 A_{14}	—
	奶牛养殖 $A_2=\{A_{21}, A_{22}, A_{23}, A_{24}, A_{25}\}$	黄曲霉毒素 M1(A_{21})	—
		兽药残留 $A_{22}=\{A_{221}, A_{222}\}$	氯霉素 A_{221}
			链霉素 A_{222}
		农药残留 $A_{23}=\{A_{231}, A_{232}, A_{233}\}$	六六六 A_{231}
			DDT（A_{232}）
			林丹 A_{233}
		汞 A_{24}	—
		抗生素 A_{25}	—
	生鲜乳验收 $A_3=\{A_{31}, A_{32}, A_{33}, A_{34}, A_{35}, A_{36}\}$	蛋白质 A_{31}	—
		脂肪 A_{32}	—
		酸度 A_{33}	—
		非脂乳固体 A_{34}	—
		杂质度 A_{35}	—
		人为掺假 $A_{36}=\{A_{361}, A_{362}, A_{363}, A_{364}\}$	三聚氰胺 A_{361}
			硝酸盐 A_{362}
			亚硝酸盐 A_{363}
			水解蛋白粉 A_{364}
	标准化 A_4	菌落总数 A_{41}	—
	巴氏杀菌 A_5	温度 A_{51}	
		菌落总数 A_{52}	
	灌装 A_6	消毒液的使用 A_{61}	
	成品奶冷藏 A_7	温度 A_{71}	
	设备安全可靠性 $A_8=\{A_{81}, A_{82}\}$	设备维护 A_{81}	
		设备管理 A_{82}	

5.4.2 等级评语集及隶属度矩阵的建立

1. 确定评价等级

评价等级是对各层次评价指标所给的一种语言描述，它是评审人对各个评价指标所提出的评语的集合。本评级体系提出 4 个等级。即为：$V=(V_1, V_2, V_3, V_4)=\{$很安全，安全，不太安全，很不安全$\}$。参照"危害分析"的指标限值，并在咨询相关专家的基础上，提出具体指标的等级划分情况，如表 5.12 所示。

表 5.12　指标评价等级

指标	很安全	安全	不太安全	很不安全
黄曲霉毒素 M1（μg/kg）	<0.03	0.03~0.05	0.05~0.06	>0.06
氯霉素/（μg/kg）	<0.2	0.2~0.3	0.3~0.5	>0.5
链霉素/（μg/kg）	<100	100~200	200~300	>300
六六六/（mg/kg）	<0.01	0.01~0.02	0.02~0.03	>0.03
滴滴涕/DDT	<0.01	0.01~0.02	0.02~0.03	>0.03
林丹/（mg/kg）	<0.001	0.001~0.01	0.01~0.02	>0.02
汞/(mg/kg)	<0.001	0.001~0.01	0.01~0.02	>0.02
蛋白质/（g/100g）	>4.0	3.0~4.0	2.5~3.0	<2.5
脂肪/（g/100g）	>4.1	3.1~4.1	2.6~3.1	<2.6
酸度/°T	10~14	14~18	18~21	>21
非脂乳固体/（g/100g）	>9.0	8.0~9.0	7.0~8.0	<7.0
杂质度/（mg/kg）	<1.0	1.0~2.0	2.0~3.0	>3.0
三聚氰胺/（mg/kg）	<1.0	1.0~2.0	2.0~3.0	>3.0
亚硝酸盐/（mg/kg）	<0.1	0.1~0.2	0.2~0.3	>0.3
硝酸盐/（mg/kg）	<6.0	6.0~10	10~15	>15
菌落总数/（万个/ml）	<30	30~50	50~100	>100
杀菌温度/℃	72~85，15~20s 或 63~65，30min	65~72，15min	63~85，30s~ 30min	>85 或<63
储藏温度/℃	2~6	6~8	8~12	>12

对于抗生素、水解蛋白粉、消毒液的使用，以及职业卫生因素和设备的安全可靠性这几个定性指标等级的确定，一般采用专家打分法来确定。

2. 隶属度矩阵的确定

隶属度矩阵用于评价被评价对象的指标集对不同评价等级的隶属度。通过整理质监部门随机选取的一批巴氏杀菌奶的样本数据，得到所需指标的评判矩阵。

对于 A_{11}（生产流程的清洁），通过专家打分，得到：

A_{111}=（0.3，0.5，0.2，0.0），A_{112}=（0.2，0.4，0.2，0.2）

则 A_{11} 指标的评判矩阵为：

$$V_{11} = \begin{pmatrix} 0.3 & 0.5 & 0.2 & 0.0 \\ 0.2 & 0.4 & 0.2 & 0.2 \end{pmatrix} \tag{5.1}$$

同理，可以得到下面的二级和一级指标的评判矩阵：

$$V_{22} = \begin{pmatrix} 0.1 & 0.5 & 0.3 & 0.1 \\ 0.3 & 0.4 & 0.2 & 0.1 \end{pmatrix} \qquad V_{23} = \begin{pmatrix} 0.2 & 0.3 & 0.3 & 0.2 \\ 0.1 & 0.4 & 0.3 & 0.2 \\ 0.2 & 0.5 & 0.2 & 0.1 \end{pmatrix}$$

$$V_{36} = \begin{pmatrix} 0.3 & 0.5 & 0.1 & 0.1 \\ 0.2 & 0.4 & 0.3 & 0.1 \\ 0.2 & 0.5 & 0.2 & 0.1 \\ 0.2 & 0.5 & 0.2 & 0.1 \end{pmatrix} \qquad V_1 = \begin{pmatrix} 0.3 & 0.5 & 0.2 & 0.0 \\ 0.4 & 0.4 & 0.2 & 0.0 \\ 0.3 & 0.5 & 0.1 & 0.1 \\ 0.3 & 0.6 & 0.1 & 0.0 \end{pmatrix}$$

$$V_2 = \begin{pmatrix} 0.3 & 0.5 & 0.1 & 0.1 \\ 0.2 & 0.4 & 0.3 & 0.1 \\ 0.3 & 0.4 & 0.2 & 0.1 \\ 0.3 & 0.5 & 0.1 & 0.1 \\ 0.2 & 0.5 & 0.2 & 0.1 \end{pmatrix} \qquad V_3 = \begin{pmatrix} 0.4 & 0.4 & 0.1 & 0.1 \\ 0.4 & 0.5 & 0.1 & 0.0 \\ 0.3 & 0.6 & 0.1 & 0.0 \\ 0.3 & 0.5 & 0.1 & 0.1 \\ 0.2 & 0.5 & 0.2 & 0.1 \\ 0.2 & 0.4 & 0.3 & 0.1 \end{pmatrix}$$

$$V_5 = \begin{pmatrix} 0.5 & 0.5 & 0.0 & 0.0 \\ 0.3 & 0.6 & 0.1 & 0.0 \end{pmatrix} \qquad V_8 = \begin{pmatrix} 0.4 & 0.5 & 0.1 & 0.0 \\ 0.6 & 0.4 & 0.0 & 0.0 \end{pmatrix}$$

$$V = \begin{pmatrix} 0.3 & 0.5 & 0.1 & 0.1 \\ 0.1 & 0.5 & 0.3 & 0.1 \\ 0.3 & 0.5 & 0.1 & 0.1 \\ 0.5 & 0.5 & 0.0 & 0.0 \\ 0.3 & 0.5 & 0.2 & 0.0 \\ 0.4 & 0.4 & 0.2 & 0.0 \\ 0.3 & 0.5 & 0.1 & 0.1 \\ 0.4 & 0.5 & 0.1 & 0.0 \end{pmatrix} \qquad\qquad (5.2)$$

5.4.3　权重的确定和计算

1. 构造判断矩阵

判断矩阵是同级因素间相对重要性的比较而得出的矩阵。通过咨询公司品管部的专家以及兽医专家，并经过专家打分法得出乳制品供应链 HACCP 安全性各级指标的判断矩阵，如表 5.13～表 5.22 所示。

表 5.13　A_{11} 的判断矩阵

生产流程的清洁 A_{11}	水的清洁度 A_{111}	工作服的清洁 A_{112}
水的清洁度 A_{111}	1	3
工作服的清洁 A_{112}	1/3	1

表 5.14　A_{22} 的判断矩阵

兽药残留 A_{22}	氯霉素 A_{221}	链霉素 A_{222}
氯霉素 A_{221}	1	1
链霉素 A_{222}	1	1

表 5.15　A_{23} 的判断矩阵

农药残留 A_{23}	六六六 A_{231}	滴滴涕 A_{232}	林丹 A_{233}
六六六 A_{231}	1	3/2	2
滴滴涕 A_{232}	2/3	1	3
林丹 A_{233}	1/2	1/3	1

表 5.16　A_{36} 的判断矩阵

人为掺假 A_{36}	三聚氰胺 A_{361}	硝酸盐 A_{362}	亚硝酸盐 A_{363}	水解蛋白粉 A_{364}
三聚氰胺 A_{361}	1	2	3	3/2
硝酸盐 A_{362}	2/3	1	2/3	1/3
亚硝酸盐 A_{363}	1/3	1/3	1	3/2
水解蛋白粉 A_{364}	1/2	2	2	1

表 5.17　A_1 的判断矩阵

职业卫生因素 A_1	生产流程的清洁	交叉污染	化学品的标识	虫害危害
生产流程的清洁	1	2	4/3	4
交叉污染	1/2	1	1/2	6/5
化学品的标识	3/4	2	1	3
虫害危害	1/4	5/6	1/3	1

表 5.18　A_2 的判断矩阵

奶牛养殖 A_2	黄曲霉毒素 M1	兽药残留	农药残留	汞	抗生素
黄曲霉毒素 M1	1	3	2	5	4
兽药残留	1/3	1	5	4	3
农药残留	1/2	1/5	1	3	4
汞	1/5	1/4	1/3	1	1/4
抗生素	1/4	1/3	1/4	1/4	1

表 5.19　A_3 的判断矩阵

生鲜乳验收 A_3	蛋白质	脂肪	酸度	非脂乳固体	杂质度	人为掺假
蛋白质	1	1	2	2/3	1/3	
脂肪	1	1	2	3/2	1/2	1/3
酸度	1/2	1/2	1	2	1	1/2

生鲜乳验收 A_3	蛋白质	脂肪	酸度	非脂乳固体	杂质度	人为掺假
非脂乳固体	1	2/3	1/2	1	2	1
杂质度	3/2	2	1	1/2	1	1/2
人为掺假	3	3	2	1	2	1

表 5.20 A_5 的判断矩阵

巴氏杀菌 A_5	温度	菌落总数
温度	1	2
菌落总数	1/2	1

表 5.21 A_8 的判断矩阵

设备安全可靠性 A_8	设备维护	设备管理
设备维护	1	2
设备管理	1/2	1

表 5.22 一级指标的判断矩阵

一级指标	职业卫生因素	奶牛养殖	生鲜乳验收	标准化	巴氏杀菌	灌装	成品奶冷藏	设备安全可靠性
职业卫生因素	1	1/2	1/3	2	1/4	1	2	2
奶牛养殖	2	1	3/2	1	2	3/2	1	2
生鲜乳验收	3	2/3	1	3	2	1	2	3
标准化	1/2	1	1/3	1	1/2	2	3/2	2
巴氏杀菌	4	1/2	1/2	2	1	4	3	2
灌装	1	2/3	1	1/2	1/4	1	2	2
成品冷藏	1/2	1	1/2	2/3	1/3	1/2	1	3/2
设备安全可靠性	1/2	1/2	1/3	1/2	1/2	1/2	2/3	1

2. 判断矩阵的一致性检验

一致性检验的目的是为了评价专家在判断指标重要性时，对各指标的判断是否协调一致，是否产生相互矛盾。

根据矩阵理论，当一个 n 阶矩阵 A 具有完全一致性时，矩阵的特征根 $\lambda_1 = \lambda_{max} = n$，其余特征根均为零；而当矩阵 A 不具有完全一致性时，则有 $\lambda_1 = \lambda_{max} > n$，其余特征根的关系如式（5.3）所示。

$$\sum_{i=2}^{n} \lambda_i = n - \lambda_{max} \qquad (5.3)$$

　　由以上分析可知，当判断矩阵不能保证具有完全一致性时，判断矩阵的特征根也将发生变化，这样就可以用判断矩阵特征根的变化来检验判断的一致性程度。因此，在层次分析法中引入判断矩阵最大特征根以外的其余特征根的负平均值作为度量判断矩阵一致性程度的指标，如式（5.4）所示。

$$CI = \frac{\lambda_{max} - n}{n - 1} \tag{5.4}$$

　　CI 值越大，表明判断矩阵偏离完全一致性的程度越大；相反，CI 值越接近于 0，表明判断矩阵的一致性越好。当 CI=0，$\lambda_1 = \lambda_{max} = n$ 时，判断矩阵具有完全一致性。但对于 λ_{max} 稍大于 n，其余特征根也接近于 0 的情况，需要再对"满意一致性"进行度量。这里引入判断矩阵的平均随机一致性指标 RI。表 5.23 列出了 1～9 阶矩阵的 RI 值。

表 5.23　平均随机一致性指标

n	1	2	3	4	5	6	7	8	9
RI	0.00	0.00	0.58	0.90	1.12	1.24	1.32	1.41	1.45

　　当矩阵阶数大于 2 时，判断矩阵的一致性指标 CI 与相应的平均随机一致性指标 RI 的比值称为随机一致性比率，记作 CR。当：

$$CR = \frac{CI}{RI} < 0.10$$

时，即认为判断矩阵具有满意一致性。

　　通过 EXCLE 计算，得出判断矩阵的一致性检验结果，如表 5.24 所示。

表 5.24　一致性检验结果

指标	λ_{max}	CI	n	RI	CR	一致性检验结果
A_{11}	2.00	0.00	2	0.00	0.00	通过
A_{22}	2.00	0.00	2	0.00	0.00	通过
A_{23}	3.07	0.03	3	0.58	0.06	通过
A_{36}	4.22	0.07	4	0.90	0.08	通过
A_1	4.02	0.01	4	0.90	0.01	通过
A_2	5.28	0.07	5	1.12	0.06	通过
A_3	6.58	0.11	6	1.24	0.09	通过
A_5	2.00	0.00	2	0.00	0.00	通过
A_8	2.00	0.00	2	0.00	0.00	通过
一级指标	8.795	0.11	8	1.41	0.08	通过

3. 权重的确定

权重的计算步骤如下：

首先，计算判断矩阵每一行元素的乘积：

$$M_i = \prod_{j=1}^{n} a_{ij}, \quad i=1,2,\cdots,n \tag{5.5}$$

然后，计算 M_i 的 n 次方根 $\overline{D}_i$：

$$\overline{D}_i = \sqrt[n]{M_i} \tag{5.6}$$

最后，对向量 $\overline{D} = [\overline{D}_1, \overline{D}_2, \cdots, \overline{D}_n]^T$ 作归一化处理：

$$D_i = \frac{\overline{D}_i}{\sum_{j=1}^{n} \overline{D}_j} \tag{5.7}$$

向量 D 就是所求的权重向量。运用 EXCLE 算得以上十个判断矩阵的指标权重，如表 5.25 所示。

5.4.4　综合评价结果

综合前面计算的各层指标的隶属度矩阵及权重结果，可通过模糊合成计算模糊综合评价结果，关于模糊合成的算子，在实际应用中主要是查德算子（主因素突出型）和普通矩阵乘法（加权平均法）。为了让模型中的每个因素都能够对评价对象有所贡献，在这里采用普通矩阵乘法来对评价结果进行计算。

由上面的计算可得权重结果，

A_{11}=(0.75，0.25)；A_{22}=(0.50，0.50)；A_{23}=(0.44，0.39，0.17)；

A_{36}=(0.41，0.15，0.15，0.29)；A_1=(0.40，0.17，0.32，0.11)；

A_2=(0.42，0.30，0.17，0.05)；A_3=(0.15，0.14，0.13，0.14，0.15，0.29)；

A_5=(0.67，0.33)；A_8=(0.67，0.33)；

A =(0.10，0.16，0.20，0.10，0.19，0.10，0.08，0.07)

模糊综合评价的计算结果：

1. 二级指标的综合评价结果

$R_{11}=A_{11} \times V_{11}$=(0.275，0.475，0.2，0.05)

$R_{22}=A_{22} \times V_{22}$=(0.2，0.45，0.25，0.1)

$R_{23}=A_{23} \times V_{23}$=(0.161，0.373，0.283，0.183)

$R_{36}=A_{36} \times V_{36}$=(0.241，0.485，0.174，0.1)

表 5.25　指标权重

被评价对象总目标	一级指标	一级指标权重	二级指标	二级指标权重	三级指标	三级指标权重
乳制品供应链 HACCP 体系安全性	职业卫生因素	0.10	生产流程的清洁	0.40	水的清洁度	0.75
					工作服清洁度	0.25
			交叉污染	0.17	—	
			化学品的标识	0.32	—	
			虫害危害	0.11	—	
	奶牛养殖	0.16	黄曲霉毒素	0.42	—	
			兽药残留	0.30	氯霉素	0.50
					链霉素	0.50
			农药残留	0.17	六六六	0.44
					DDT	0.39
					林丹	0.17
			汞	0.05	—	
			抗生素	0.06	—	
	生鲜乳验收	0.20	蛋白质	0.15	—	
			脂肪	0.14	—	
			酸度	0.13	—	
			非脂乳固体	0.14	—	
			杂质度	0.15	—	
			人为掺假	0.29	三聚氰胺	0.41
					硝酸盐	0.15
					亚硝酸盐	0.15
					水解蛋白粉	0.29
	标准化	0.10	菌落总数			
	巴氏杀菌	0.19	温度	0.67	—	
			菌落总数	0.33	—	
	灌装	0.10	消毒液使用			
	成品奶冷藏	0.08	温度			
	设备安全可靠性	0.07	设备维护	0.67	—	
			设备管理	0.33	—	

2.　一级指标的综合评价结果

$R_1 = A_1 \times V_1 = (0.317,\ 0.494,\ 0.157,\ 0.032)$

$R_2 = A_2 \times V_2 = (0.264,\ 0.453,\ 0.183,\ 0.1)$

$R_3 = A_3 \times V_3 = (0.285,\ 0.469,\ 0.173,\ 0.073)$

$R_5 = A_5 \times V_5 = (0.434,\ 0.533,\ 0.033,\ 0.0)$

$R_8 = A_8 \times V_8 = (0.466，0.467，0.067，0.0)$

3．被评价对象的综合评价结果

$R = A \times V = (0.305，0.49，0.151，0.054)$

5.4.5　对评价结果的分析

1．二级指标的评价结果分析

对二级指标生产流程中的清洁（A_{11}）来说，处于很安全与安全的可能性分别为27.5%和47.5%，而不太安全和很不安全的可能性分别为20%和5%。处于安全以下的可能性在 25%左右，"生产流程清洁度"还有待进一步提高，例如，严格生产流程中水和工作服的规范使用。

对二级指标兽药残留（A_{22}）来说，处于很安全和安全的可能性分别为20%和45%，而不太安全和很不安全的可能性分别为25%和10%。尽管其安全以上的可能性达到65%，但是，仍然有35%的可能性处于安全以下。对此，应该在奶牛养殖环节对兽药的使用，特别是对氯霉素和链霉素的使用控制在标准范围以内；同时，严格对奶牛体检和生鲜乳的检验。

对于二级指标农药残留（A_{23}）来说，处于很安全和安全的可能性分别为16.1%和37.3%，而不太安全和很不安全的可能性分别为28.3%和18.3%。该指标处于不安全的可能性高达 46.6%，说明农药残留对于奶牛养殖环节的安全性还存在很大的影响，此环节中奶农应格外注意奶牛的健康状况和生病奶牛的农残是否超标的问题。

对于二级指标人为掺假（A_{36}）来说，处于很安全和安全的可能性分别为 24.1%和48.5%，而不太安全和很不安全的可能性分别为 17.4%和10%。说明大部分原料奶是比较安全的，但仍有 27.4%的风险存在人为掺假。对此，处于乳制品供应链上的核心企业（乳品生产加工企业）应该进一步提出合理的约束机制来规范奶农和奶站的掺假行为，严格控制上游原奶的质量安全。

2．一级指标的评价结果分析

对于一级指标职业卫生因素（A_1）来说，处于安全以上的可能性为 81.1%，处于不安全的可能性为 18.9%。说明职业卫生因素对 HACCP 体系的安全性未构成威胁。

对于一级指标奶牛养殖环节（A_2）来说，处于安全以上的可能性为 71.7%，处于不安全的可能性为 28.3%。这一环节对 HACCP 体系的安全性构成一定风险，应该严格控制农药、兽药和抗生素的使用，使农药、兽药残留控制在标准范围之内。

对于一级指标生鲜乳验收（A_3）来说，处于安全以上的可能性为 75.4%，处于不安全的可能性为 24.6%。这一环节对 HACCP 体系的安全性也构成一定风险，对于生鲜乳的营养成分和掺假实施严格检测。

对于一级指标巴氏杀菌（A_5）来说，处于安全以上的可能性为 97.7%，处于不安全的可能性只有 3.3%。显然，这一环节严格执行了巴氏杀菌的温度和时间标准，严格控制了菌落总数。

对于一级指标设备安全可靠性（A_8）来说，处于安全以上的可能性为 93.3%，处于不安全的可能性只有 6.7%。这一环节也控制得很好，能够保证 HACCP 体系的正常有效运行。

3. 被评价对象的评价结果分析

乳制品供应链 HACCP 体系的安全性，处于安全以上的可能性为 79.5%，处于不安全的可能性为 20.5%。说明 HACCP 体系在职业卫生因素、奶牛养殖环节、生鲜乳验收环节的运行中，存在着一定风险，影响着 HACCP 体系在供应链中保证乳制品的质量安全。

第6章 乳制品供应链相关主体博弈分析

6.1 乳制品质量安全相关主体质量行为分析

6.1.1 质量行为的含义

质量行为是人们对产品质量、工作质量、服务质量的实际反应或行动，是质量意识和质量情感的外在表现。人的行为非常复杂，会受意识和情感的影响，会受客观环境、生理机制、社会因素的制约，而且有其独立地位。质量行为直接作用于工作质量、产品质量和服务质量。

根据质量行为的含义，可以界定乳制品质量责任主体的质量行为。即乳制品供应链相关主体，对乳制品质量安全责任的反应与行动。乳制品质量责任主体的质量行为可以看成是组织行为，质量行为中的"质量"可以看成是某项工作的工作质量，也可以看成是质量管理工作的运行质量。相关主体在其中的"工作、活动、过程"中所发生的行为就是质量行为。

具体而言，乳制品质量是通过乳制品供应链运行的全过程形成的，其质量行为就是各责任主体在原奶生产、乳品加工、成品销售中的反应与行动。

6.1.2 乳制品生产企业的质量行为分析

1. 乳制品生产企业质量目标分析

乳制品的"信用品"特征，决定了消费者无法通过外观特征判断其质量优劣。而生产企业作为一个经济利益体，其最终目标是追逐利益最大化。决定企业利益的要素主要是产品质量和产生成本。高质量产品虽然其产生成本亦高，但是，优质优价的市场规律，可以为企业带来可观的利润，这符合消费者对质量行为的要求，这也是诚实型企业的质量行为。低质量产品，虽然无法获得理想的价格，但是，其低廉的产生成本也能维持企业正常经营所需的利润。就是说，由于消费者不能在第一时间发现乳制品的质量问题，企业就有可能会趁机对自己的质量行为进行调整，即在对产品质量水平影响不严重的情况下，降低质量标准，以此来实现降低生产成本、提高销售利润的目的。这一般是不诚实型企业的质量行为。那么，生产高质量产品还是生产低质量产品，取决于产品质量与企业利润实现的关联度。

2. 乳制品生产企业的质量行为分析

假定乳制品企业分为诚实型与不诚实型两种，并做如下假设：

T_1、T_2——消费者对乳制品的购买分两个阶段，分别用 T_1 和 T_2 表示。

C_1——高质量乳制品的生产成本。

C_2——低质量乳制品的生产成本（$0 \leqslant C_2 \leqslant C_1$）。

λ_1——T_1 时期，消费者对诚实型企业的期望概率。

λ_2——T_2 时期，消费者对诚实型企业的期望概率。

ε——消费者对高质量乳制品的支付意愿，也可以看成是生产高质量产品所能得到的质量溢价。对低质量乳制品的支付意愿为 0。

α——乳制品企业被检测概率（$0 \leqslant \alpha \leqslant 1$）。

γ——贴现率。

一般而言，诚实型企业会更多地选择生产高质量的产品，不诚实的企业则会偏向生产低质量的产品。乳制品市场中的供需双方中，消费者属于弱势群体，难以获得真实的质量信息，无法判断乳制品的质量高低。为了保护消费者的权益，政府监管部门通过履行各自的职责，对乳制品进行质量安全监管与检查。但是，由于政府监管人员的不足和巨大的检测成本，政府监管部门一般是进行抽查，如以 α 概率抽查企业的质量行为。

在 T_1 阶段，消费者对诚实型企业的期望概率为 λ_1，此时形成的消费者对乳制品的最大支付意愿为 $\lambda_1 \varepsilon$，因而形成的价格为 $p_1 = \lambda_1 \varepsilon$。企业以不同的质量水平进行生产，消费者都会以 p_1 价格进行购买。在这一阶段政府监管部门会对乳制品企业进行监管与检测，一些不诚实的乳制品企业的质量行为就会曝光，其违规行为和不合格的产品信息会公之于众。在 T_2 阶段，消费者获得了政府公之于众的乳制品质量信息，也知晓了不诚实的乳制品企业，对这些不诚实企业生产的低质量产品，消费者的支付意愿为 0。但是，政府监管部门实施的抽查检测方式，一定会有一些不诚实的企业漏检，消费者就不会得到所有不诚实企业的信息。如果消费者没有得到完全信息，他们会认为企业生产的都是高质量的产品，边际概率为 λ_1，也可能是漏检的不诚实企业或者检测到的是诚实企业，边际概率为 $(1-\lambda_1)(1-\alpha)$。由贝叶斯定理可得，在消费者对乳制品企业的相关质量信息不了解的情况下，将会对乳制品企业的诚实型期望调整为：

$$\lambda_2 = \frac{\lambda_1}{\lambda_1 + (1-\lambda_1)(1-\alpha)}$$

此时乳制品的价格为：$P_2 = \lambda_2 \varepsilon = \dfrac{\lambda_1 \varepsilon}{\lambda_1 + (1-\lambda_1)(1-\alpha)}$

消费者在两个阶段对乳制品价格期望的形成过程，如图 6.1 所示。

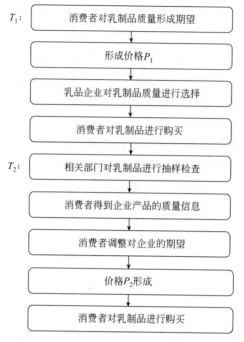

图 6.1　乳制品价格形成图

对于诚实企业，在 T_1、T_2 期的收益总和为：

$$R_1 = (\lambda_1\varepsilon - c_1) + \gamma(p_2 - c_1) \tag{6.1}$$

不诚实企业的收益与是否被抽样检查到有关，收益总和为：

$$R_2 = \alpha(\lambda_1\varepsilon - c_2) + (1-\alpha)[(\lambda_1\varepsilon - c_2) + \gamma(p_2 - c_2)] = (\lambda_1\varepsilon - c_2) + \gamma(1-\alpha)(p_2 - c_2) \tag{6.2}$$

从上述分析可以看出，诚实企业的收益与抽检概率无关，而不诚企业的收益则与抽检概率密切相关。政府监管部门对企业的抽检概率越大，不诚实企业的风险与损失就越大。

当 $R_2 \leqslant R_1$ 时，不诚实企业在利益的驱动下会选择生产高质量的产品。此时，$(\lambda_1\varepsilon - c_2) + \gamma(1-\alpha)(p_2 - c_2) \leqslant (\lambda_1\varepsilon - c_1) + \gamma(p_2 - c_1)$，即：

$$(1+\gamma)(c_1 - c_2) \leqslant \gamma\alpha(p_2 - c_2) \tag{6.3}$$

从式(6.3)可以看出，等式左边为生产高质量产品比生产低质量产品多付出的成本，而右边为生产低质量的产品被抽查到而受到的损失。由此可见，只有当生产不同质量乳制品的成本差不大于低质量产品被检查到所受到的损失时，企业才会选择生产高质量的产品。

明显可以看出，α 值越大，不等式(6.3)实现的可能越大，也就是说加大政府监管部门的抽检力度，则会促进企业选择生产高质量产品的可能性。相反，若 α 值越小，则企业就会怀有侥幸心理，通过降低产品质量来牟取暴利。如果一旦使 $\alpha=0$，也就是不对企业进行监督，会发现：

$$(1+\gamma)(c_1 - c_2) \leq 0$$

显然，这是不可能实现的，也就是在无监督的情况下，仅仅依靠企业自身的约束力是不可能实现高质量乳制品的生产。

结论：单靠企业的自律是无法提供高质量的乳制品。企业作为以利益最大化为目标的经济实体，要想实现高质量乳制品的生产，政府、社会相关监管部门必须履行监管职能，而且，监管力度与企业提供高质量乳制品的概率成正比。

6.1.3　政府监管行为分析

1. 政府监管的目的与特征

（1）政府监管的目的。政府是公共利益的代表，其监管的主要目的是为了实现社会公共利益的最大化。然而，政府是由若干个体组成的，它就是这些若干个体的集合与利益体现者。而作为组成政府的若干个体，他们都有追求个人利益最大化的需求，因而政府就存在追逐自身利益最大化的内部需求。也就是说，政府作为市场经济中的一员，与其他成员一样，也以实现自身的利益最大化为目标。

（2）政府监管的特征。一是政府监管决策是有限理性的行为。完全的理性行为是需要在获得各方面完备信息的基础上，在各种不同方案中经过多轮理论与实践的验证后作出的监管决策。然而这些条件难以实现，一方面是因为各种信息的获得需要大量的时间与人力，而且有些信息的获得，需要一定的技术手段，这样昂贵的信息成本对于政府监管部门而言是难以承受的。因而，更多的监管行为是通过一些主观判断与经验进行决策。另一方面，很多信息是隐藏在大量杂乱无章的数据当中，信息不透明，难以识别监管所需的有用信息。此外，政府监管行也会受到监管人员所掌握知识的限制。这些情况下也只能靠感觉进行判断，所作出的只能是有限理性的决策。

二是政府监管行为存在机会主义倾向。作为普通消费者，想要了解政府的运作与决策情况，要付出调研、访问等极其昂贵的人力成本，这是大多数人难以承受的。因而，大多数消费者会选择默认，即便感觉有些政策或决定对自身不利，也只能采取认同的态度。而这种对外界缺乏透明的决策机制，会引诱政府监管人员的机会主义倾向，政府监管人员在对企业的监管过程中会采取一些利己的做法以实现个人或政府利益最大化。

2. 乳制品质量监管存在的问题

当前，政府监管过程中存在的问题主要有以下几个方面。

（1）监管对象的违规成本低，违规行为难以遏制。对于低质量的乳制品，政府监管部门与社会公众的"发现成本"较高，但处罚方面却受到时间、数量、依据等因素的影响，通常只能做到停止销售、小额度的处罚处理。与违规事实相比相，处罚力度远远达不到对违规者的警示作用。大量实践证明，这种相对于违规收益而言极低的违规成本，无法遏制违规者的违规行为。

（2）监管成本高，影响政府的正常监管行为。目前我国对乳制品的监管主要是通过抽样检查乳制品企业的生产情况和产品情况；对于消费者投诉的乳制品质量安全案件则会直接查处。问题是这两种监管方式均具有滞后性，而且，其滞后性有时会由于检测技术的局限（如有的检测报告需要半个月之后才出结果），变得更加严重。如果通过这种抽检手段了解整个乳制品市场的质量安全情况，就需要进行比目前更广泛、更频繁的抽样检验。这就会在目前的检测费用已经比较重的情况下，增加政府的负担，影响政府的正常监管行为。频繁的检测也必然干扰到企业的正常生产，造成生产企业的反感与抵触，进一步增加政府的监管成本。

（3）政府规制失灵，监管目标难以实现。乳制品质量得不到保证的另一深层原因是政府在市场经济中的规制、职能出现空缺，即政府规制失灵。由于政府功能定位不当，对市场不能进行有效的调节，制度没能及时跟进，法律体系滞后，监管机制缺乏协调性和连续性，乳制品质量安全规制的执行过程缺乏规范化、执法力度不够等，无法实现监管目标。

（4）监管技术落后，影响对乳制品质量安全情况的及时监控。监管技术是乳制品质量安全监管体系的依托，监管技术的先进与否直接影响政府对乳制品质量安全情况的及时监控。落后的监管技术，无法保证政府监管部门快速、准确地检测乳制品的质量安全问题，乳制品质量安全隐患无法及时消除。

目前我国食品质量安全检测技术落后的问题主要反映在两个方面，一是关键监测技术、设备与发达国家有较大差距；二是未全面采用与国际接轨的危险性评估技术和控制技术。我国对乳制品的检测基本上还是沿用传统方法，全面、连续性的乳制品污染和奶源性疾病的监测数据缺乏，因此，在面对乳制品的突发事件时基本上处于被动应付状态。

6.2　乳制品供应链相关主体博弈分析

研究将乳制品供应链相关主体分为三个阵营，一是生产者阵营，即被监管的乳制品生产企业；二是政府监管阵营，主要是政府各级质量安全监管部门；三是利益攸关者阵营，指原料奶供应商，即奶农。由于行业协会、媒体等社会公众对生产者的监督作用在当前政策和社会条件下存在不确定性，因此，研究未予考虑。

6.2.1　政府监管部门与生产企业博弈分析

1. 政府监管部门与生产企业博弈一般性分析

经济学假设人是理性的，其行为特点是在约束条件下追求个人效用最大化。按照预期效用理论，对于一个理性人来说，他主动遵守规则的条件是遵守规则时的预期效用大于违背规则时的预期效用。对于乳制品企业是否遵从规则，同样如此。对于不重视乳制品质量安全的企业来说，只要不出事故，其潜在的经济收益是巨大的，但也给社会带来巨大的社会成本。即使不重视乳制品质量安全的企业被监管部门抓到，对其惩罚相对于潜在收益来说总体上是小的。除非惩罚力度有实质性的提高，否则企业重视乳制品质量安全的程度不会有很大变化。

乳制品企业在进行是否遵从乳制品质量安全规则时，会对不遵从带来的成本与潜在的收益进行权衡；而政府作为监管者，在决定是否对企业安全生产进行监管或者监管力度的大小时，也会对监管的成本与收益进行权衡。企业安全生产的成本不仅与其所受处罚力度有关，而且与政府的监管强度有关；政府的监管力度又与乳制品企业重视质量安全的程度以及由此带来的损失相关。因此，在乳制品质量安全的监管上，企业与政府之间存在着相互作用和理性决策的博弈。

2. 政府与企业的博弈分析

在经济学理性人假设前提下，无论是政府还是乳制品企业都追求效用最大化。政府通过权衡对乳制品企业的监管成本与收益决定监管与否及监管力度；乳制品企业在权衡违规成本和违规潜在收益后决定是否服从政府监管。而政府监管力度、企业违规成本等又存在相关关系，因此，需要对政府与乳制品企业之间的博弈关系进行分析。

1）静态博弈分析

博弈分析的基本假设：

参与主体：乳制品生产企业和政府监管部门，均以实现利益最大化为目标。

策略选择：政府监管部门的选择是"严格监管"和"不严格监管"；乳制品生产企业的选择是生产"高质产品"和"低质产品"。

博弈类型：假设政府拥有先进的检测设备和高水平的监管能力，只有对企业进行监管，才能全面掌握质量安全信息。因此，企业与政府的博弈可以看成是完全信息静态博弈。

博弈分析的参数设定：

C_1：企业生产"高质量"乳制品的成本；

C_2：企业生产"低质量"乳制品的成本（$C_1 > C_2$）；

G：政府的监管收益。管制收益包括监管带来的社会效益与经济效益。当企业生产劣质品而政府没有进行监管时，收益为$-G$，因为政府由此而失去了公众声誉；

C：政府管制成本（$G>C$），如果不监管，则监管成本为0；

E：企业收入。乳制品属于信用品，市场上的乳制品售价统一；

f：企业生产劣质品而被政府发现后的罚金，该罚金归政府所有。需要强调的是，政府不能为了取得巨额罚金而去监管；

p_1：企业生产"高质量"乳制品的概率；

$1-p_1$：企业生产"低质量"乳制品的概率；

p_2：政府"监管"的概率；

$1-p_2$：政府"不监管"的概率。

模型及分析：

在企业与政府的博弈中，当政府不进行监管时，$C_1>C_2$，即企业生产低质乳制品的成本远远小于生产高质乳制品的成本。为实现利益最大化，企业必然会选择生产低质乳制品。当政府进行监管时，企业生产低质乳制品被发现后，有罚金f，为了使监管有效，必须使得$C_2+f>C_1$，企业在比较成本与处罚的损失后，会选择生产高质乳制品。由此可见，企业生产的选择受政府监管选择的牵制。政府在进行选择时，要对监管成本与收益进行比较，政府监管会提高政府的声誉，但也会增加政府的投入。如果监管效益大于监管成本，政府选择监管；反之政府会考虑不进行监管。政府与企业之间的博弈矩阵，如表6.1所示。

表 6.1 政府与企业之间的博弈矩阵

项目		政府机构部门	
		监管(p_2)	不监管($1-p_2$)
企业	高质量(p_1)	$E-C_1$; $G-C$	$E-C_1$; G
	低质量($1-p_1$)	$E-C_2-f$; $G-C+f$	$E-C_2$; $-G$

由于 $E-C_1>E-C_2-f$，$G-C+f>-G$，因此从博弈矩阵可以知道，这个博弈不存在纯战略纳什均衡解，存在混合策略纳什均衡解。

因此，企业和政府的期望效用函数分别为：

$$y_1(p_1, p_2)$$
$$=p_1[p_2(E-C_1)+(1-p_2)(E-C_1)]+(1-p_1)[p_2(E-C_2-f)+(1-p_2)(E-C_2)]$$
$$=E-C_2+p_1(C_2-C_1)-(1-p_1)p_2f \tag{6.4}$$

$$y_2(p_1, p_2)$$
$$=p_2[p_1(G-C)+(1-p_1)(G-C+f)]+(1-p_2)[p_1G+(1-p_1)(-G)]$$
$$=p_2(G-C)+(1-p_1)p_2f+(2p_1-1)(1-p_2)G \tag{6.5}$$

根据纳什均衡，令

$$\frac{\partial y_1(p_1,p_2)}{\partial p_1}=0 \qquad \frac{\partial y_2(p_1,p_2)}{\partial p_2}=0$$

得到

$$P_1^* = 1 - \frac{C}{2G+f} \tag{6.6}$$

$$P_2^* = \frac{C_1-C_2}{f} \tag{6.7}$$

因此，企业、政府的混合策略纳什均衡 $\left(1-\dfrac{C}{2G+f},\dfrac{C_1-C_2}{f}\right)$ 表明：

若政府监管的概率 p_2 大于 $\dfrac{C_1-C_2}{f}$，则企业的占优策略是生产高质量乳制品；反之，则生产低质量乳制品。若 p_2 等于 $\dfrac{C_1-C_2}{f}$，则企业可以任意生产产品。

若企业选择生产高质量乳制品的概率 p_1 大于 $1-\dfrac{G}{2G+f}$，则政府倾向于选择不监管；反之，则应该监管。若 p_1 等于 $1-\dfrac{G}{2G+f}$，政府选择监管或不监管不确定。

结论：由上述分析可以看出，政府与企业的均衡选择与监管收益（G）、罚金（f）、监管成本（C）和生产成本（C_1，C_2）有关。从式（6.6）中可以得出，当政府的监管收益大、企业所承担的罚金重时，企业生产高质量乳制品的概率就高；在式（6.7）中，企业承担的罚金轻或者生产不同品质乳制品的成本差值 C_1-C_2 很大时，政府监管的概率就会大。

由上述结论可以推论，在相关变量一定的情况下，政府监管部门的查处力度越大，或者对违规企业的惩罚力度越大，乳制品企业违规生产概率越小；企业违规生产所取得的额外收益越大，政府监管成本就越高，乳制品企业违规生产的概率就越大。

2）动态博弈分析

企业与政府之间的关系，不仅仅是各自追求利益最大化的静态博弈那么简单，他们的决策行动有时是有先后顺序的，涉及选择先后的决策行动时，便有了政府与企业之间的设租与寻租问题，这就属于动态博弈。其特点是，前者的选择会对后选择的参与者有影响，后者会在前者选择的基础上考虑自己的行动。具体到政府与企业的博弈中，就反映在两个方面的博弈。一是企业生产劣质乳制品被政府发现，企业会在是否对政府工作人员行贿中作出选择；二是企业在进行行贿时，政府工作人员在是否接受行贿中作出选择。

动态博弈的基本假设：

参与主体：生产劣质乳制品的企业和政府监管部门；

策略选择：企业选择"行贿"和"不行贿"；政府选择"接受"和"不接受"。

博弈类型：政府与企业之间可以看成是信息完全的，属于博弈中的完全信息动态博弈。

动态博弈的参数设定：

I：企业生产劣质乳制品的利润；

W：政府工作人员的工资；

f_1：生产劣质乳制品的企业被政府监管发现后承担的罚金。为了使监管有效，对违规企业的处罚一般会大于他的非法利润，即 $f_1 > I > 0$；

f_2：政府人员交纳的罚金。当政府人员设租，企业对其寻租成功后，政府对企业进行包庇，而一旦企业发生质量事故或者被消费者检举后，政府由于失职将受到处罚，交纳罚金；

f_3：对企业行贿的罚金。生产劣质乳制品的企业对政府人员行贿失败后，对企业进行惩罚。为了强有力地整治行贿受贿行为，一般使得 $f_3 > f_1$；

p：政府人员设租被发现，受到惩罚的概率，$0 < p < 1$；

β：生产劣质乳制品企业对政府进行行贿金额与其获得非法利润的比例系数，$0 < \beta < 1$。

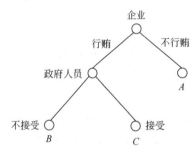

图 6.2　政府与企业完全
信息动态博弈模型

模型结果分析：

在企业进行行贿的前提下，若政府监管人员选择接受行贿，将会与企业形成统一战线，对企业进行包庇，与企业形成重复博弈；若政府监管人员选择拒绝行贿，企业将受到处罚，博弈停止。政府与企业的动态博弈模型，如图6.2所示。

根据假设条件与博弈树，确定图 6.2 中 A、B、C 三个点的收益值如下：

A：$(I-f_1,\ W)$

B：$(I-f_3,\ W)$

C：$[(1-\beta)I,\ (1-p)(\beta I+W)-p(f_2+W)]$

上述集合内左边为企业收益值，右边为政府监管部门收益值。利用逆向归纳法求解此博弈的子博弈纳什均衡：

情况一：

博弈的第二阶段：如果对政府工作的监督管理不严，使得政府在对企业包庇后，由于安全事件等原因被惩罚的概率 p 就比较小，即使惩罚，罚金 f_2 也会比较小，则会出现 $(1-p)(\beta I+W)-p(f_2+W)=W+[\beta I-p(f_2+\beta I-2W)]>W$ 的情况。很明显，政府在接受企业贿赂后的利润大于政府工作人员的日常工资等正常收入，政府工作人员会选择贿赂。

博弈的第一阶段：企业在考虑是否进行行贿时，由于 $(1-\beta)I>0>I-f_1$，企业若不进行行贿，被查处后损失会更大，则企业会选择行贿。当企业选择行贿后，企业与政府的纳什均衡为"行贿-接受行贿"。这种在企业与政府之间形成的平衡关系，由于利益的一致性，会长期存在。根据泽尔滕的"连锁店悖论"，更多的企业会选择对政府监管人员行贿，并将利润点放在行贿方面，而放弃抓生产和质量，极大扰乱市场秩序，直接导致乳制品市场陷入恶性循环，乳制品质量得不到保障，消费者利益受损。

情况二：

博弈的第二阶段：若 f_2 和 p 增大，使得 $(1-p)(\beta I+W)-p(f_2+W)=W+[\beta I-p(f_2+\beta I-2W)]<W$，能保证政府人员接受贿赂后的收益小于不接受贿赂时的工资所得时，会使得政府人员选择拒绝贿赂。

博弈的第一阶段：由于对行贿受贿行为的严加监督，$f_3>f_1$，则使得 $I-f_3<I-f_1<0$，企业在行贿后遭到拒绝的损失使其难以承受，企业为保全自身利益，会选择不行贿。由于 $I-f_1<0$，企业生产的目的是追逐利润，一旦利润为负，企业会选择停止生产劣质乳制品，这对乳制品的质量保证是十分有利的。

结果分析：通过上述论证可以看出，如果对政府疏于监督和管理，对行贿受贿的惩戒力度不够，在政府进行受贿后，对政府的惩罚概率小，惩罚金额少，政府人员就会趁机寻求自身利益最大化，与企业形成合谋的局面，出现企业与政府"行贿-接受贿赂"的最优化组合，严重影响乳制品市场。而要想实现企业与政府以"不行贿-不接受贿赂"为最优策略，就必须要加强对政府的监督与管理，健全法律法规，加大惩处力度，加大惩罚概率 p 与罚金 f_2，使政府人员在受贿后付出的代价是难以承受的，这样才能有效防止腐败，消灭"设租-寻租"现象，规范乳制品市场，保证乳制品的质量与消费者的利益。

3）信息博弈分析

企业与政府信息博弈是指在双方的内部信息拥有量、拥有信息的真实性、完整性、及时性和有效性等基础上进行的博弈。企业为了收入的增加往往在产品质量上会有所折扣。企业生产劣质乳制品的概率既取决于企业与政府之间的内部信息的拥有情况，又取决于企业生产劣质产品所面临的惩罚和监督风险。以下是针对是否生产劣质乳制品的选择，而进行的企业与政府的信息博弈分析。

基本假设：为方便研究，先提出几个假设。

假设 1：企业与政府之间的内部信息函数服从 [0，$+\infty$] 的概率分布，分布

函数 $F(x)=\int_0^x f(t)\mathrm{d}t$ ，$0<x<+\infty$ ，x 为其信息拥有量，企业与消费者之间的信息

函数也服从 $[0，+\infty]$ 的概率分布，分布函数 $\mathrm{H}(y)=\int_0^y h(t)\mathrm{d}t$ ，$0<y<+\infty$ ，y 为

其信息拥有量。这里 $f(x)>0$ ，$h(x)>0$ ，满足信息拥有量越多，其函数值越大的要求。

假设 2：企业生产劣质乳制品的收益期望值 I 服从 $[0，1]$ 之间以 $F(x)$ 为概率的均匀分布函数，即 $I=I_0 \cdot F(x)+0 \cdot [1-F(x)]=I_0F(x)$ 。

假设 3：企业利润函数为 $R_1=I-C^{1-H(y)}=I_0F(x)-C^{1-H(y)}$ ，政府收益函数为 $R_2=C^{1-H(y)}$ ，$R_2>C_0$ ，C_0 为监督成本。这里 R_1 为企业生产劣质乳制品的利润，I_0 为可获得收入，C（$C>1$）为生产劣质品的成本。

假设 4：R_2 为政府监管收益，即企业生产劣质产品不成功所付出的成本。由表 6.2 可知，此博弈模型为一混合战略纳什均衡。

表 6.2　政府与企业的博弈矩阵

项目		政府监管部门	
		管制	不管制
企业	高质量	$(0，-C_0)$	$(0，0)$
	低质量	$(-R_2，R_2-C_0)$	$(R_1，-R_1)$

模型构建：假设只要政府实施监管，企业生产劣质乳制品的行为就会被发现，用 p 代表政府实施监管的概率，q 为企业生产劣质乳制品的概率。

给定 q，政府选择监管（$p=1$）和不监管（$p=0$）期望收益分别为：

$$G=q(R_2-C_0)+(1-q)(-C_0)$$
$$G'=q(-R_1)+(1-q) \cdot 0$$

当期望收益无差异时，由 $G=G'$ 可得：

$$q^* = \frac{C_0}{R_1+R_2} = \frac{C_0}{I_0F(x)}$$

上式两边对 q^* 求 x 的导数，得：

$\dfrac{\mathrm{d}q^*}{\mathrm{d}x} = -\dfrac{C_0 \cdot f(x)}{I_0F^2(x)}<0$ 同理：给定 p，求 q，可得：

$$p^* = \frac{R_1}{R_1+R_2} = -\frac{I_0F(x)-C^{1-H(y)}}{I_0F(x)} = 1-\frac{C^{1-H(y)}}{I_0F(x)}$$

两边对 p^* 分别求 x、y 的偏导数，得：

$$\frac{\partial p^*}{\partial x} = -\frac{C^{1-H(y)} \cdot f(x)}{I_0 F^2(x)} > 0$$

模型分析:

第一,企业生产劣质乳制品行为的概率取决于政府对其行为的信息拥有程度。政府对企业信息的掌握程度与企业生产劣质品的概率成反比,即政府对企业的信息掌握越多,企业生产劣质品的概率越低。因为,政府一般是遵从"违规必管"原则,从而使企业不敢有侥幸心理生产劣质品。第二,政府监管的概率既取决于政府对企业的信息拥有量,也取决于消费者对企业信息的拥有量。政府对企业信息的掌握越多,自然对企业生产劣质品的情况了解越多,监管频率和力度随之会进行调整。此外,监管的概率还取决于消费者对企业信息的掌握情况。政府作为消费者的维权者,其监管行为一般应早于消费者发现问题之前,如果是在消费者发现问题之后实施监管行为,势必会受到来自消费者的压力,其公信力也会大大降低。迫于消费者的压力,政府会加大监管频率和力度。

结论:

政府与企业之间,企业与消费者之间的信息不对称现象广泛存在。政府与企业之间的信息不对称将导致"道德风险",企业与消费者之间的信息不对称将导致劣胜优汰的"柠檬市场"。这些信息不对称现象都会给企业生产劣质乳制品带来机会。

6.2.2　奶农与生产企业博弈分析

此处奶农的概念是广义的,即包括所有能够提供原料奶的供方。为了同时考虑原料奶供应的稳定性和质量,本节将分别进行两者的履约(价格)博弈和质量博弈分析。

1. 生产企业与奶农履约(价格)博弈分析

在供应链环境下,生产者是否能够在激烈的奶源竞争中保证充足的原料奶收购,是乳制品企业首先要考虑的问题,而激烈的奶源竞争也是导致原料奶出现质量问题的关节环节。保证生产者与供应商(奶农)建立稳定的合作伙伴关系的主要因素是原料奶的收购价格。下面就双方在原料奶价格方面的博弈情况进行分析。

1)议价博弈问题描述

在供应链管理基础上,奶农相当于卖货方,生产者相当于买货方,即生产者从奶农处获取原材料进行加工生产。在现实生活中,奶农只了解自己的成本函数、支付函数等,而对对方(生产者)则并不了解,但对于生产者的决策类型奶农是知道的,反之亦然。因此,奶农和生产者之间信息不对称,双方之间的博弈是一个动态博弈的过程。也就是说,在现实的讨价还价过程中,双方的出价并不是同时的，而往往是其中一方给一个价格，另一方选择接受或拒绝。如果一方拒绝，则可以提出自己的价格，双方在此逻辑下进行持续谈判，直到议价结束为止。对于奶农与生产者之间的议价博弈来说，显然是奶农先报价，而生产者在这个价格基础上从自身的利润最大化目标出发，来决定是否接受此报价。若接受，则订立合同；否则进入下一轮的议价博弈，这是一个轮流出价的动态过程。因此，基于最普遍的情形，可以认为在供应链系统当中，奶农与生产者之间的博弈为非对称信息下的动态博弈过程。

2）博弈模型假设

第一，奶农和生产者均是完全理性人，其目的都是追求各自利益最大化。

第二，奶农和生产者进行合作交易，假设双方是只针对商品价格 P 进行讨价还价的谈判。

第三，用 P_s 表示奶农对该时段商品价格的预期，用 P_m 表示生产商对该时段商品价格的预期，有 $P_s \leqslant P_m$ 时，契约才能达成。在谈判之前，奶农与生产者对未来某一时段实时商品价格的预期分别为 P_s 与 P_m，奶农和生产者进行讨价还价的过程中，如果 $P_s > P_m$，即生产者对某一时段实时价格预期小于供应商对该时段实时价格预期，那么该交易是不能进行的。因为奶农和生产者分别遵循自身利益最大化原则，在实时商品市场上出售和购买商品是双方的最优选择。只有当 $P_s \leqslant P_m$ 时，合同才可能达成。

第四，奶农与生产者都不知道对方实时价格预期的准确值，P_s 和 P_m 都是私人信息。奶农与生产者的估价均服从 $[a, b]$ 区间上的均匀分布。

第五，分析中认为奶农与生产者在讨价还价博弈过程中都具有学习能力，他们能根据对方的出价和对方在博弈中的行为不断调整自己对对方实时商品价格的预期。即当奶农在第一阶段出价 P_1^s 时，生产者修正他对价格的估计，认为 P_m 服从 $[a, P_1^s]$ 区间上的均匀分布。

3）博弈模型分析

一般来说，先研究 n 阶段的议价博弈，奶农与生产者轮流出价。在第一阶段奶农出价 P_1^s，生产者选择接受或者拒绝。如果生产者选择接受，博弈结束，如果生产者选择拒绝，那么博弈进入第二阶段。在第二阶段，生产者出价 P_2^m，奶农选择接受或者拒绝。如果奶农选择接受，博弈结束，如果奶农选择拒绝，那么博弈进入第三阶段。依此类推，可以得到奶农与生产者在 N 阶段的博弈结构图，如图 6.3 所示。

第一阶段分析：奶农出价 P_1^s，如果生产者接受，则博弈结束。此时，奶农的超预期收益为 $P_1^s - P_s$，生产者的超预期收益为 $P_m - P_1^s$。如果制造商拒绝，则博弈进入第二阶段。

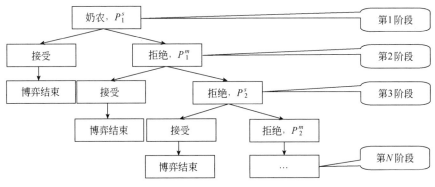

图 6.3　奶农与生产者的博弈结构图

第二阶段分析：生产者出价 P_1^m，如果奶农接受，则博弈结束，双方将订立合同。考虑到现实意义，假设一个折合系数 σ（$0<\sigma<1$），即拒绝之后的收益系数，每多进行一阶段博弈，双方收益就会降低（$1-\sigma$）倍，也可以将此系数看做交易成本系数。这个系数保证了双方不会将博弈无休止地进行下去。此时，如果奶农接受，则博弈结束，生产者的收益为 $\sigma(P_m-P_1^m)$，奶农的收益为 $\sigma(P_1^m-P_s)$，如果奶农拒绝，则博弈进入第三阶段。这样双方轮流出价，博弈进入第 N 阶段。

第 N 阶段分析：博弈的结果取决于 N，如果 N 为偶数，那么第 N 阶段由生产者出价 $P_{n/2}^m$，不管奶农选择接受或拒绝，博弈都结束。若奶农接受，那么奶农的收益为 $\sigma^{n-1}(P_{n/2}^m-P_s)$，生产者的收益为 $\sigma^{n-1}(P_m-P_{n/2}^m)$。若奶农拒绝，双方的支付都是 0。如果 N 为奇数，那么该阶段由奶农出价 $P_{n+1/2}^s$，不管生产者选择接受或拒绝，博弈都结束。若生产者接受，此时奶农的收益为 $\sigma^{n-1}(P_{n+1/2}^s-P_s)$，生产者的收益为 $\sigma^{n-1}(P_m^s-P_{n+1/2}^s)$，若生产者选择拒绝，双方支付都为 0。

各阶段奶农与生产者收益情况，如表 6.3 所示：

表 6.3　奶农与生产者的收益情况表

项目	第一阶段	第二阶段	…	第 N 阶段
奶农	$P_1^s-P_s$	$\sigma(P_1^m-P_s)$		$\sigma^{n-1}(P_{n/2}^m-P_s)$
生产者	$P_m-P_1^s$	$\sigma(P_m-P_1^m)$		$\sigma^{n-1}(P_m-P_{n/2}^m)$

4）博弈模型求解

以两阶段的博弈模型为例介绍该模型的求解思想。

假设第一阶段生产者拒绝，先看第二阶段奶农的选择。对于奶农来说，因为这是最后的机会，如果拒绝意味着收益为 0。因此只要满足

$$\sigma(P_1^m-P_s)\geqslant 0$$

即

$$P_1^m \geqslant P_s \tag{6.8}$$

奶农就会选择接受，不管第一阶段他的出价 P_1^s 是多少，此时奶农的收益为 $\sigma(P_1^m - P_s)$。

现在来看第二阶段生产者的出价。首先生产者知道奶农以式（6.8）是否成立为选择标准作出自己在这一阶段的选择；其次，生产者此时知道奶农预期的实时商品价格服从 $[a, P_1^s]$ 区间上的均匀分布。因此，生产者选择 P_1^m，要使自己的期望利润最大化，即：

$$\max[\sigma(P_m - P_1^m)P_1 + 0P_2] \tag{6.9}$$

其中，P_1 和 P_2 分别为奶农接受和拒绝的概率：

$$P_1 = P[P_1^m \geqslant P_s] = \frac{P_1 - a}{P_1^s - a} \tag{6.10}$$

$$P_2 = P[P_1^m < P_s] = \frac{P_1^s - P_1^m}{P_1^s - a} \tag{6.11}$$

把式（6.10）与式（6.11）代入式（6.9）得到最大化的问题：

$$\max\left[\sigma(P_m - P_1^m)\frac{P_1^m - a}{P_1^s - a}\right] \tag{6.12}$$

式（6.12）对 P_1^m 求导并令其为零，得到生产者的最优选择是：

$$P_1^m = \frac{P_m + a}{2} \tag{6.13}$$

因此，如果博弈进行到第二阶段，并且奶农接受生产者的价格 P_1^m，则奶农的收益为：

$$E_s = \frac{\sigma(P_m + a - 2P_s)}{2}$$

生产者的收益为：

$$E_m = \frac{\sigma(P_m - a)}{2}$$

再看第一阶段，对于生产者来说，他已经知道如果谈判进行到第二阶段，能得到的最大收益为 $E_m = \frac{\sigma(P_m - a)}{2}$，因此第一阶段他选择接受 P_1^s 的条件为第一阶段的收益不小于第二阶段的收益，即：

$$P_m - P_1^s \geqslant \sigma \frac{P_m - a}{2}$$

整理得：

$$P_m \geqslant \frac{2P_1^s - \sigma a}{2 - \sigma}$$

奶农了解生产者在第二阶段和第一阶段的决策方式，选择出价 P_s，也是要使自己的期望收益最大，即满足：

$$\max\left[(P_1^s - P_s)q_1 + \sigma q_2 \frac{P_m + a - 2P_s}{2} \right] \qquad (6.14)$$

q_1 表示第一阶段生产者接受 P_1^s 的概率，q_2 表示第一阶段生产者拒绝但第二阶段奶农接受的概率：

$$q_1 = P\left\{ P_m \geqslant \frac{2p_1 - \sigma a}{2 - \sigma} \right\} = \frac{2(b - p_1^s) - \sigma(b - a)}{(2 - b)(b - a)} \qquad (6.15)$$

$$q_2 = (1 - q_1)p_1 = P\left\{ p_m < \frac{2p_1 - \sigma a}{2 - \sigma} \right\} \frac{p_1^m - a}{p_1^s - a} = \frac{2(p_1^m - a)}{(2 - \sigma)(b - a)} \qquad (6.16)$$

式（6.15）、式（6.16）代入式（6.14）得到：

$$P_1^s = \frac{(2 - \sigma)b + \sigma a + 2P_s}{4} \qquad (6.17)$$

5）求解结论

通过上述分析可制定奶农和生产者的两阶段议价博弈的均衡结果：

奶农第一次出价为：

$$P_1^s = \frac{(2 - \sigma)b + \sigma a + 2P_s}{4}$$

如果第一阶段生产者拒绝，第二阶段生产者出价：

$$P_1^m = \frac{P_m + a}{2}$$

当满足 $P_m \geqslant \dfrac{(2 - \sigma)b - \sigma a + 2p_s}{2(2 - \sigma)}$ 时，生产者接受奶农的出价 P_1^s，否则拒绝。

如果奶农对未来该时段实时商品价格的预期 P_s 小于或等于 P_1^m，奶农接受生产者出价 P_1^m，否则拒绝。

6）博弈结果分析

从上述分析可以看出，在奶农与生产者都愿意达成合同的前提下，以双方各自利益为出发点，通过博弈分析，合同价格是可以预期的。也就是说，通过对合同双方情况的博弈分析，可以判断当前合同价格是否合理，是否利于合同稳定。

2. 生产企业与奶农的质量博弈

当企业与奶农签订原料奶供需合同后，奶农按合同要求为企业提供原料奶即可。然而，如果企业对原料奶的验收把关不够严格，或者奶农掌握了企业对原料奶验收时的薄弱环节，奶农就有可能产生侥幸心理与企业博弈，即将本是不合格的原料奶经过违规作假后送交验收。如下的博弈分析为杜绝此类问题提供思路和依据。

1）模型建立

假设原料奶有高质量和低质量两种类型，高质量原料奶是指符合或高于合同质量要求的原料奶，低质原料奶是指奶农通过自行勾兑或掺入相关物质后才符合合同质量要求的原料奶。企业在原料奶验收时，如果检测出奶农提供的是低质量奶，则按照合同规定会对违规奶农进行处罚，收取一定数额的罚金。通过处罚来遏制奶农的违规行为，而罚金可抵消由于原料奶数量的减少给企业带来的损失。

奶农的博弈策略是供应高质量或低质量原料奶。假设提供高质量原料奶的概率为 r，提供低质量的概率为 $(1-r)$；企业的策略是接收或拒收奶农供给的原奶。假设接收的概率为 α，拒收的概率为 $(1-\alpha)$。该博弈也是完全信息静态博弈，但与价格博弈不同的是，博弈的结果是混合策略纳什均衡。质量博弈矩阵收益，如表 6.4 所示。

表 6.4　质量博弈收益矩阵表

奶农策略	接收原奶		拒收原奶	
	奶农收益	企业收益	奶农收益	企业收益
供应高质量原奶	V	U	$-R+E$	$-E$
供应低质量原奶	$V+\theta$	X	$-R-F$	0

表 6.4 显示，如果企业接收的是高质量原料奶，它的收益为 U；如果企业把关不严或者未检测出而接收了低质量原料奶，它的收益为 X（$X<0$，指企业以高价购买奶农提供的低质量原料奶所承担的损失＝；如果企业拒收高质量原料奶，需支付违约金 E；如果企业拒收低质量奶，它的收益为 0。奶农供给高质量原料奶并被企业接收，获得的收益是 V，供给低质量奶并被接收的收益是 $(V+\theta)$，θ 指奶农掺假获得的利润；如果奶农的高质量原料奶被企业拒收，它的收益为 $(-R+E)$，R 为奶农供给高质量原料奶的成本，如果企业拒收奶农供给的低质量奶，奶农的收益为 $(-R-F)$，F 为企业对奶农的惩罚金。

2）模型求解

奶农的期望收益为：

$$V_c = r[\alpha V + (1-\alpha)(-R+E)] + (1+\gamma)[\alpha(V+\theta) + (1-\alpha)(-R-F)]$$
$$= r(E - \alpha E - \alpha\theta + f - \alpha F) + \alpha(V + \theta + R + F) - R - F$$

奶农收益最大化的一阶条件为：

$$\frac{\partial V_c}{\partial r} = E - \alpha E - \alpha\theta + F - \alpha F = 0$$

解得，　$\alpha = \dfrac{1}{1+\dfrac{\theta}{E+F}}$。

如果企业接收原料奶的概率 α 小于 $\dfrac{1}{1+\dfrac{\theta}{E+F}}$ ，奶农的最优选择是供给高质量

的原料奶；如果企业接收概率大于 $\dfrac{1}{1+\dfrac{\theta}{E+F}}$ ，奶农的最优选择是供给低质量原

料奶。

同理，企业的期望收益为：

$$V_f = \alpha[\gamma U + (1-\gamma)X] + (1-\alpha)[\gamma(-E) + (1-\lambda)0]$$
$$= \alpha(\gamma U + \sigma - \gamma X + \gamma E) - \gamma E$$

最优化的一阶条件为：

$$\frac{\partial V_f}{\partial \alpha} = \gamma U + X - \lambda X + \gamma E = 0$$

解得：

$$\gamma = \frac{1}{1+\dfrac{U+E}{|X|}}$$

如果奶农供给高质量原料奶的概率 γ 小于 $\dfrac{1}{1+\dfrac{U+E}{|X|}}$ ，企业的最优选择是拒

收；如果奶农供给高质量原料奶的概率大于 $\dfrac{1}{1+\dfrac{U+E}{|X|}}$ ，企业的最优选择是接收。

因此，混合策略纳什均衡是 $\left(\dfrac{1}{1+\dfrac{\theta}{E+F}}, \dfrac{1}{1+\dfrac{U+E}{|X|}}\right)$，即企业以 $\dfrac{1}{1+\dfrac{\theta}{E+F}}$ 的

概率接收原料奶，奶农以 $\dfrac{1}{1+\dfrac{U+E}{|X|}}$ 的概率选择供给高质量原料奶。

3）结论

第一，奶农提供高质量原料奶的概率取决于对企业接收概率的预期和被企业拒收而向企业缴纳的罚金。也就是说，如果奶农认为企业接收原料奶的概率高，即认为企业验收原料奶的标准和流程不严格，奶农会增加提供低质量原料奶的概率。企业在验收中发现奶农提供低质量原料奶时对奶农处罚的罚金越高，奶农提供低质量原料奶的意愿越小，概率也越低。

第二，奶农提供高质量奶的概率和企业接收原料奶的概率是可以预期的，这个预期很大程度上由环境因素和企业罚金决定。换言之，企业可以通过调整罚金的数额来增加奶农的压力，以增大奶农提供高质量原奶的概率。

6.2.3　乳制品生产企业与消费者之间的博弈分析

1. 基本假定

参与人是企业和消费者。在经济人假定的前提下，博弈双方始终都是以实现自身利益最大化为目标。对于企业来说，追求的目标是利润最大化；对于消费者来说，追求利益最大化的表现更多的是从价格、赔偿、健康等方面来反映。假设可供企业选择的策略是"造假"和"不造假"，消费者可选择的策略是"投诉"和"不投诉"；假设只要消费者进行投诉，企业造假行为就能被发现并受到处罚。若企业造假不被发现，就会获得相对于不造假企业的额外收益 C_g-C_b，其中，C_g 为不造假产品的成本，C_b 为造假产品的成本。若被发现，需支付给消费者数额 F 的赔偿金，此时，其额外收益变为 C_g-C_b-F。显然，$C_g-C_b>C_g-C_b-F$。假设赔偿金 F 足够大，使 $F>C_g-C_b$，则当企业造假一旦被发现，其额外收益将为负数；D 表示消费者打假的成本（包括信息成本和投诉成本），$F>D$ 即打假收益大于成本支出。

由于消费者和企业之间信息不对称，各自采取行动时都有一定的随机性，因而此博弈不存在纯策略纳什均衡，只存在混合策略纳什均衡。假设企业造假的概率为 α，消费者投诉的概率为 β。表 6.5 为企业和消费者的博弈收益矩阵。

表 6.5　博弈收益矩阵表

企业策略	投诉		不投诉	
	企业收益	消费者收益	企业收益	消费者收益
造假	C_g-C_b-F	$F-D$	C_g-C_b	0
不造假	0	$-D$	0	0

2. 模型求解

消费者的最优投诉概率求解。根据表 6.5 的双方博弈情况，企业的期望收益为：

$$E_a=\alpha[\beta(C_g-C_b-F)+(1-\beta)(C_g-C_b)]+(1-\alpha)[(\beta\times0)+(1-\beta)\times0]$$

对其求微分，得到消费者最优化的一阶条件为：

$$\beta^*=(C_g-C_b)/F \quad\quad\quad (6.18)$$

乳制品企业的最优造假概率。根据表 6.5 的双方博弈情况，消费者的期望收益为：

$$E_b=\beta[\alpha(F-D)+(1-\alpha)\times(-D)]+(1-\beta)[\alpha\times0+(1-\alpha)\times0]$$

对其求微分，得到消费者最优化的一阶条件为：

$$\alpha^*=D/F \quad\quad\quad (6.19)$$

3. 结果分析

根据上述分析结果可知，当 $\beta>\beta^*$ 时，乳制品企业将选择不造假；$\beta<\beta^*$ 时，乳制品企业将选择造假。可见，消费者的投诉概率越小，企业越倾向于违规生产。

由式（6.18）可知，在给定赔偿金额的情况下，消费者进行投诉的概率与造假企业获得的额外收益成正比，即企业造假的收益越高，消费者进行投诉的概率越大；同时，可以发现，在给定企业造假收益的情况下，消费者进行投诉的概率并不会随着对消费者的赔偿增加而变大，有可能还会变小，即高额赔偿金并不能成为消费者投诉的重要诱因。这种情况比较符合我国目前的乳制品质量安全监管中消费者的参与情况。

当 $\alpha>\alpha^*$ 时，消费者选择打假；当 $\alpha<\alpha^*$ 时，消费者选择不打假。可见，在 F 一定的情况下，消费者投诉成本越高，企业越倾向于违规生产。

第7章 乳制品质量安全监管分析

乳制品的质量安全问题具有明显的"信用品特性"，在缺乏具体形式的信号提示的情况下，如对于原料乳使用添加剂的情况、乳制品在生产加工时的卫生条件等，消费者即便在消费后也难以检查或评价乳制品的好坏。消费者无论是在购买前还是在消费之后都无法及时准确地识别它们对健康的影响。也就是说，在乳制品质量安全问题上存在信息不对称现象，而这种信息不对称带给消费者市场上的弱势，单凭消费者自己的能力是无法解决的。因此，需要政府的干预，需要借助政府的监管手段来保护公民的权利。

7.1 乳制品质量安全政府监管模式

从政府监管机构的职能可以看出，政府的监管思路基本上是发证、监测、检查、执法。从执行的结果看，通过发证实施的准入控制是我国对乳制品质量安全监管的主要手段，监测、检查和处罚往往是为发证服务。发证的监管手段能够起到两个方面的作用：一是可以将不具备资格的厂商排除在合法的市场交易之外，因此，发证是政府为消费者设立的一道安全保障；二是可以起到向消费者披露信息的作用，即获得生产许可证的乳制品生产商意味着具备了生产合格产品的资质和能力，这在某种程度上缓解了乳制品市场上的"信息不对称"问题。这种由政府来确定哪些主体有资格进入市场的做法，实际上是政府配置资源的"有限准入"方式。这种有限准入的监管理念使监管机构之间的利益纷争非常激烈，这就引起监管机构的频繁调整。因此，从目前的监管改革来看，政府也试图通过不断地增减职能或撤并机构来解决问题。

根据不同国家的做法，乳制品质量安全监管模式主要有分段监管、垄断监管和竞争监管三种。

7.1.1 分段监管模式

这种监管模式实际上就是我国在 2013 年"大部制"改革之前的监管模式。政府的监管职责横向的分工主要由农业、质监、工商、卫生四个部门按照分段监管的原则负责。农业部门负责初级农产品的监管；质检部门负责生产加工环节的监管；工商部门负责流通环节的监管；卫生部门负责消费环节的监管，如图 7.1 所示。

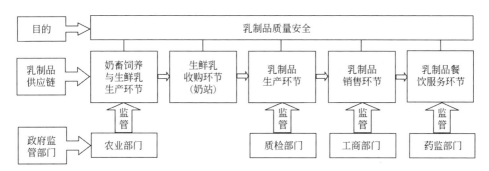

图 7.1　乳品质量安全分段式监管模式

我国长期的实践证明，分段式监管模式由于监管部门多，监管边界模糊地带也多，既存在重复监管又存在监管盲点，难以做到无缝衔接，监管责任难以落实。例如，"三聚氰胺"掺假事件主要是发生在奶站这一环节。奶站是近年在乳制品供应链中新出现的环节，由于对奶站的管理费用大、风险大、收益小，农业部门认为不属于农业生产，质检部门认为不属于加工环节，工商部门认为不属于流通环节。也就是说，奶站处于各监管部门的职责分界点边缘，具体归属关系并不确定，致使奶站监管处于空白状态，最终酿成重大质量安全事故。此外，分段式监管模式由于多个部门监管，监管资源分散，部门力量薄弱，资源综合利用率不高，整个执法效能不高。

这种监管模式中各个关卡（政府各监管部门）之间的关系是相互独立的，必须要通过所有的关卡才能获得完全的市场交易权。

7.1.2　垄断监管模式

为了避免分段式监管模式存在的监管盲点和推诿责任的缺陷，有一种观点，认为乳制品质量安全应当交由一个部门来管，只有交由一个部门来管理才能实现权责一致，才是解决乳制品质量安全问题的根本之道。这种观点就是主张从"分段监管模式"转向"垄断监管模式"，如图 7.2 所示。

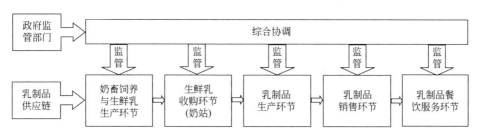

图 7.2　乳品质量安全垄断监管模式

与分段监管模式不同，垄断监管模式只要通过一个机构就能获得完全的市场交易权。一个典型案例就是我国于 2013 年组建的"国家食品药品监督管理总局"。该机构将原国家食品安全办的职责、食品药品监督管理局的职责、质检总局的生产环节食品安全监督管理职责、工商总局的流通环节食品安全监督管理职责进行了整合，从而实现了对生产、流通、消费环节的食品质量安全实施统一监督管理的目的。这样改革，执法模式由多头变为集中，目的就是强化和落实监管责任，有利于实现全程无缝监管，提高食品监管的整体效能。

但是，监管领域中有许多研究文献指出，统一监管机构的垄断监管模式并非最佳策略。虽然垄断监管模式弥补了分段监管模式的不足，但是，在监管契约不完整时，垄断监管模式会产生分段监管模式不可能出现的问题。例如，分段监管模式中不同监管机构之间的机构分离可以避免被某些利益集团所俘获——因为某一个机构只能控制企业绩效的一个维度，它的这种不完全知识使得它很难与企业共谋。分段式结构下，各监管机构之间的竞争能够起到信息披露的作用，也促使监管机构之间有动力去彼此揭发，这在一定程度上减少对监管机构的监督成本。因此，从分段式监管转向垄断式监管，必须要解决的前提条件是对监管权力的监督问题，否则，分段式监管将比垄断式监管更有利于减少腐败。

从我国监管改革（2013 年）来看，尽管分散在食安办、工商、质检、药监的食品监管职能得以整合，但并未真正实现食品药品监管职能的无缝对接。因为农业部和卫生部仍各自为政，即国家卫生和计划生育委员会负责食品标准的制定。这种监管标准和执行分列的做法符合监管逻辑，但遇到没有国家标准的食品出了问题怎么办，是不是可以说因为没有标准，所以无法监管。加之，农产品的分段监管，以及司法打击和行政监管的衔接，只靠国家食品药品监督管理总局独立承担，监管力度还显不足。

7.1.3　竞争监管模式

这种情况实际上是从监管的"有限准入"走向"开放准入"。具体做法是每一项政府服务至少由两种机构提供。例如，在美国护照或驾驶执照的发放就是由两个彼此之间具有竞争关系的政府服务机构来办理。

就我国当前的食品监管格局来看，开放准入的实现是否可以通过监管机构之间的竞争来实现。如图 7.3 所示，在竞争监管模式下，各监管部门都介入乳制品质量安全监管，但并非如原来分段监管模式之下只负责乳制品市场的某一环或某一段，以至于将整个乳制品市场人为割裂，从而带来大量的监管漏洞和隐患。竞争性监管模式下，每个监管部门仍构成一大重要关卡，但是，此时关卡彼此之间是一种竞争性的关系，即大家都对乳制品的质量安全负责，而不是只对某一个环节负责。

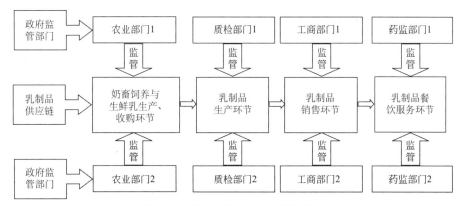

图 7.3　乳品质量安全竞争监管模式

在竞争监管模式下，监管部门的重心在乳制品，而不是环节。只要乳制品进入该监管部门的监管环节，那么监管部门就必须对乳制品质量安全进行监控，并承担责任。例如，对质监部门而言，只要乳制品进入生产加工环节，就必须关注乳制品的质量，无论有毒有害成分是在养殖还是生产加工环节添加，质监需要保障从生产加工环节流出的乳制品达到"合乎常理"的安全保障。而乳制品流通到市场上后，则由工商部门把关，无论有毒有害物是否在流通过程中添加。这样，各监管部门之间就构成竞争性的关系，养殖环节未能把住的质量安全关，到了生产加工环节还有另一个监管部门把关，而且被另外的监管部门查出来而不是自己查出来将会影响机构的政治声誉，所以，监管部门将会被激励去更好地履行自己的职能。这种监管模式与分段式监管的差异在于，每个监管部门不是只管乳制品的某一具体环节，而是管进入到该环节后乳制品的质量。

7.2　我国乳制品质量安全监管现状

7.2.1　我国食品质量安全监管体制

我国食品质量安全监管工作随着环境的变化一直在不断地进行改革。从最早单纯的行政管理向法制管理、依法行政的方向改革，从多头监管向分段式监管、再到统一监管的方向改革。最新的一些标志性改革事件有，2009 年颁布了《中华人民共和国食品安全法》，废止了实施 14 年的《中华人民共和国食品卫生法》。由"卫生"到"安全"两个字的改变，反映出我国食品安全从立法观念到监管模式的全方位根本转变，标志着我国食品安全监督管理工作进入了一个新的历史阶段。这次调整主要侧重在四个方面：一是国务院设立食品安全委员会，该委员会是一个高层次的议事协调机构，由国家副总理对食品安全监管工作进行总体的协调和指导，旨在解决部门间的配合失调和消弭相互监管空隙；二是国家建立食品安全风险评估制度，由卫生部牵头与各个部委成立食品安全风险评估专家委员会，设立国家级的风险评估专业机构；三是统一国家强制性食品安全标准，将原来的国家质检总局负责的《产品质量法》和《食品卫生法》的食品卫生标准合二为一，统称为食品安全标准，解决标准之间的矛盾与扯皮问题；四是国家建立食品召回制度。食品生产者发现其生产的食品不符合食品安全标准，应当立即停止生产，召回已经上市销售的食品，通知相关生产经营者和消费者，并记录召回和通知情况，有利于让生产经营者承担起食品安全的责任。

2013 年十二届全国人大一次会议通过了《国务院机构改革和职能转变方案》的决定。此次机构改革中组建了新的国家食品药品监督管理总局。新组建的国家食品药品监督管理总局，将国务院食品安全委员会办公室的职责、国家食品药品监督管理局的职责、国家质量监督检验检疫总局的生产环节食品安全监督管理职责、国家工商行政管理总局的流通环节、食品安全监督管理职责进行整合，即新组建的国家食品药品监督管理总局的职责是，对生产、流通、消费环节的食品安全和药品的安全性、有效性实施统一监督管理。

因此，目前我国的食品安全监管工作主要由农业部、国家食品药品监督管理总局、国家卫生和计划生育委员会 3 个部门共同监管；其中国家食品药品监督管理总局加挂国务院食品安全委员会办公室的牌子，负责食品安全的协调、监察、政策法律制定等。国家质量监督检验检疫总局、国家工商行政管理总局、商务部、公安部也承担了一些监管职责。这些监管机构在省市县都分别设有相应的部门；省级以下食品药品监督管理局由地方政府分级管理，业务上接受上级主管部门的指导，县（区）食品药品监督管理局下设食品药品监督管理所负责属地的食品生产、流通、餐饮环节的监管。

除国家食品药品监督管理总局承担的上述食品安全监管职责外，农业部负责食用农产品从种植养殖环节到进入批发、零售市场或生产加工企业前的质量安全监督管理，还负责畜禽屠宰环节和生鲜乳收购环节质量安全监督管理；国家卫生和计划生育委员会负责食品安全风险评估和食品安全标准制定；国家质量监督检验检疫局负责食品包装、材料、容器、食品生产经营工具等食品相关产品生产加工的监督管理，还负责进出口食品安全、质量监督检验和监督管理；国家工商行政管理总局负责保健食品广告活动的监督检查；商务部负责拟定促进餐饮服务和酒类流通发展的规划和政策。

7.2.2　我国乳制品质量安全监管体制运行现状

根据我国目前的监管体制，分别从乳制品市场准入机制、乳制品质量安全信息可追溯机制、乳制品质量安全信息披露机制、乳制品质量安全风险预警机制、乳制品质量安全奖惩机制等五个方面进行分析。

1. 乳制品市场准入机制

我国的食品安全市场准入制度是国家质监局在 2002 年推出的,该制度主要包括三方面的内容:第一,生产企业必须经过基本生产条件的审查,要有生产该产品的合格条件;第二,产品必须符合国家标准和法律法规规定的要求,是经过检验的合格产品;第三,合格产品到市场出售时,必须有 QS 标志。

关于我国乳制品市场准入机制的运行情况如何,分析如下:

1) 进入市场环节

(1) 乳制品市场准入法律法规现状。2008 年"三聚氰胺"事件发生后,国家出台了《乳制品质量安全监督管理条例》及《奶业整顿和振兴规划纲要》。随后,国家在 2009 年修订了《乳制品工业产业政策》,2010 年出台了《乳品安全国家标准》,2011 年颁布了《中国乳品行业规范》,2013 年起实施了《进出口乳品检验检疫管理办法》。2009 年通过的《食品安全法》同样适用于乳品的质量安全监管。虽然我国有关乳制品市场准入的法律法规较多,但这些法律法规之间的协调性还有待加强,存在交叉、空白现象,例如,对于挤完的生鲜乳的储藏,《乳制品质量安全监督管理条例》规定应在 2 小时之内 0~4 摄氏度冷藏,但未强制要求未冷藏的生鲜乳不得销售;而《生鲜乳生产收购管理办法》对此做了强制规定,但两者都没对未在 2 小时之内冷藏的生鲜乳如何处理作出明确规定。此外,乳制品市场准入的法律法规建设相对滞后,对当前出现的一些新情况、新问题难以触及。例如,《乳制品产业政策》未能解决当前如何保护奶农利益的问题。

市场准入的法律法规还包括在国家相关法律法规下设立的生产许可证制度。生产许可证制度是政府对涉及人民生命和财产安全的工业产品监督管理的重要手段之一,主要包括《工业产品生产许可证管理办法》《工业产品生产许可证条例》《生产许可证实施细则》等。这些法规亦存在彼此之间缺乏协调性的问题,例如,同一行为在不同的法律法规中处罚规定有差异,且对违规者的责任界定偏轻。此外,执法过程不够规范且缺乏持续性的问题也是影响其法律效力的重要因素。在执行过程中对违法者的处罚一般比较轻,赔偿制度也不够完善。事故治理缺乏长效机制,往往是出现重大事故后,政府才进行集中打击治理,事故处理完毕后便放松监管。这就会使得不法分子卷土重来,难以从根本上解决乳制品质量安全问题。

(2) 乳制品市场准入标准体系现状。乳制品质量安全标准体系是衡量乳制品是否安全的重要依据之一。目前存在的主要问题:

第一,技术法规和市场准入标准不完善。在"三鹿奶粉"事件发生之前,有关部门曾多次对三鹿公司的奶粉进行检测,结果都合格,都没有检出三聚氰胺。检测的依据都是国家婴幼儿配方奶粉标准,这项标准有 31 项检测指标,包括热量、蛋白质含量、维生素含量、水分等重要指标，但没有有毒有害化学物质指标，更没有对"三聚氰胺"的添加剂量的规定，所以，有过量添加"三聚氰胺"奶粉的检测结果也是合格的。"三鹿奶粉"事件发生后，直到 2010 年卫生部才发布取消添加"三聚氰胺"的规定。无独有偶，在前几年安徽阜阳婴幼儿奶粉导致"大头娃娃"事件中，也是检测结果都合格。这些问题的存在严重制约着我国乳制品质量标准体系效率的提升。虽然每一次事故后都对有关标准进行修订，但是，这种"打补丁式"的补救，不可能从根本上解决问题，这次修订标准把三聚氰胺纳入检测范围，但谁能保证以后不会出现"四聚氰胺"被掺入奶粉。这些问题反映出我国乳制品标准体系的改革与完善工作严重滞后。

第二，市场准入的技术条件趋于低标准化。2010 年我国对生鲜乳收购的两个标准进行了修改，一是营养标准（蛋白质含量）从 1986 年颁布的生鲜乳收购标准要求的蛋白质含量 2.95%，降至 2010 年 7 月 1 日颁布新标准的蛋白质含量 2.8%。这一标准明显低于同期国际发达国家生鲜乳收购标准 3.0%的要求。二是卫生标准（生鲜乳菌落总数），1986 年的国家标准分了四级，一级为 50 万 GFU（菌落形成单位)/mL、二级为 100 万 GFU/mL、三级为 200 万 GFU/mL、四级为 400 万 GFU/mL。新国标规定我国生鲜乳收购的菌落总数为 200 万 GFU/mL，即过去相当于三级品的次品牛奶如今成了合格品。这与西方发达国家的要求相差甚远，严重影响我国乳制品国际竞争力的提升。

2）市场交易环节

市场交易环节涉及质量安全监管工作的主要是乳制品质量安全的检测工作。我国目前的检测现状存在检测技术、检测设备落后，相关检测法律法规不完善，检测项目不全面等问题。并且由于资金问题，大多数中小企业没有实力采用先进的检测系统，直接影响乳制品质量安全水平的控制。政府监管部门在市场交易环节实施的监管活动，一般是通过所属的检测机构对市场上的乳制品进行抽检，根据检测结果利用行政、经济、法律等手段来矫正乳制品企业的违规行为。目前的问题是，有限的监管资源与数量庞大的监管对象的矛盾，因此，如何在有限的监管资源条件下对乳制品企业实施有效监管，是政府需要考虑的关键问题。此外，我国目前实施的 ISO 9000 标准、ISO 22000 标准、无公害食品、绿色食品、有机食品等质量认证制度，缺乏监管的动态性和持续性，即一旦获得其中的某一认证资质，乳制品企业便会充分、无期限地利用这一认证结果，除非发生质量安全问题，否则监管部门一般不会再对其进行定期的检测。

3）市场退出环节

乳制品供应链环节比较多，在有些情况下，当供应链主体发现乳制品出现质量安全问题时，产品已经进入市场。对于出现问题的乳制品，退出市场的一般做法是及时召回。召回的形式分为政府强制召回和企业主动召回，企业主动召回问题产品的行为是受政府鼓励和支持的，政府强制要求生产企业召回自己的问题产品是行政处罚的一种。我国乳制品召回制度是从地方性立法开始的，2002 年北京首先提出召回制度，2008 年国务院颁布了《乳品质量安全监督管理条例》，此后，2009 年才出现国家性立法《中华人民共和国食品安全法》。《中华人民共和国食品安全法》中提出国家建立食品召回制度，并未单独针对乳制品。因此，我国乳制品召回制度起步较晚，存在诸多不成熟的认识和做法，对召回方式、召回责任、召回义务等方面的规定还需进一步完善。

2. 乳制品质量安全信息披露机制

我国乳制品质量安全信息披露机制包括信息采集、信息公布和质量安全教育等环节，各环节运行状况分析如下。

1）乳制品质量安全信息采集

我国农业经济的特点决定了奶农规模小、分散养殖与奶站布点收购的"奶站+农户"模式仍然是原奶供应的主流。这种小规模、分散的生产与交易特点，决定了乳品生产质量信息的分散性，政府监管部门获取乳品质量信息的成本是高昂的。我国在对信息采集技术人员的培训投入和实验室建设上的资金投入不足，而且，在现有的技术条件下，还没有便捷、高效的质量检测手段出现。这些问题的存在，给信息采集的高效与及时性增加了难度。

再者，政府监管目标面对的是多元化的目标，除了乳制品质量安全的社会性目标外，还有经济目标和政治目标。政府从自身利益最大化出发，会将有限的监管资源在这些多重目标间切换，使得现有的监管资源未必被充分应用于乳制品质量安全的监管领域。例如，面对劣质乳品制造商，对于监管者来说，考虑到地区经济、利税、就业等其他目标，放松监管的得益往往大于充分监管的得益。因此，乳品供应链上的质量安全信息往往不被监管部门及时采集。

2）乳制品质量安全信息公布

乳制品质量信息公布的主体是地方政府，乳品质量安全事故信息的公布与否，取决于地方政府的成本收益对比。由于考虑到辖区经济绩效、区域间竞争等收益损失，现实中，地方政府将实际发生的乳品质量安全事故全部查处并公布的边际成本要远大于其边际收益，因此，乳品质量信息公布的均衡数量往往低于实际的发生值。乳品的信用品属性也决定了乳品企业可以不必顾虑自身声誉而降低乳品质量以更加靠近地方政府信息发布的成本收益均衡点。因此，尽可能地透支政府声誉的公信力，成为乳品企业的上策，直至地方或中央政府的信息公布收益超过其成本，乳品质量安全事故的信息才会得以披露。这就导致在地方政府作为利益相关主体之一的条件下，乳品质量信息的公布往往不是充分、及时和独立的。

3）乳制品质量安全教育

乳制品质量安全教育目的在于引导乳制品质量安全参与者接受乳品知识，了解相关法律法规。消费者和生产者是乳制品质量安全信息的直接接触者，因此，他们对乳制品质量安全信息的识别能力至关重要。但是，由于乳制品的信用品属性，判断其质量好坏有相当的难度。加之，在当前我国缺乏市场信号指引系统的情况下，政府虽然对一些信息做了长期检测，但没有进行加工储存，消费者、政府、企业不能利用，社会没有"记忆"；还有一些信息体现不出信号价值（例如一些认证没有信号价值）。因此，需要进行乳制品质量安全意识和质量安全知识教育。

3. 乳制品质量安全信息可追溯机制

1）乳制品质量安全信息标准化立法现状

乳制品质量安全信息可追溯机制旨在更好地应对乳制品质量安全问题，当出现乳制品质量安全问题时，能够及时、快速、准确地发现问题所在，查找问题根源。信息可追溯制度是公民了解乳制品质量安全情况、减少质量安全事故损失的有效手段之一。但是，我国目前还没有完善的法律法规体系对乳制品质量安全信息可追溯机制作出明确规定，只是 2009 年《国务院办公厅关于进一步加强乳品质量安全工作的通知》中对乳制品追溯系统做了要求，即使建立了信息可追溯机制，在应用过程中也缺乏长效性及稳定性。

2）乳制品信息可追溯机制建设现状

我国大多数乳制品企业对信息可追溯制度了解比较少，对乳制品信息可追溯机制重要作用的认识也不足，加上对问题产品的召回和处理成本比较高，所以乳品生产企业没有主动认识和参与的积极性。再者，由于我国乳制品整体质量安全水平较低，包装、标识等不规范，使得追溯机制的建立难度很大。因此，我国乳制品质量安全信息可追溯制度的建立远远满足不了社会的需求。

4. 乳制品质量安全风险预警与应急机制现状

由于乳制品质量安全事件一旦发生，对消费者产生的影响将是不可逆转的，因此，加强乳制品质量安全风险预警机制的建设十分重要。

1）乳制品质量安全风险预警标准

自 2006 年国家出台《国家重大食品安全事故应急预案》后，乳制品质量安全事件应急处理能力也逐渐得到改善，但我国乳制品质量安全预警标准仍不全面，没有覆盖可能发生事故的供应链各个节点，存在空白地带。同时，一些新情况、新问题的不断出现，给乳制品质量安全预警和应急处理工作提出挑战。这反映出我国与国际上乳业发达国家相比的不足，也影响了我国乳制品的国际竞争力。

　　2）乳制品质量安全风险预警机制

　　按照企业的说法，我国大多数乳品企业内部均建立了危机预警机制。尤其是伊利与蒙牛等龙头企业，在三聚氰胺事件爆发之前内部就建立了比较完善的企业危机预警机制。但是，当危机爆发时，企业预警的启动却出现了严重的滞后。这反映出乳品企业危机预警机制在具体运作过程中还存在很多问题；同时也说明，仅靠企业自身的力量来解决乳品质量安全危机的预警问题，有很大的局限性。乳品质量安全是一种公共产品，它的提供需要政府职能部门和第三方公共经济主体的介入。但是，目前我国政府对乳制品质量安全预警工作推动不够，相应的资金投入和政策支持不足。

　　3）乳制品质量安全风险预警信息

　　目前，我国尚未建立完善的收集和发布乳制品质量安全信息的信息系统，在法律法规上尚未明确规定乳制品质量安全信息的发布主体、发布渠道和发布内容。因此，信息发布存在低效、混乱，以及各方之间沟通不畅的问题，这也引起政府对乳制品企业监管低效的问题。

　　4）乳制品质量安全风险应急管理

　　我国已经制定了食品安全应急管理的相关程序，也出台了《重大食品安全突发事件应急处理办法》。但是，目前没有专门的食品安全应急管理常设机构，一旦发生乳制品质量安全事件，临时从各个部门抽调人员组成危机应急处理小组。这种临时组建的小组，一般都存在成员之间协调性不够、专业水平不高的问题，将其作为公众与企业之间的"桥梁"，其作用并不明显。

　　5. 乳制品质量安全行为激励机制

　　政府对乳制品企业的激励，分为正向激励和逆向激励两种。正向激励就是对乳制品生产者发生的符合监管目标的行为进行奖励，以使这些行为得以强化，从而有利于监管目标的实现。正向激励的方式主要有：建立信用档案、评选名牌产品和免检产品、设立质量安全奖等形式。逆向激励就是对乳制品生产者发生的违规行为进行处罚，以使这些行为不再发生，从而保护消费者的权益。逆向激励的方式主要有：①行政处罚措施，包括罚没、吊销执照、记录不良行为并降低信用等级；②刑事处罚办法。对构成生产、销售伪劣商品罪的，依法追究刑事责任；三是民事赔偿。

　　1）正向激励措施

　　（1）产品免检。为了鼓励企业提高产品质量，国家质量检疫检验总局于2000年3月4日发布了《产品免于质量监督检查管理办法》，对符合规定条件的产品实行免于政府部门实施的质量监督检查。免检产品要有完善的质量保证体系，产品市场占有率、企业经济效益在本行业排名前列。但是，这种具有明显正向激励作用的免检制度，却给一些缺乏自律的企业进行违规生产提供了很好的保护。2005年就拿到国家免检证书的"三鹿婴幼儿配方奶粉"，在免检制度的保护下一直生产着危害公众健康的产品，直到 2008 年 9 月"三鹿奶粉"事件后，免检制度在责难声中被废止。

（2）建立质量信用体系。质量信用体系建设也是激励机制的有机组成部分。2009 年国家颁布了《企业质量信用等级划分通则（GB/T 23791—2009）》，该国家标准将企业的质量信用分为 A、B、C、D 四个等级，按照鼓励诚信、扶优限劣的原则管理企业。监管部门对认定为产品质量可靠、诚实守信的企业，评定为 A 级，记入档案，企业可享受一定程度的政策优惠。对于质量信誉差、不具备生产条件或有不良行为的企业，评定为 D 级，列入黑名单。建立质量信用体系的愿望是良好的，但是，在目前整个社会信用体系尚未完全建立起来的情况下，利用信用档案这样的"软激励"，来诱导企业遵从监管政策，还难以达到监管目标的要求。

2）逆向激励措施

关于乳制品质量安全行为的法律处罚尺度。我国现有的相关法律存在着处罚尺度不一，自由裁量幅度过大的问题。即对同一乳制品质量安全违规行为的处罚，不同的法律法规存在明显差异。例如，某一生产商生产 100 元的不符合质量安全标准的乳制品，并冒充合格品进行销售，未导致消费者食源性疾病，则按照不同的规定进行处罚，结果是不同的，如表 7.1 所示。

表 7.1　相关法律处罚差异对比

处罚依据	未导致食源性疾病的处罚结果
食品安全法	处 2000 元以上 5000 元以下罚款
产品质量法	处罚 100 元货值 50%以上，3 倍以下罚款，并没收违法所得 100 元
国务院关于加强食品等产品安全监督管理的特别规定	没收违法所得，并处 50 000 元罚款
刑法	不罚款
标准化法	可罚 20～50 元；对责任者处 5 000 元以下罚款

如果这一违规行为导致 1 人死亡，按刑法解释，属于后果特别严重的行为，可处七年有期徒刑或无期徒刑，并处 50 元以上 200 元以下罚金或没收财产。

由此可见，对同一违法行为，不同法规之间的处罚存在极大的弹性，这就可能造成选择性执法行为，使处罚力度大大降低，不仅为不法分子寻求法律空隙提供了可能，而且严重影响了法律的尊严。

关于乳制品质量安全行为的法律处罚力度。现有法律法规的执行不到位，处罚过轻，对劣质乳制品的生产商难以起到严厉的惩戒作用。尤其在当前社会环境的影响下，企业危机公关的能力越来越强，即使发生了质量安全问题，也能通过"危机公关"大事化小、小事化了。

7.3　发达国家乳制品质量安全监管经验与借鉴

不同国家或地区的乳制品质量安全政府监管机制各不相同，都能从不同角度为我国政府提供可借鉴的经验，我国政府应在充分分析本国国情的基础上，借鉴国外发达国家和地区的成功经验，完善我国乳制品质量安全监管机制。

7.3.1　美国乳制品质量安全监管机制

美国拥有科学的乳制品全程监控系统，法律法规、标准体系趋于完善，各级管理部门之间相互协调，为乳制品质量安全监管提供了有力的依据。

1. 美国的乳品质量安全法律体系

美国乳制品质量安全法律体系主要由联邦法律、联邦技术法规、自愿性标准和行业规范四部分组成，如图 7.4 所示。

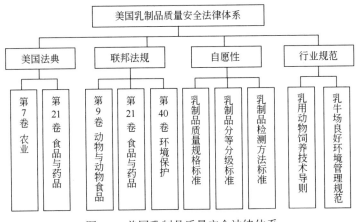

图 7.4　美国乳制品质量安全法律体系

《美国联典》（*United States Code*，USC）是由美国国会众议院颁布的永久性法律，共分为 50 卷，涉及联邦管理的各个领域。其中的第 7 卷、第 21 卷是与食品安全有关的，也是美国其他大部分食品法的依据，这些法律法规基本涵盖了所有食品。其他章节的法律也对乳制品的管理发挥影响，主要有《A 级高温灭菌奶法》、《联邦进口乳制品法》、《婴幼儿配方奶粉法》和《食品质量保护法》等。

《A 级高温灭菌奶法》（*Grade "A" Pasteurized Milk Ordinance*，PMO）是美国乳制品安全保障体系中最重要的法令，该法规包括：对 A 级奶及乳制品的生产、运输、加工、处理、取样、检查、贴标签及销售；对牧场、奶厂、收购站、中转站、奶罐车清洗设备、奶罐车、散装奶搬运站和检验员的检查；对牛奶生产商、散装奶搬运工和检验员、奶罐车、牛奶运输公司、奶厂、收购站、中转站、奶罐车清洗设备、搬运工、销售商的许可证颁发、撤销及相应的处罚条例。PMO 基本覆盖了从牧场到餐桌的全部乳制品生产销售环节。

《联邦法规》（*Code of Federal Regulations*，CFR）是联邦政府机构和执法部门出版于《联邦手册》上的综合性和永久性法规汇编。它与 USC 一样，分为 50 卷，涉及联邦政府管理的各个领域。与乳制品有关的内容主要在第 9 卷、第 21 卷和第 40 卷，这三卷基本囊括了从奶牛到乳制品生产销售全过程的质量要求。

《自愿性标准》是美国的一些政府机构、民间团体和协会等组织制定各类乳制品标准，自愿性采纳和实施，其目的旨在提高乳制品质量，便于国内乳制品贸易。例如，美国农业部市场服务局乳制品处制定了《乳制品质量规格标准》和《乳制品分等分级标准》；国际分析化学家协会制定了《乳制品检测方法标准》；美国公众健康协会制定了《乳制品检验标准方法》等。

《行业规范》是美国的一些民间团体、行业协会和联盟等组织制定的与乳制品相关的管理规范，用以指导牧场管理人员对奶牛实行科学饲养和管理，如国家奶类生产商联盟制定了《乳用动物饲养技术导则》和《乳牛场良好环境管理规范》等行业规范。

2. 美国乳制品质量安全风险预警机制

美国乳制品质量安全风险预警机制是建立在科学的风险分析以及透明的乳制品质量安全信息管理体系之上的。它之所以能够有效运行，一方面取决于所建立的透明的预警信息披露机制，另一方面取决于先进的预警系统技术的应用。在乳制品信息收集上，通过多种方法来获取反馈信息。例如，建立信息共享平台，通过在线提问、免费热线和调查评估等方式，获取来自公众对乳制品质量安全问题的反馈信息。对预警信息的披露，形成以联邦政府信息披露为主，地方各州政府信息披露为辅，分工明确，全方位的信息披露主体。先进的预警系统还可以用于乳制品添加剂和养殖饲料中某些成分的分析与控制系统。

3. 美国乳制品质量安全检测体系

美国对乳制品质量安全检测的法律依据主要有《乳制品检验标准方法》《食品、药品和化妆品法》《公众健康安全与生物恐怖主义预防应对法》等。检测机构既有全国性的专业检测机构，也有区域性的检测机构。同时，各州也可根据实际需要设立必要的检测机构。负责乳制品检测的主要职能部门是美国农业部下属的食品安全检疫局（FSIS）和食品药品监督管理局（FDA）。

4. 美国乳制品质量安全可追溯机制

美国对乳制品质量安全实行强制性管理，要求乳制品生产企业必须建立产品可追溯制度，无论在生产、加工、运输销售哪个环节出现问题都可以追溯到责任者。在对乳制品标签的使用上也有明确的规定，如乳制品净含量必须标注准确，主要成分必须注明等。同时，美国法律要求所有乳制品企业的供应商（如乳制品包装材料供应商）也必须建立可追溯制度。供应商的可追溯制度包括前追溯制度和后追溯制度。前追溯制度主要记录企业名称、产品名称、产品生产日期、产品商标、产品类型、生产者、包装者等相关信息；后追溯制度主要记录产品交割信息、谁生产、谁包装、生产工艺、包装数量、保存期、保质期等相关信息。

5. 美国乳制品质量召回制度

美国食品召回制度是在政府行政部门主导下进行的，由常设在 FDA 和 FSIS 下的召回委员会负责。乳制品的召回也是由 FDA 下设的召回委员会负责，FDA 的法规程序手册和产品召回指南对乳制品召回操作程序作出了详细规定。

召回的类型分为三种。第一类，主动召回：企业自愿发起的召回。第二类，要求召回：企业没有主动进行召回，监管部门直接要求对生产和销售不安全乳制品负有主要责任的企业实施召回并且承担其主要责任。第三类，指令召回：婴幼儿配方奶粉以及在洲际销售的各种牛奶如果出现不安全因素，FDA 有权发布强制性命令要求实施召回。

召回的产品等级分为三级。一级召回的产品致病性较强，甚至可能导致死亡；二级召回产品危害程度较轻，食用后可能对健康产生暂时性的影响，但可以治愈；三级召回产品食用后不会对健康产生影响，但违反了相关法律法规。

召回的实施分为四个层面，即批复层面、用户层面（学校、医院、宾馆和饭店）、零售层面和消费者层面。其召回程序也有严格的规定，主要步骤包括：企业报告、评估报告、召回计划、召回实施。

7.3.2　日本乳制品质量安全监管机制

日本民众对本国乳制品的质量安全信心较强，原因是日本建有世界上最有效的乳品质量安全监管体系。

1. 日本乳制品质量安全法律体系

日本为保障乳制品的质量安全，先后出台了一整套法律、技术规范和标准，用以规范乳制品的生产、加工、流通和销售，如图 7.5 所示。

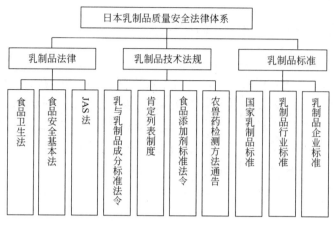

图 7.5　日本乳制品质量安全法律体系

（1）乳制品法律。日本乳制品质量安全相关的法律主要包括《食品卫生法》、《食品安全基本法》和《关于农林物质标准化及质量识别正确化的法律》（*Japanese Agricultural Standard*，JAS）等。此外，还有《兽医诊疗法》《饲料安全法》等。

（2）乳制品技术法规。日本在制定一系列食品安全法律的同时也配套出台了许多技术法规，并通过政令、法令、部门公告等形式发布，用于配合相关法律的具体和有效实施，涉及乳制品的主要有《乳与乳制品成分标准》部级法令和肯定列表制度等。

（3）乳制品标准。日本乳制品标准分为国家标准、行业标准和企业标准三个层次。乳制品国家标准多由政府部门制定和发布；行业标准多由行业团体、专业协会和社团组织制定，主要是作为国家标准的补充和技术储备；企业标准是个株式会社制定的操作规程或标准。

2. 日本乳制品质量安全风险预警机制

2004 年 4 月日本制定了本国的食品安全应急响应基本纲要，并根据此纲要制定了日本食品安全紧急应对基本方针。基本纲要的主要构成有紧急事件范围、紧急事件的基本应对方针、紧急事件应对时的信息沟通机制以及紧急事件的对策。该预警机制完全适用于日本乳制品质量安全问题的危机预警工作。

3. 日本乳制品质量安全检测体系

日本有世界上最严密的乳制品质量安全检测体系和最严格的检测制度。农林水产省和厚生劳动省有专门机构负责乳制品质量安全的检测工作，而且从上而下自成体系。各级机构严格依据图 7.5 所示的乳制品质量安全法律法规执行检验检测。

4. 日本乳制品质量安全可追溯机制

日本推广的食品安全可追溯制度，使消费者通过产品包装就可以获取乳制品的品种、产地、加工、流通过程的相关履历信息。日本农业协同组合（农协）要求下属的各地奶农，必须记录原料乳的来源牧场、生产者、所用饲料、使用的兽药及其使用次数、产奶时间等信息，农协收集这些信息，为每批原料乳分配一个"身份证"号码，整理成数据库并开设网页供消费者查询。可追溯性减轻了消费者对乳制品质量安全问题的忧虑，并且，已成为使日本消费者购买放心乳制品的满意的市场工具。

5. 日本乳品召回制度

日本目前没有专门的食品召回制度，现阶段实行的食品召回是产品召回制度的一部分。召回类型有强制召回和自愿召回，强制召回是政府强制生产商或经销商实施召回，自愿召回是生产商或经销商根据自己的判断实施召回。召回方式有公开召回和非公开召回，区别就在于是否引起公众的关注。此外，根据生产商或经销商违规的不同形式，还分为与产品质量有关的召回、与敲诈勒索有关的召回、与知识产权有关的召回等。

7.3.3　欧盟乳制品质量安全监管机制

欧洲联盟拥有目前世界上最为完善的乳制品质量安全监管体系。该体系采用政府、企业、科研机构、消费者共同参与，统一管理的监管模式，并依靠和凭借一套系统和完善的乳制品条例和指令，对乳制品实行从"农场到餐桌"的整个生产链的全过程监管。

1. 欧盟乳制品质量安全法律体系

欧盟乳制品质量安全法律体系主要由欧盟乳制品法规和欧盟乳制品标准两部分组成，如图 7.6 所示。欧盟成员国也都有本国的乳制品质量安全法律法规和标准，并且与欧盟的法律体系相接轨。

（1）欧盟乳制品法规。欧盟为了保障成员国的乳制品质量安全，出台《乳制品生产管理与控制法规》《乳制品限量法规》《乳制品产品质量法规》《乳制品包装法规》《奶牛饲料管理法规》等。涉及动植物疾病控制、药物残留控制、乳制品生产卫生规范、进口乳制品准入控制、乳制品的官方监控等内容，用以规范乳制品的生产、加工、流通和消费。均强制执行。

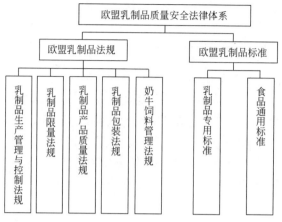

图 7.6　欧盟乳制品质量安全法律体系

（2）欧盟乳制品标准。欧盟的乳制品标准由欧洲标准化委员会制定和发布，分为通用标准和专用标准。通用标准由食品安全技术委员会负责制定，全部为检测标准，截至目前共有一百多项，涉及转基因成分、维生素、重金属、致病微生物等的检测；乳制品专用标准由牛乳和乳制品取样和分析方法技术委员会负责制定，涉及脂肪含量、水分含量、体细胞数、氮含量等指标。欧盟各国在制定本国乳制品标准体系时，也要受到欧盟标准化方针的约束。

2. 欧盟乳制品质量安全风险预警机制

欧盟建有食品安全快速预警系统。该系统由欧盟委员会、欧盟食品安全管理局和各成员国组成。食品安全快速预警通报包括预警通报、信息通报、拒绝入境三种类型，通过预警通报系统发挥作用。

预警通报：针对已经进入市场的问题乳制品，首先由发现该情况的成员国在采取相关措施（如召回）的同时，向其他成员国发出预警通报。这种通报旨在将发现的问题及采取相关措施的信息告知网络各成员，使其检查已确定问题乳制品是否也出现在自己的市场上，以便他们也能及时采取相应的措施。通过预警通报还可以向消费者进行解释，即通报的产品已经或正在被清除市场，以增强消费者安全感。

信息通报：针对还没有流入市场的问题乳制品，由发现该情况的成员国发出信息通报。这类信息主要包括问题乳制品是如何被检出、又得到如何处理的。对于这类还没有流入市场的问题乳制品，消费者完全可以放心消费，问题乳制品的商标和生产商的名字一般不会被公布，成员国也无须采取措施。

拒绝入境：自 2008 年开始，针对在欧盟边防站检测出的问题乳制品，将被拒绝入境。同时，为了加强对该问题乳制品的监控以及防止该产品通过其他边防站进入欧盟市场，将该通报迅速分发给欧盟所有边防站。

欧盟乳制品质量安全预警通报一般是通过欧盟委员会的交流与信息资源管理中心完成。成员国将发现的问题乳制品信息上传到成员国内部可读数据库，监督局通过电子邮件接收信息，决定信息进一步的传播范围。

3. 欧盟乳制品质量安全检测体系

欧盟对乳制品有着严格的检测制度和标准，所有成员国都要遵循欧盟制定和发布的《乳制品限量法规》中的限量要求。负责乳制品质量安全检测的主要职能部门是欧盟委员会下设的健康和消费者保护总司。该司是欧盟的农药、兽药和化学污染物残留主管部门，其下设的兽医与食品办公室（Food and Veterinary Office，FVO）是具体执行机构，负责制订年度残留检测计划，并与各成员国的相应机构联系，督促其制订本国残留检测计划，并进行检测抽样、实施具体的检测、公布检测结果和处理意见等。此外，欧盟各成员国也都设立了官方检测检验机构。如德国设立了三个层次的检测检验体系，即企业食品安全自我检测检验、第三方机构的检测检验、政府部门的检测检验。

4. 欧盟乳品质量安全可追溯制度

欧盟的乳制品质量安全可追溯制度包含在食品安全可追溯制度之中，采用的是食品安全可追溯标签制，即从业人员要对产品保留记录并将记录包含的相关信息提供给权威机构和进货的其他相关从业人员。记录包括产品的性质和来源、对奶牛用药情况、饲料的配制、添加剂等。所有这些信息都可以通过数据库进行读取。

5. 欧盟乳制品召回机制

进口到欧盟的乳制品应该符合欧盟乳制品法律法规的要求，或者符合欧盟与出口国之间签订的协定，否则就要被召回，但这些相关法律法规在欧盟以外的区域是不发生效力的，欧盟出口的乳制品也是严格遵守相关法律法规的。

7.3.4　部分发达国家乳制品质量安全监管经验总结

从上述部分发达国家乳制品质量安全监管的实践经验来看，有以下几点值得我国学习借鉴。

1. 法律法规体系完善

健全的法律法规体系是乳制品质量安全监管顺利实施的基础，一个国家是否拥有完善的乳制品法律条款将会直接影响政府的监管力度和效果。发达国家和地区通常建立了几乎涵盖乳制品生产加工销售等各个环节的法律法规体系，为制定监管政策、检测标准以及开展质量认证等工作提供依据，构成了一张严密的乳制品质量安全保护网。同时，发达国家还通过不断改进立法和开展相关行动强化乳制品的质量安全。

2. 注重源头管理，实施全程监控

发达国家注重从源头抓起、全程监控的乳制品质量安全监管方法，实现了原料乳生产、乳制品加工、包装、运输、销售等乳制品供应链各环节的无缝衔接。通过全程监控，对易出现问题的环节可预先加以防范，便于明确主体责任和实现责任追究。在乳制品供应链的全程监控中，先进的危害分析和关键控制体系（HACCP）和良好的生产规范（GMP）得到广泛应用。

3. 重视科技支撑体系的建设

发达国家非常重视乳制品质量安全科技支撑体系的建设。乳制品质量安全科技支撑体系的建设主要体现在以下几个方面：①不断完善乳制品质量安全标准体系。即政府制定的标准必须基于保护公众健康，必须坚持以科学为基础。美国、日本、欧盟均重视标准的科学性、严格性和市场适应性，一直致力于将本国标准上升为国际标准，基本形成了种类齐全、科学实用的乳制品质量安全标准体系。②积极开发乳制品检验检测技术。发达国家高度重视乳制品质量安全检验检测工作，表现在国家投入巨资研发精密检测仪器、开发关键检测技术和快速检测方法。③建立并不断完善乳制品质量安全信息可追溯系统。无论是美国、欧盟还是日本，所建立的可追溯系统无论是在追溯速度还是在追溯效果上都在日益完善。④重视乳品质量安全召回制度的建设。召回制度是发现乳制品存在质量安全问题之后采取的补救措施，是防止问题产品流向餐桌的最后一道屏障。

4. 注重多元结构的治理

发达国家乳制品质量安全管理体制是主体多元化的结构，政府、行业、社会、消费者共同构成监管主体，形成政府监管、行业自律、社会监督、消费者维权相结合的"四位一体"合作机制：政府依法履行监管职能、创造公平竞争环境的同时，引导发挥消费者和社会监督的作用，指导发挥行业协会在规范和维护市场经营秩序中的作用。四者之间相互补充、相互制约、各负其责，强有力地保证乳制品的质量安全。

7.4　完善我国乳制品质量安全监管机制的建议

通过以上对政府与乳制品生产企业之间、乳制品生产企业和消费者之间博弈关系的研究，以及结合部分发达国家的成功经验，针对我国目前乳制品质量安全监管中存在的问题，提出政策建议，以完善我国乳制品质量安全监管机制。

7.4.1　乳制品市场准入机制的建议

（1）完善乳制品的市场进入制度。应结合当前我国乳制品质量安全政府监管现状，借鉴国际先进经验，对我国现有乳制品法律法规体系进行修订和完善。既要淘汰不适应实际需要的法律法规，也要解决无法可依的问题，同时对乳制品质量安全标准和规范要及时补充具体的可操作性条款，还要解决乳制品质量安全相关法律法规之间对同一违法行为惩罚不一致的尴尬局面。严格审查乳制品生产企业的进入资格，加大力度整顿乳制品市场的许可审批，提高"门槛"，彻底解决由此带来的恶性竞争和企业诚信缺失问题。树立全程监管的理念，对乳制品供应链各关键环节加强监管，明确农业部、食药监督局、卫计委等乳制品质量安全监管部门的权责并统一乳制品质量安全标准。

完善乳制品法律法规体系的一项重要工作是技术性法规的建设。乳制品是否安全涉及众多的技术检测指标，需要配套相应的技术性法规。为此，相关的立法部门必须注重技术性法规的建设和完善，以对整个乳制品质量安全法律体系提供必要的支撑和补充。中央政府应该积极鼓励地方政府根据本地的实际情况，有针对性地出台相应的地方性乳制品质量安全法规。这样，才能有效弥补全国性的《食品安全法》存在的疏漏和不足。同时，还需将我国的乳制品质量安全法律体系与国际接轨。

完善乳制品法律法规体系还需要发挥立法机构的作用。我国立法机构是全国人民代表大会和地方各级人民代表大会，完善乳制品质量安全相关法律法规需要各级人民代表大会发挥主导和中间力量的作用，需要人民代表对乳制品质量安全问题积极提案、议案，通过履行人民代表的职责，督促、协助这方面法律法规的完善。

（2）完善乳制品交易相关制度。乳制品进入市场买卖交易过程的质量安全监管的效率和效果有赖于完善的交易制度。包括信息追溯制度和企业信用记录制度，即通过完善的乳制品信息追溯制度和乳制品企业信用记录制度，实现快速、准确地追溯问题乳制品，同时，查询、记录并处罚违规企业，督促生产企业在乳制品供应链的奶源、生产、流通等各个环节把好诚信关。还需完善乳制品质量安全标识体系。政府对乳制品质量安全等级评定的结果可以通过该体系对外发布；消费者也可以通过标识了解乳制品成分、保质期、食用保存方法等信息；生产企业也可通过标识向社会及消费者传达本企业控制乳制品质量安全的能力和信心。无论是信息追溯制度、企业信用记录制度的实施，还是质量安全标识体系的运行，都需要产品的完整包装和清晰标签。因此，完善乳制品的包装和标签制度，规范标签的内容和格式等，是顺利实施监管的基础。

（3）完善乳制品市场退出制度。为了更好地保护消费者的合法权益，政府应采取强制手段使得问题乳制品退出市场并对违规企业进行严厉处罚。目前国际上的通行做法是"召回"制度。关于"召回"制度，我国已有《食品召回管理规定》，但是，在《食品召回管理规定》的实践上，该制度并未发挥其应有的作用。一系列的食品安全事件，反映出我国食品召回制度的不完善。因此，尽快完善乳制品召回相关法律法规，是有效实施"召回"制度的关键。例如，是否应该扩大召回的主体、是否应该设立专门的召回管理机构、是否应该加强问题乳制品召回的评估等。

综上所述，我国乳制品市场准入机制的建设应遵循合理、长效、公平等原则，并为企业之间的合理竞争营造良好的环境。

7.4.2　乳制品质量安全信息可追溯机制的建议

（1）建立和完善乳制品电子追溯系统。先行建立全国联网的婴幼儿配方和原料乳粉电子追溯系统，实现从原奶、采购、生产、出厂、运输直至销售终端全程实时追踪监控，确保在任何环节都能对产品的真伪快速辨别。

（2）发挥政府主导作用，给予政策支持和资金保障。2010 年《国务院办公厅关于进一步加强乳品质量安全工作的通知》中提出要完善乳品质量安全的信息可追溯制度。同时，对乳制品质量安全可追溯系统的建立和实现途径作出明确规定，即包括查询系统、查验系统、电子信息追溯系统。但是，企业在体系建立初期，花费成本较高、收益慢，会导致企业建立追溯体系的主动性不足。因此，政府要发挥在乳品质量安全追溯体系建设中的主导作用，加大对企业的扶持和激励力度，在采取政策倾斜的同时，可以在体系建设初期拿出专门的资金作为专项支持。

（3）加强科研投入，强化技术支持。乳品质量安全追溯机制的建立，包括信息的采集、转换、传递以及信息标识的建立等，这些都需要先进的科学技术作为支撑，政府需要加大科研投入，开发推广低成本、高便捷的追溯技术，同时也要积极与国际接轨，引进、消化吸收国外先进的追溯技术及经验。

（4）推进生产流通企业电子信息追溯设施建设。选定统一的追溯手段和技术平台，识别、记录和交换追溯信息，并与执法信息平台衔接，实现重要数据在企业、市场与政府部门间的共享；建设统一的信息查询系统，便于消费者、政府部门等各方查询。

7.4.3　乳制品质量安全信息披露机制的建议

（1）注重乳制品质量安全信息发布质量，提高消费者对质量安全信息的信任度。当前，消费者对政府发布的乳制品质量安全信息的信任度普遍评价不高，消费者认为政府会选择性地公布乳制品质量安全信息，会避重就轻地选择部分信息公布。因此，建议政府通过建立专门的乳制品质量安全信息发布网站，对乳制品质量安全信息进行统一管理，真实、及时、准确地发布信息；并对发布的信息进行分类，便于公众的查找与阅读。同时，政府还应注重对长期检测的乳制品数据进行加工储存，形成有信号价值的信息，让社会产生"记忆"，以便于消费者、企业和政府自身的使用。政府还可以通过此网站公布乳制品相关政策法规。此外，政府还要注重发挥媒体的重要作用，扩大乳制品质量安全信息的传播范围及影响效果，加大对违规企业的震慑力和对优秀企业的宣传力度。

（2）制定乳制品质量安全信息发布的实施细则。我国从 2008 年开始实施的《食品标识管理规定》中明确规定了食品生产经营者通过食品标识必须向消费者传达相关信息，内容明晰且相对完善。相比之下，我国《食品安全法》中对监管部门应当公布的食品质量安全信息内容则相对笼统。《食品安全法》第 82 条规定"国家建立食品安全信息统一公布制度"，并说明卫生行政部门公布的食品安全信息包括"①国家食品安全总体情况；②食品安全风险评估信息和食品安全风险警示信息；③重大食品安全事故及其处理信息；④其他重要的食品安全信息和国务院确定的需要统一公布的信息"。其他食品安全监管部门应"依据各自职责公布食品安全日常监督管理信息"。该规定并没有对食品安全信息进行明确的内容界定，卫计委颁布的《食品安全信息公布管理办法》也未对"食品安全信息"作出更明确的解释。《食品安全法》中关于"依据各自职责公布食品安全日常监督管理信息"的规定显然同样不具有实践意义。

因此，建议制定我国乳制品质量安全信息发布实施细则，以法律法规的形式进一步对"信息统一公布制度"的内容和实施程序等进行明确化。明确信息发布的主体责任，明确规定哪些政府部门具有乳制品质量安全信息发布公开的权利和义务；明确信息发布客体的内容与形式，明确哪些产品的哪些信息必须及时发布公开，发布公开的乳制品质量安全信息应该包括哪些具体内容和项目指标等；明确乳制品质量安全信息发布的程序；明确乳制品质量安全信息发布中的奖罚原则。

（3）加强乳制品质量安全信息的采集能力。建议政府加大对一线信息采集工作的资金投入，完善实验室、科研机构的基础设施建设，提高工作人员的技术水平，尤其是完善部分不发达地区的监测资源，为乳制品质量安全的监测提供技术保障。政府还应注重与国外发达国家的交流与合作，借鉴其成功经验提高我国信息披露机制的整体水平；同时，关注国际组织，如世界卫生组织发布的各项相关信息，使得我国乳品质量安全标准逐渐与国际接轨。

（4）加强对消费者及生产者的安全教育。政府应通过媒体节目、专家访谈和宣传手册等多种途径向消费者解读乳制品质量安全标准、乳制品质量安全认证和相关法律法规的内在含义，提高公众对乳制品质量的鉴别能力。同时，加强对生产商政策法规方面的教育，提高其安全生产意识，规范其生产经营行为。

7.4.4　乳制品质量安全风险预警与应急机制的建议

（1）建立具有多种渠道和方法的预警机制。预警机制可以有多种渠道和方法，根据具体事物进行分析。如"三鹿奶粉事件"发生的前一段时间，出现了井喷式的奶业投资热，说明这个行业的利润空间很大。但是，我国奶业的扩张投资在需要大量原料奶的情况下却频频出现倒奶、杀牛现象。这说明乳制品行业出现了不正常的情况，这时应该引起有关部门的注意，并分析其中的原因。事后分析得知，原因主要有三条：①"复原乳"的泛滥。近年来进口奶粉增加，用奶粉生产的还原奶占据了相当的市场份额，相当于几十万头成年母牛的年产奶量。②勾兑奶的现象屡屡发生，反映出奶制品质量在下降，而奶制品在食品安全预警系统的基本构架检测过程中又都符合国家标准的要求，说明奶制品中添加了超出 GB2760 规定的添加剂。③低于成本价的销售，说明奶制品的质量存在问题。通过以上分析，预警部门可以给质监系统提出加强奶制品行业监督检查的信息，经各级主管部门的监管检查、检测，可以发现问题，及时预防安全风险。

（2）建立专门的分析预警部门和实施预警情报统计报告制度。建立健全情报信息网络，广泛搜集情报，拓宽情报信息来源，做好情报信息系统的基础性工作。通过各级质监部门对市场行情进行监控分析，发现问题及分析结果，定期上报统计数据，经汇总找出不安全因素，及早处理。形成一个覆盖全国的情报网络系统。

（3）探索乳制品质量安全预警的分析方法。目前，其他行业采用的是定量与定性分析相结合的方法。定量部分主要根据获取的监测数据，从影响食品安全的影响要素等方面，运用预警的数学模型，定量判定特定食品是否存在隐患。定性部分主要是建立专家系统，根据监测食品质量状况和对其产生影响的各层次因素，建立阶梯层次结构和判断矩阵，各专家依据知识和经验，填写汇总表。再根据专家汇总情况确定相关限值，计算各因素权重，通过逻辑运算，算出专家评估指数，从而判定食品质量是否存在安全隐患。

一种有益的做法是建立乳制品质量安全评估体系，发挥有关乳制品专业性检测机构的作用，建立乳制品污染物检测和污染状况的数据库，定期对乳制品的各项成分、指标进行监测，适时地对乳制品安全问题进行危险性评估。

（4）对于应急机制，在完善相关法律的基础上，建立乳制品质量安全快速应急处理机制。对重大乳制品质量安全事故要建立应急处理方案；并建立领导问责制度，确保领导干部能够对乳制品质量安全事件负起责任。同时，要充分考虑到未来可能出现的新情况、新问题，创新乳制品质量安全应急管理机制。

7.4.5　乳制品质量安全奖惩机制的建议

1. 对乳制品生产与经销商奖惩机制的建议

（1）乳制品的信用品属性，决定了只寄希望于市场信誉机制来实现企业的自律行为是不现实的，因此，需要政府部门的介入。政府采用的手段有：对违规企业进行惩罚并将企业的违规信息公之于众；鼓励公众参与对企业的监督，对举报和提供信息者通过奖励的形式激发其参与的积极性；引导行业协会发挥向公众传递相关信息和监督企业的作用。同时，建议政府建立乳企质量信用体系，对乳企开展质量信用等级评定，将质量信誉差的企业列入"黑名单"，宣传鼓励诚实守信的企业。

（2）对于法律法规有处罚幅度、弹性过大的违法行为，应遵从"违法成本大于违法收益"的原则进行处罚，震慑违法分子。同时，对于同一违法行为，不同的执法主体，依据不同的法律，给予不同处罚结果的现象，应予以研究、逐步解决。

2. 对监管机构的奖惩机制的建议

（1）针对目前乳制品质量安全事件频发的严峻局面，应该强调通过正向激励机制，鼓励监管机构的监管积极性。目前，针对乳制品质量安全的监管的激励机制几乎全部是责任，正因为如此，才使得乳制品监管工作成为一个"烫手的山芋"，谁都唯恐避之不及。努力监管得不到正向激励，才会造成在权责不清的情况下监管部门相互推诿的局面。

因此，建议根据监管部门发现乳制品质量安全问题的情况，以及最终解决乳制品质量安全问题的效果给予奖励。奖励的方式可以是在经费发放等资源配置上给予倾斜，也可通过专门设立一个专项奖励基金的方式进行。当然，奖励监管机构可能会出现监管机构"虚报问题"的"道德风险"行为，但是，在目前乳制品质量安全问题较为严重的情况下，仍然是好于现行机制的"次优选择"。对于可能出现的"虚报问题"现象，可以通过奖励审核机制来解决。

（2）通过拓宽消费者的乳制品质量安全信息获取渠道，实现对乳制品质量安全监管机构的直接或间接监督。为此，应该建立和完善现有的社会奖励举报制度，加强新闻媒体的舆论监督作用。同时，充分发挥各级人大对执法部门的监督作用。人大对行政执法部门的监督是宪法赋予的庄严职责，应及时发现、纠正、撤销执法部门有法不依、执法不严的行为，维护法律法规的严肃性。

第8章 乳制品质量安全信息传递与可追踪系统建立

8.1 乳制品质量安全信息传递机制

8.1.1 信息传递机制的主要内容

信息传递机制就是信息传递形式、方法以及流程等各个环节，包括传递者、接受者、传递媒介、传递途径等所有构成的具有内在牵制和约束的系统。有效的信息传递机制应该是在没有外界的作用下，整个系统内的各成员都能够接受且自愿实施信息的传递。建立有效的信息传递机制包括以下内容：

1. 参与者

设计信息传递机制，首先需要明确机制中的各个参与者。乳制品供应链中信息传递机制的参与者包括奶农、奶站、乳制品生产加工企业、物流企业、零售企业、消费者等。信息传递中根据不同参与者所承担的不同职责，需要明确参与者中的主体和客体，而主体和客体也是相对的。围绕着信息传递的有效性目标，整个供应链系统中占主导地位的企业一般就是主体，例如，乳制品生产加工企业，而其他企业可能成为客体。但是针对目标的需要，某些具有信息优势的参与者也会成为主体。

2. 目标

信息传递机制的目标是在确保乳品质量安全的前提下，通过信息传递系统的内在牵制和约束制度，使供应链的上下游参与者能够自愿、及时地传递有关乳制品的真实质量信息。就是说，通过一定的方法或手段，使信息传递系统中主体和客体均能够按照系统目标一致的方向选择自己的行为，增加信息供给，以缓解信息不对称所带来的问题。

3. 方法和手段

在乳制品供应链中，建立有效的信息传递机制的主要方法和手段有：①激励机制设计。为了防止上游企业提供虚假信息，下游企业可对上游企业采取一些激励措施，如采用价格激励手段。②建立信息披露机制。在现实市场中存在严重的信息不对称现象，为了维护市场中各方利益，需要企业披露一定的信息，以显示其为高质量产品的生产企业，并以此获得下游企业及消费者的信任。建立信息披露机制，有利于信息优势方主动传递信息。③建立信誉机制。在现实交易活动中，信息传递手段单一、传递速度慢。如果一方选择欺骗行为，将会对交易方造成巨大损失；如果选择讲信誉的行为，其信誉收益也将是巨大的。所以，理性的企业将会选择讲信誉，主动传递自己的乳制品质量信息。④建立信息可追踪系统。通过建立信息可追踪系统，提供正向追踪和反向追溯的平台。正向追踪可以保证有效地传递信息，反向追溯可以及时、快速地召回问题乳品，使损失降到最低。

8.1.2　乳制品质量安全信息传递机制设计

要想实现乳制品信息传递机制的目标，使供应链上下游企业能够自愿且及时传递真实的乳制品质量信息，一种有效的做法就是建立乳制品信息传递机制。该信息传递机制的内容应包括：①奶站与乳制品生产企业之间的激励机制；②乳制品生产企业与销售者之间的信息披露机制；③乳制品供给方与消费者之间的信誉机制；④信息可追溯系统。具体如图 8.1 所示。

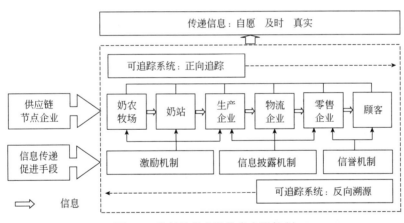

图 8.1　乳制品供应链信息专递机制

1. 建立奶站与乳制品生产企业之间的激励机制

在信息不对称的情况下，供应链上各交易主体所拥有的乳品质量水平和成本等信息各不相同，各交易主体为了自身利益可能会隐藏不利的信息，这样就会损坏交易方的利益，进而影响整个供应链的质量水平和经济利益。为了解决这个问题，同时基于乳品质量安全的考虑，在乳制品供应链信息传递过程中，运用一些激励措施来降低交易方故意隐藏信息的可能性，应该是一种可行而有效的方法。可采用价格与技术支持的激励措施。①价格激励。乳制品生产企业与原奶提供商签订合同，实行"优质优价"的采购政策。实践证明合同奶农生产的原奶质量安全程度明显高于非合同奶农，并且合同奶农的收益也明显高于非合同奶农。这种价格激励不仅能够增加奶农的收入，而且，企业也能得到质量安全的产品。②技术支持的激励。企业可以向奶农、奶站提供相应的技术支持，例如，相关的营养、繁殖、防疫、挤奶措施等技术指导，帮助奶农实现标准化管理；同时，也能够获取其原料奶的真实质量信息，从而实现质量的监督和跟踪。

如果签订的合同是长期的，在"优质优价"政策的引导下，奶农、奶站必定会持续提供优质的原料乳；同时，在养殖技术的支持下，奶农与牧场的养殖技术会越来越成熟、养殖成本会逐渐下降。因此，建立平等、合理的激励机制，不仅会使奶农的利益增加，而且，生产企业的竞争力也会增强。

2. 建立乳制品生产企业与销售商之间的信息披露机制

现实市场中信息不对称现象的广泛存在，使得乳制品供应链质量安全问题的控制变得复杂。有效的解决方法之一就是通过信息披露，增加信息供给。但是，为了私利和名誉，任何企业都不愿意向外界公布自己存在的不安全或负面信息。这就需要政府采取相应政策强制披露有关信息，迫使企业在质量安全方面不敢有瑕疵。具体做法可以是：①政府监管部门对生产企业进行不定期抽查，并运用网络技术收集、共享每个监测部门获得的有关质量安全的信息，将汇总的信息及时向消费者公布；同时，对抽查到的不合格乳品进行召回并销毁。②政府明文规定，乳制品生产企业有义务将其生产的乳品配方、成分、生产过程的质量控制手段等与质量安全有关的信息，通过网络向外界公布。公布的信息应当是可追溯的并被企业视为是"非商业秘密"的。这种可以缓解供应链各交易主体之间信息不对称的信息披露机制，给信息优势方创造了一个能够主动传递信息的渠道；也为高质量生产企业提供了一个能够展示自己在生产过程中的质量控制能力，自愿向市场披露更多质量安全信息的平台。

信息披露机制的功能和效果不仅提高了交易双方的信息透明度，降低了信息劣势方的搜寻成本，而且，提高了消费者对企业的信任度。

3. 建立乳制品供给方与消费者之间的信誉机制

建立信誉机制的目的是为了更好地维护市场秩序、提高消费者信心。信誉机制包括：①政府联合信誉评估机构，对乳制品供应链中的某个节点企业（一般为链主）进行集中监测和公平、公正的信誉评估。企业考虑到自身利益和信誉，自然会利用自己链主的优势要求并控制整个链中其他成员的行为。例如，政府根据一定的信用评价制度，将监测的各个超市不同信用层级的乳制品质量信息公布于政府监管网站上，由消费者自由选择。这样无形中给超市施加了压力，超市为了减轻压力自然会将其转移给供应商，进而控制供应商。供应商面对来自超市的压力，同样也会将其转移给上游企业，进而控制上游企业。②政府通过信用奖罚制度，对查出的产品质量差的企业进行相应惩罚，迫使这些企业不得不考虑本次合作对以后长期合作的影响。这实际上就是通过交易主体之间的信誉约束，给消费者更大的知情权，更理性的自由选择乳品，从而有效地约束供给方的行为，减少供给方传递虚假信息的可能性。

在现实的交易活动中，供应链主体之间的交易都是重复博弈的过程，这种具有重复博弈特点的信誉机制，迫使那些信誉差而又想长期在供应链中合作的企业，不敢轻易降低产品质量，并且，不得不主动发布信息，来提升自己的信誉。从而使供应链上的各个环节都能有效保证乳品的质量安全。

4.　建立乳制品可追踪系统

可追踪系统通过正向追踪和反向追溯平台，给乳制品供应链中各个主体提供各自所需的信息。大型企业与小规模企业在可追踪系统的建立与形成上是不同的。大型企业的实力雄厚，由于来自政府的质量监管压力，或为了维护企业在消费者心目中的良好形象，会自愿、主动地建立可追踪系统。而对于小规模的企业，考虑到建立可追踪系统的成本，一般需要政府投资帮助建立。

追踪和溯源的主要内容包括：①奶农环节。奶农严格按照食品有关法律和可追踪系统的规程操作手册实施养殖管理和信息记录。②奶站环节。奶站依据规范的操作方式进行挤奶，并运用先进的检测手段检测原奶质量，并记录有关信息。③生产加工环节。企业严格按照生产操作规程进行生产，记录各个环节影响质量安全的信息，尤其是生产流程、生产工艺和添加剂的使用情况及上游原料奶的质量信息，并录入可追溯系统。④配送环节。乳制品特殊的性质决定了要求保持低温运输，同时为了确保质量安全，还应当将运输人员的有关信息记录到可追溯系统。⑤销售环节。将产地、生产日期等及供应链中的信息记录到可追溯系统。

8.2　乳制品质量安全可追踪系统的建立

8.2.1　质量安全可追踪系统的技术工具

质量安全可追踪系统的核心要素是"代码"，建立追踪系统的必备条件是具备合适的记录和传递追踪信息的工具。目前追踪系统所用的工具主要有：

1.　条形码

条形码是一种利用光电扫描阅读设备识读并实现数据自动输入计算机的特殊

编号。条形码技术广泛应用于可追踪系统的各个环节，通过条形码可获食品的实时记录。

2. 二维码

二维码是用某种特定的几何图形按一定规律在平面（二维方向）分布的黑白相间的图形，用于记录数据符号等信息。二维条码具有储存量大、保密性高、追踪性好、抗损性强、备援性大、成本低等特点。

3. 射频识别技术

射频识别技术（radio frequency identification，RFID）是利用射频信号实现无接触信息传递并通过所传递的信息达到识别目的的技术。射频识别技术具有完成识别工作时无须人工干预、应用便利、可长距离识别（几厘米至几十米）的特点。

8.2.2 乳制品质量安全可追踪系统分析

1. 乳制品可追踪系统的目的和功能

1）目的

建立乳制品可追踪系统的目的是，为消费者、企业和政府提供真实、可靠的产品质量安全信息；同时，为缓解乳制品供应链各交易主体之间的信息不对称提供信息供给平台。

可追踪系统可以满足消费者对乳制品质量安全问题的知情权；可以满足生产加工企业为实现产品质量安全控制,而对供应链上下游环节质量信息了解的需要；可以满足政府对乳制品质量安全有效监管的需要。

2）功能

可追踪系统的功能主要有：①溯源。对终端消费者发现的问题乳制品，根据条码信息沿着供应链的各个环节追溯到上游企业，及时查出乳制品质量安全问题的源头，减少问题乳品给企业带来的负面影响。②召回。对问题产品的召回，减少事故发生后的社会危害和企业损失。③供应链管理功能。

2. 乳制品可追踪系统的参与者及其职责

1）参与者

乳制品可追踪系统关注的重点是原料奶的生产、加工、储运、消费等环节的质量安全信息。因此乳制品可追踪系统的参与者也应该是乳制品供应链中各个环节与产品有直接联系的人员。包括奶农、奶站挤奶人员、加工者、运输者、销售者等。此外，还应包括食品安全监管部门的监管人员、乳制品可追踪系统的网络运行与维护人员。

对于奶农、奶站来说，由于目前我国还没有完全实现规模化的养殖生产，有相当的比例还是小规模、分散的经营方式。这对于质量安全信息的收集，以及可追踪系统的建立提出了严峻挑战。

2）职责

（1）奶站。奶站收集各个奶农的信息（饲料的种植环境、过程、奶牛的品种、养殖过程、疾病防控过程等信息），并将原料奶的进出场情况、挤奶人员、挤奶的卫生情况等影响质量安全的信息录入到可追踪系统，并负责将这些信息传递给供应链下游的企业和政府监管机构。

（2）生产企业。生产企业是乳制品供应链中最重要的环节，企业需要将涉及产品质量安全问题的信息进行录入，包括乳品加工的各种原料、添加剂等信息，生产过程中的加工环境、人员、生产工艺等信息，最终成品的销售信息。并负责将这些信息传递给供应链下游的企业和政府监管机构。

（3）运输储运企业。录入乳制品的储藏环境、温度、卫生情况等信息，以及运输过程中经手的运输人员、运输路径等信息。并负责将这些信息传递给供应链下游企业和政府监管机构。

（4）消费者。自愿查询乳品从生产到销售整个过程的质量安全信息。

（5）政府监管部门。监督或检查以上参与者的生产加工行为，保证登录数据的正确性、及时性及有效性。

（6）系统管理部门。负责可追踪系统的运行维护，监控系统用户的登录信息，保证质量安全信息的有效传递。

3. 乳制品质量安全信息的录入

乳制品质量安全可追踪系统，实质上是对供应链中质量安全信息的追踪与识别。因此，首先需要将这些信息录入到计算机系统。这些可追踪信息包括：

参与人员信息：在乳制品供应链中，所有涉及的奶牛养殖、最终产品的生产、包装材料提供的厂商、人员的信息等。

原料信息：投入到乳制品生产中的原料、配比及由该原料生产的产品等信息。

流程信息：从原料奶生产到最终消费整个环节过程中，涉及的饲料种植、养殖环节、加工环节、仓储运输环节、销售环节及每个环节中诸多操作过程信息。

质量安全信息：在乳品生产过程中涉及的其他影响产品质量安全因素的信息。

上述信息被采集后，由企业网络中心人员将其输入到 RFID（radio frequency identification，无线射频识别，俗称电子标签）或条形码中，并在计算机中进行备份，同时上传至企业内部和政府监管部门的数据库中。该数据库中的信息不但可以成为企业内部监督的依据，也可成为政府监管部门实施外部质量安全监管的依据；同时，还可为消费者查询乳品质量安全问题提供依据。

8.2.3 乳制品质量安全可追踪系统的建立

1. 基本思路

乳品质量安全问题涉及奶农、企业生产者、仓储运输人员、销售人员以及消费者等各类人员，贯穿于奶牛的饲养、挤奶、储运、加工、包装及销售等各个环节。要实现如此复杂的供应链信息的记录和跟踪，拥有方便快捷的信息采集手段是关键。目前，供应链中信息采集手段有两种，一种是条形码，另一种是 RFID 电子标签。与条形码相比，RFID 具有更先进的读写和存储能力，它便捷、阅读速度快、存储能力强，并且，具有防水、防潮等功能；但是，昂贵的成本制约了 RFID 技术的广泛应用。所以，可追踪系统在短时间内还难以实现整个供应链全部采用 RFID 技术的实施方案。目前，比较合适的是条形码和 RFID 技术共用，并且，以 RFID 技术为主、条形码为辅的实施方案。例如，在乳制品包装设计上，小包装采用条形码，大包装采用 RFID 电子标签。这样即采用了先进技术，又节约了使用成本。

乳品供应链上各环节都存在着竞争关系的同类企业，每个企业都有自己的内部信息。例如，产品配方、特殊原料，尤其是加工环节的一些技术指标、工艺配方、技术设备和操作流程等。有的企业把这些信息自认为是与其他企业竞争的商业机密，不愿意公之于众，自然也就不愿意配合可追踪系统的构建，对可追踪系统的应用和推广产生了阻碍。因此，有必要将这些企业的内部信息和可追踪信息区分对待，这也就要求每个企业都允许有自己独立的信息数据库。乳制品供应链可追踪系统，如图8.2所示。

供应链上各节点企业将其质量安全信息传递到相应的监管部门，监管部门将采集到的信息传递给国家食品安全监管部门，且各部门信息实现共享。国家食品安全监管部门通过法律法规、行业标准引导企业，同时对每个环节中的企业进行行为约束。监管中心直接控制企业中的乳品质量信息，乳品的检验信息严格记录下来，并保留档案。有关乳品的质量档案要向社会公布，任何消费者都可以通过相应的平台随时查询有关乳品质量信息，从而也起到监督企业行为的作用。这样食品安全监管中心同时兼有信息传递和质量监督两种功能，有效地将乳品可追踪功能和乳品质量控制结合起来。

2. 乳制品供应链中各环节可追踪子系统

1）奶牛养殖环节

奶牛的饲养是供应链中保证乳制品质量安全的第一环节。奶牛是一个生物体，

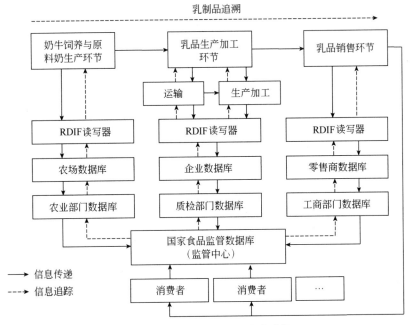

图 8.2　乳制品供应链可追踪系统

需要饲料来维系其生命和生产。该环节影响牛奶质量安全的因素主要有：奶牛品种、饲料、饲养环境、奶牛饮水水质、奶牛疾病防治与健康状况等。牧场中的奶牛养殖环节可追踪系统，如图 8.3 所示。

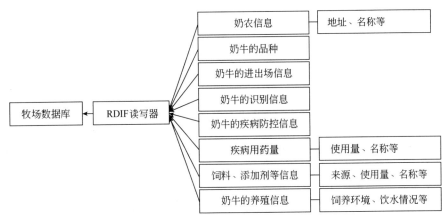

图 8.3　奶牛养殖环节可追踪子系统

奶牛养殖环节的信息记录和储存是通过每头奶牛耳朵上的电子耳环来实现的。电子耳环记录着奶牛的编号、出生日期、健康状况、膳食比例等信息。每个电子耳环都连接着无线的计算机识别器，当奶牛进入挤奶厅挤奶时，会经过一个关卡，关卡就会自动识别出牛的编号，这头牛何时、进入几号挤奶机位以及挤奶量等信息都会自动记录下来，并传输到牧场数据库里。该环节要特别关注如下信息：①饲料农药残留、添加剂等信息。由于在饲料中不可避免地存在着化肥、农药残留，而牛奶是奶牛的产物，是饲料的转化物，所以，要注意农药残留于牛奶中的情况。再则，奶牛的饲料种类有粗饲料、青贮饲料、蛋白质饲料等，每种饲料的用量都不一样，如果缺乏科学的奶牛饲养技术，对饲料的搭配就难以做到科学合理。此时，为了保证牛奶的产量可能会使用添加剂，造成奶牛营养失衡，诱发奶牛产生各种疾病，使原料奶质量下降。因此，要利用 RFID 监测饲料来源以及饲料中残留农药和添加剂使用量等信息，从源头上对原料奶的质量进行把关。②奶牛的养殖信息。例如，牛舍的通风与卫生状况、奶牛的清洁卫生状况、奶牛疾病的防范情况、奶牛饮水和原料乳产生过程中的用水质量等信息。③奶牛健康状况信息。根据调查，为了预防和治疗奶牛疾病，普遍存在着大量使用抗生素的情况，其结果是造成大量抗生素残留于牛奶中。因此，要注重利用 RFID 对有关奶牛的疾病信息和发病时药物的使用信息，以及奶牛健康状况的检测信息进行采集和记录。

2）原料奶生产过程

原料奶生产环节可追踪子系统的一项功能是，采集有关原料奶生产的各种信息，如图 8.4 所示。

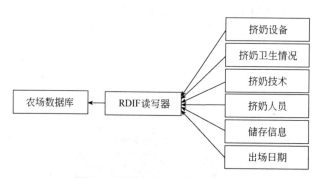

图 8.4　原料奶环节可追踪子系统

在这个环节中，要关注挤奶过程中奶牛乳房的清洁程度，以及挤奶人员的手、衣服的卫生状况；还有注意挤奶设备和储奶设备的清洁状况。避免由于清洁卫生情况不达标而造成细菌及微生物污染。该环节信息采集工作主要是利用 RFID 对挤奶人员信息、设备清洁频率、清洁剂用量及原料奶的牛乳密度、蛋白质、尿素、微生物含量等信息进行记录。

3）奶源车运输环节

防止奶源车运输环节产生质量安全问题的原则是实施透明化监管。其可追踪子系统，如图 8.5 所示。

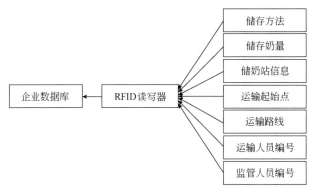

图 8.5　奶源车运输环节可追踪子系统

　　奶源车运输环节要注意的是，在奶站采集生鲜奶之前的运奶车清洗和消毒；对装满原料奶后的奶罐罐口打上铅封，并安装摄像头，重点监控奶罐罐口、出口等关键部位。该环节的信息工作主要是利用网络技术将 RFID 中储存的奶量、奶站信息、运输起始点、运输路线、运输人员和监管人员的信息上传至企业内部数据库。奶源车到达工厂后，工作人员在追溯回放历史记录，确保运输途中未发生任何问题的条件下，方才收奶。

　　4）生产加工环节

　　乳制品的生产加工往往是出现问题最多的环节。该环节的信息工作主要是记录生产加工过程每个环节的质量安全信息。生产加工环节可追踪子系统，如图 8.6 所示。

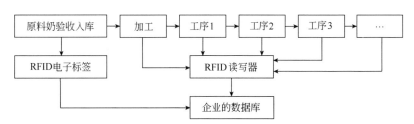

图 8.6　加工环节的可追踪子系统

　　乳制品生产加工环节中要特别注意：①原料奶的验收。运用 RFID 查验原料奶的来源、运输等信息，对于有问题的奶源，禁止入库。②生产加工设备。确保生产加工设备无微生物滋生。利用 RFID 记录设备清洗频率、清洗剂用量、清洗时间、消毒程度等信息。③生产加工操作方式。仔细认真检查生产加工过程中的每道工序。利用 RFID 记录乳制品通过的具体位置、乳品生产的工作台、质量控制的方法、加工环境等信息。④包装。实施无菌灌装，利用 RFID 对有关包装材料的信息进行记录。同时，对每袋乳品进行条形码安装，条形码信息包括产奶牧场、运输信息、生产厂区、车间等。

5）流通和销售环节

乳制品具有易变质的特点，生产加工企业又往往位于郊区等偏远地区，而消费群体主要集中在城市，这就会形成一个流通渠道多、参与人员庞杂的流通与销售环境。这种环境下容易造成乳制品质量安全问题。流通和销售环节可追踪子系统，如图8.7所示。

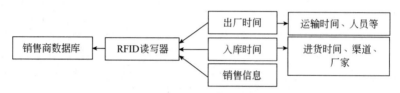

图 8.7　流通与销售环节可追踪子系统

该环节要注意：①利用 RFID 读取采购的乳制品质量安全信息，并进行验证，验证内容包括生产厂家、生产日期等。对于有问题的乳制品，严禁进入销售渠道。②储存。利用 RFID 记录有关乳制品的储存温度等信息。③销售信息。利用 RFID 对销售的乳制品种类和保质期进行记录。

通过上述乳制品可追踪子系统，可读取从牧场到餐桌整个过程中每个节点上有关乳制品的质量安全信息。对于发现存在不安全的因素，随即扣押相关批次的乳制品，并将信息上传至食品安全监管部门的数据库，为预警提供数据支持。对于未发现不安全因素的乳制品，则更新条形码中储存的信息，并传至数据库中心。同时，在物流、加工和销售等环节重新编制新的条码信息。这就使得供应链全程节点的身份信息、产品信息和质量信息都记录在食品安全监管部门的数据库中。消费者就可以通过食品安全监管中心查询有关乳品的质量安全情况。因此，对整个乳制品供应链上各环节的信息进行收集和存储，是实现乳制品可追踪系统功能的基础。

8.3　乳制品质量安全可追踪系统的实施

8.3.1　乳制品质量安全可追踪系统的信息化基础

乳制品质量安全可追踪系统有效实施的基础是，对奶源环节的生产与监控信息的采集、传输实现自动化。据调查，一些乳企的做法是依托电信运营企业的信息化手段，通过采用行业应用卡，将奶源信息以短信形式发送到企业后台系统。该项信息化基础工作主要包括以下几点。

1. 对奶车罐口铅封

目前,多数企业采用二维码技术对装满牛奶的奶罐入口和出口进行封条铅封。

铅封采用自动识别技术，且无法强行拆除，只有奶车抵达目的地后才允许拆封。由于铅封号是唯一的且只能使用一次，因此，铅封可以防止原奶运输途中"调包"现象的发生。同时，每个铅封条具有唯一性的特点，可以做到系统中与奶站信息一一对应。

2. 对奶车原始信息的采集与发送

对奶车原始信息采集与发送，一种可操作性强的方法是采用行业应用卡（SKT卡）。该卡支持所有类型手机，只开通短信和漫游功能。SKT 卡内设奶源信息采集菜单，奶站工作人员按照菜单提示的固定格式输入所收原奶的信息，包括奶站编号、奶车编号、计量信息、铅封加密信息、奶车发车时间、奶车信息发送人员等。在奶车发车的同时，将 SKT 卡内的信息以短信的方式发送至企业后台系统，后台系统自动根据发送的手机号码进行分类，并将数据入库。

3. 对奶车到站后的验证

奶车将牛奶送达后，收奶方通过扫描枪进行铅封扫描获取铅封的标识，并与系统中相关数据比对，确认铅封信息准确无误，且封条未被破坏后，方能验收入库。

同时，收奶管理人员查询奶车发出时 SKT 卡发送到后台系统信息的详细数据，并经过比对后进行系统保存，同时也作为事后追究的重要依据。

8.3.2 乳制品质量安全可追踪系统的实施

乳制品可追踪系统应当具有传递系统内部以及系统与国家监督管理部门之间的信息的功能，系统本身或者通过国家监督管理部门这个公共信息平台实现追溯信息的相关查询。因此，可追踪系统应当提供系统查询和公共查询。下面介绍基于追溯码的信息查询系统。

通过乳制品可追踪系统可以查询到该乳品的养殖信息、奶站信息、生产信息、配送信息、销售信息等；通过员工姓名可以查询到该员工参与的所有可追溯环节；通过原料的批号可以查询到利用该原料生产出来的乳品。追溯码系统查询示意图如图 8.8 所示。

乳制品可追踪系统中涉及的企业将追踪环节的数据信息上传到国家监督管理部门公共信息追踪平台上，实现信息的共享。消费者可以利用网络、短信、电话及超市终端等方式进行查询，方便、快捷和及时获得购买到的乳品信息。追溯码公共查询示意图如图 8.9 所示。

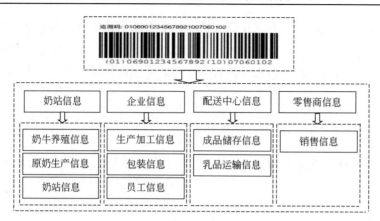

图 8.8　追溯码系统查询示意图

图 8.9　追溯码公共查询示意图

第9章　乳制品质量安全监控体系设计

通过理论分析与实证研究，理清乳制品质量安全问题的影响因素和风险来源，进而探讨乳制品质量安全问题的控制手段和方法。例如，实施供应链管理、HACCP方法、政府监管、信息传递与可追踪系统的建立等。通过对乳制品生产企业的实地调查，发现这些控制方法和手段虽然在部分大企业中使用，但是，最终的乳制品质量安全控制效果与使用前并无明显差异。产生这种控制效果不够明显的现象，主要原因是所实施的方法和手段大多处于孤立的运行状态，无法产生集合效应。因此，需要对这些方法和手段进行整合，纳入一个框架下，形成一个对乳制品质量安全问题既能进行外部监管、也能进行内部控制的乳制品质量安全监控体系。

9.1　乳制品质量安全监控体系构建基础

根据乳制品的行业特点，以及乳制品质量形成与实现过程的影响因素，从监控逻辑的角度，作者认为，构建乳制品质量安全监控体系的基础是建立一体化供应链，理由包括以下几点。

1. 行业以及供应链特点所决定

乳制品行业是一个比较特殊的行业，其产业链长，生产环节多，涉及第一产业（农牧业）、第二产业（食品加工业）和第三产业（分销、物流等）。因此，乳制品质量安全受其供应链成员的影响。在供应链环境下，乳制品的生产、销售、售后服务需要由供应链成员共同来完成，乳制品的形成和实现过程也是分布在整个供应链范围之内，其质量自然也由供应链全体成员共同来保证。

供应链环境下的质量安全管理具有传统管理所不具备的特点：

（1）考虑供应链整体质量水平的提高，强调供应链上各交易主体整体的发展平衡。

（2）核心企业作为供应链的链主，是供应链质量安全管理的决策者和组织者。

（3）供应链各节点企业是平等的合作关系，不存在任何依附关系，只是为了一个共同的目标而在质量安全管理中扮演不同的角色。

（4）供应链整体具有一致的质量安全目标和管理活动，以保证供应链整体的同步性。

（5）基于供应链的质量安全管理具有明显的动态性。

2. 多重机制的影响

乳制品质量安全具有信用品属性的特征，而政府监管的对象主要是供应链上的核心企业（乳制品加工企业），加工企业为了保证其产品符合目标市场的要求，就必须增加对其上游供应商（奶农）的监督，较为合适的做法应该是与奶农建立紧密的供应链关系。一般来讲，企业与奶农之间的供应链一体化程度越高，质量安全的风险就越小。这是如下多重机制影响的结果：

（1）重复博弈与信誉机制。供应链一体化中，企业和奶农之间的关系变成了重复博弈，同时，一旦有问题，还可以追溯回来，因此，奶农有积极性讲信誉，从而会减少质量安全的风险。因此，乳制品一体化供应链的构建会增强其成员的声誉和履约动机。

（2）核心企业对生产过程的直接干预。供应链一体化中，核心企业可以为上游的奶农提供技术支持或指导，并能够控制牛舍、挤奶设施等生产资料的投入，能够监督奶农的生产操作等，进而能够保证原奶的质量安全水平。

（3）效率工资。供应链一体化中，核心企业一般以保护价的形式收购原奶；根据原奶的等级水平，企业还可能将从市场中获取的租金中的一部分分配给奶农，这样就能够产生某种效率工资的效果，激励奶农生产更安全的原奶。例如，不同水平的牛奶以相差一倍的价格收购，带动奶农生产高质量原奶的积极性。

（4）习惯与惯例：供应链一体化形成了供应链中上下游主体间的长期稳定的合作与互动，在此期间交易双方形成的偏好、社会关系网约束、习惯与惯例等非正式规范能够降低企业的监督费用。例如，部分长期合作的奶农可能会委托其他亲戚或邻居到公司缴纳原奶。

9.2　乳制品质量安全监控体系设计

建立一体化供应链是乳制品质量安全监控体系构建的基础。因此，乳制品质量安全的监控逻辑应该是基于"供应链"而提出和实施的。在建立一体化供应链的基础上，乳制品质量安全监管路径应包括纵向的供应链内部控制与横向的外部监管。以此监控逻辑设计的乳制品质量安全监管体系，如图9.1所示。

9.2.1　乳制品供应链质量安全的内部控制

在企业内部控制食品质量安全的通用方法是构建HACCP体系。但是，作者了解到HACCP体系目前只应用于食品的生产加工环节，而鲜见于整条供应链上的应用。提出将HACCP体系应用于乳制品整条供应链的设想与思路，以作为乳

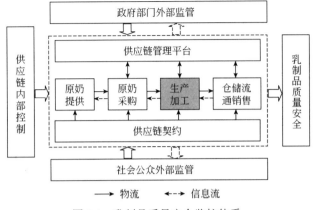

图 9.1　乳制品质量安全监控体系

制品供应链内部控制质量安全问题的有效方法。HACCP 体系应用于乳制品整条供应链的具体实施方法，已在本书第 5 章阐述。

　　根据 HACCP 体系的要求，一个有效的乳制品供应链 HACCP 体系，在实施之前，必须保证企业已实施良好操作规范 GMP 和卫生标准操作程序 SSOP。这两项内容是有效实施 HACCP 方法的前提条件。

　　相对于食品生产加工过程的 HACCP 体系，乳制品供应链的 HACCP 体系，在体系结构、体系功能和构建难度方面有明显的不同。

　　（1）体系结构方面。乳制品供应链 HACCP 体系除涉及乳制品加工企业外，还涉及其上游的奶农、奶站以及下游的零售商等；它的构建基础是供应链的集成。这与只涉及生产加工过程的食品生产企业的 HACCP 体系，在结构上是不同的。

　　（2）体系功能方面。乳制品供应链 HACCP 体系的功能在于对原奶采购、乳制品加工和乳制品销售这三方面的有效衔接，同时整合这三方的利益目标，使之能够为控制乳制品质量安全这个大目标服务。

　　（3）体系构建难度方面。相对于食品加工过程的 HACCP 体系而言，构建乳制品供应链的 HACCP 体系，不仅要对乳制品生产过程的各个加工环节进行危害因素分析、制定相应的预防措施、进而找出关键控制点进行重点控制，而且，这些工作同样要在乳制品生产加工过程的上游原奶生产和下游乳制品销售上实施。不仅如此，还要考虑体系的信息整合、利益协调和涉及的人员配合等，其难度是比较大的。

　　通过乳制品供应链 HACCP 体系预防和控制乳制品质量安全的方法是，将 HACCP 体系的危害分析、确定关键控制点、记录保持等 7 个基本原理应用于乳制品的生产加工环节，在此基础上，进一步延伸至生产加工环节的上游原奶生产供应环节和下游成品流通销售环节。具体内容在本书第 5 章有阐述。

9.2.2　乳制品供应链质量安全的外部监管

乳制品质量安全监控体系反映，乳制品供应链质量安全的外部监管包括政府监管和社会公众监管。

1. 政府监管

由于乳制品的"信用品"特征，决定了消费者是难以判断乳制品的质量好坏，即使对乳制品消费后也无法识别所消费的乳制品对他们健康的影响。也就是说，乳制品生产会产生严重的"信息不对称"现象，这种信息不对称现象中，相对于生产商而言，消费者处于弱势地位，消费者无法通过自己的力量解决这一问题。因此，需要政府的介入，即政府对"供应链"实施监管是解决这一问题的有效途径。需要强调的是，在监管过程中，为了实现政府的监管效率和效果，要注意以下几个问题：

（1）在供应链中政府不需要对所有主体都进行监管（虽然能提高每个主体控制安全的积极性，但是，检测成本高），只对整个供应链的信誉进行考核即可。比较合适的做法应该是，在供应链中选择适当的"监测点"（核心企业，也称链主），进行集中监测和信誉评估，链主出于自身的利益和信誉考虑，会利用自身在供应链中的优势和控制力，通过供应链的内部契约机制，控制上游与下游生产者的行为，从而保证乳制品的质量安全。

（2）理想的政府监管行为，应该是通过政府的干预能够为生产者与消费者提供参照信号，以防止由于信息不对称而使生产商向社会和消费者提供有问题的乳制品。例如，政府通过检测生产企业的乳制品质量信息，然后将这些信息转换成消费者可以理解的信号向社会发布。这些信号可以为消费者的购买决策提供参考。

（3）政府监管追求的是社会预期收益最大化，而企业生产追求的是自身效用最大化。因此，监管与被监管之间会产生矛盾。解决这种矛盾而达成平衡需要设计出社会与企业双方都满意的契约。该契约的有效标志：一是设计出能够达到监管目的，并使政府监管成本低的制度或方法；二是设计出能够促使企业自主监管的制度或方法。而实现这种设计的前提，应该是通过对监管者与被监管方之间的博弈分析，了解双方在乳制品质量安全监管过程中的决策动机和利益分配，进而找出转变政府监管职能的关键所在，以及促使企业自主监管的关键所在。

具体内容可参见本书的第 7 章。

2. 社会公众监管

传统意义上的监管就是指政府监管，但是，我国政府监管部门所面临的大环境是需要监管和处理的公共事务不断增多，而公共监管资源的有限，使政府难以实现人们所期待的理想的监管效果。"三鹿奶粉事件"就是明证。面对涉及农牧业、食品加工业和服务业的乳制品经营链条和繁多的乳制品质量安全标准，仅靠政府部门难以全面掌握其质量安全的信息，会出现监管盲区。引入社会公众的力量，建立政府监管与社会公众监管相结合的模式是避免监管盲区的有效方法。同时，社会公众的参与，也能对政府监管部门及其工作人员起到监督作用，实现政府的有效监管。

在乳制品质量安全监管体系中，社会公众监管组织及其表现出来的监管职能主要有以下几类：

（1）消费者权益保护组织。与乳制品生产经营企业相比，消费者处于财力和信息的弱势地位，单个的消费者仅凭自身力量进行维权，需要承担较大的风险和过高的成本。因此，必须重视和发挥消费者结社的权益保护组织对乳制品质量安全监督的作用。一个代表消费者共同质量利益的组织形态，能够集体性地对商家进行有效的监管。

（2）乳业协会。乳业协会是乳制品企业为了维护自身利益而组成的行业性社会组织。它一般都会将维护本行业乳制品质量的信用，作为组织的一项基本职能。他们会制定具有强制约束力的行业标准，甚至会联合起来对各自成员的乳制品质量进行相应的检查。为了本行业的利益，乳业协会会对行业内某些潜在的质量风险早于其他监管组织提出防范措施。

（3）食品质量安全认证机构。这类组织的职能是为社会客观公正地提供食品质量安全信息，引导社会转变消费观念，让消费者看"证"消费，促使食品企业提高食品的质量安全水平。

（4）公共媒体的社会组织。媒体的一个重要职能就是对社会各类问题的监督。媒体存在的基础是基于对反常现象的报道。恰恰在质量监管中，其监管的主要对象就是反常的质量现象，例如，企业因质量安全问题而对消费者产生伤害。正是在这一点上面，媒体这一社会组织，与质量监管的本质要求达成了高度一致。媒体对质量监管的优势还在于，其传播的影响力极为广泛，传播的速度极为迅速，传播的成本极为低廉，但是传播的效果，对于产生严重质量安全伤害的企业来说，却是致命的。

9.2.3　导入乳制品质量安全信息可追踪系统

在建立乳制品一体化供应链的基础上，通过建立 HACCP 体系实施供应链内部的自主控制，再接受政府与社会公众对供应链的外部监管。这是乳制品质量安全监控体系的监控逻辑。而要使这些内部控制与外部监管的效果达到理想的状态，导入质量安全信息可追踪系统是其必要的逻辑条件。

乳制品质量安全监控之所以要导入信息可追踪系统，是由该系统的作用机理所决定的。可追踪系统在供应链内部起到的是一种"界定产权"的交易工具的作用。有了可追踪系统，当乳制品在交易双方之间完成了实物交割时，实际上有一部分产权（质量安全属性）并没有完全转移出去，交易也没有完成。只有当所交易的乳制品通过质检部门或消费者检验没有问题时，交易才算完成。如果发现问题，那么通过可追踪系统，就可以找到并惩罚相关的责任人。在这种作用机理下，产生了一个延迟权利（延迟付款）和一个事后的惩罚机制，从而改变了生产者的预期，减少了事先的检测成本和相应的等待时间。因为整个供应链只需检测一次就可以，而无需重复检测，甚至可以利用消费者的消费来完成检测。

最早的食品信息可追踪系统是由欧盟为应对疯牛病（BSE）问题于 1997 年开始研究并逐步建立起来的。对可追踪系统的一个经典定义是"食品市场各个阶段的信息流的连续性保障系统"。通俗地讲，该系统就是利用现代化信息管理技术给每件商品标上号码、保存相关的管理记录，能够追踪食品由生产、处理、加工、流通及销售的整个过程的相关信息的系统。目的是及时发现食品安全问题并精确定位问题食品。2002 年欧盟规定，从 2005 年 1 月 1 日开始，唯有完全具备可追溯效力的食品，才能在欧盟各国市场销售或进口到欧盟各国市场。

我国在 2015 年 4 月修订的《食品安全法》，第四十二条明确提出食品生产经营者应当建立食品安全追溯体系，保证食品安全可追溯。然而，乳制品质量安全追溯体系并非一朝一夕就能建立起来的，尽管我国法律明确了追溯体系建立的主体是食品生产经营者，但在我国社会诚信度还不高的现实环境下，乳制品生产经营者对此的主动性、可信度也还存疑，因而政府监管的积极介入是必要的。相关职能部门既要监管生产经营者建立乳制品质量安全追溯体系，更要通过监管确保追溯体系中信息的准确与完整。

新《食品安全法》同时规定，国家鼓励食品生产经营者采用信息现代化手段采集、留存生产信息，建立食品安全追溯体系。但是从当前的状态来看，各地食品安全追溯体系标准不一，由企业自建的食品追溯平台缺乏监管，变相衍生出了借助追溯码鱼目混珠、以次充好的乱象。一些商家利用二维码等信息技术手段在食品包装上标识食品追溯码，其根本目的并非为了接受监管，而是用食品追溯码骗取消费者的信任，让消费者无所适从。

关于乳制品质量安全信息可追踪系统的内容可参见本书第 8 章。

第10章 乳制品企业质量竞争力评价与提升

乳制品企业作为质量安全的承载主体，其质量竞争力的高低在一定程度上决定了乳制品质量安全水平。我国乳制品企业的质量竞争力不仅低于发达国家乳品行业水平，也低于我国制造业平均水平，乳品行业处于国内质量竞争力的弱势地位。因此，培育和提升乳制品企业的质量竞争力是增强乳制品企业自身的发展动力，也是提升乳制品质量安全水平的重要途径。

10.1 乳制品企业质量竞争力评价指标体系构建

10.1.1 乳制品企业质量竞争力结构层次分析

乳制品企业质量竞争力的体现涉及乳制品质量形成的全过程，包括奶源基地建设、乳制品研发、生产加工、销售运输、危机管理、政府监管及检验环节和过程。对这个过程的管理和评价是培育、提升和发挥质量竞争力的有效方法。根据乳制品行业的现状和问题，以及影响乳制品企业质量竞争力的因素，乳制品企业质量竞争力可以由基础层、过程层和表现层构成，其结构模型如图 10.1 所示。

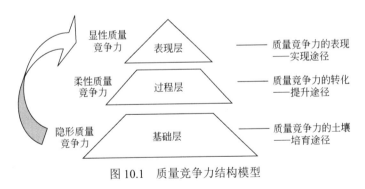

图 10.1 质量竞争力结构模型

基础层位于结构模型底部，是乳制品企业质量竞争力产生的土壤与源泉，其构成要素包括质量文化、质量战略、质量管理体系等。这些要素不直接体现现实的竞争力，但它们是保持乳制品企业质量竞争力发挥作用的基本因素，故可称之为隐性质量竞争力。

过程层位于基础层和表现层之间，起承上启下的作用。过程层将基础层要素转化为表现层要素，使得隐性要素转化成为显性要素，从而使潜在的质量竞争力转化成为现实的质量竞争力，体现的是一种柔性质量竞争力。过程层要素主要包括顾客服务能力、营销能力、制造能力、奶源水平、质量管理水平等。

表现层是乳制品企业质量竞争力的最直接表现形式，处于结构模型的最顶端。表现层要素的水平由基础层和过程层要素水平决定，是衡量乳制品企业质量竞争力的显性要素，此层要素直接反映乳制品企业质量竞争力的水平。表现层要素主要包括乳制品的符合性质量水平和适应市场能力的水平。

10.1.2　乳制品企业质量竞争力评价指标体系构建

1. 乳制品企业质量竞争力评价指标体系的构建原则

乳制品企业质量竞争力表现为多层次综合性特点，不能采用单一层次或少量指标测评，应采用层次化和系统化的评价指标体系，不仅要符合统计学规范，还应遵循以下原则。

（1）目的性。构建乳制品企业质量竞争力评价指标的目的是，衡量乳制品企业质量竞争力的现状和存在的问题，找出影响质量竞争力的因素，提出培育、提升乳制品企业质量竞争力的对策和建议。因此，要根据评价目的选择评价指标，即通过分析影响乳制品企业质量竞争力的关键因素，识别反映乳制品企业质量竞争力特征的指标。

（2）系统与全面性。乳制品企业质量竞争力评价指标体系应该能够完整地、多方面地反映企业的质量竞争力状况，因此应从多维的角度设置指标。一方面要考虑设置反映企业质量竞争力结果的指标，从质量竞争力的外在表现反映企业的质量竞争实力；另一方面还要考虑设置能测度与探索企业质量竞争能力深层次内涵的指标，从而指导企业选择战略，实现企业可持续发展的目的。

（3）独立性原则。构建质量竞争力评价指标体系时要尽量减少指标之间概念上的重复和指标在统计上的相关性，以保证指标的独立性。

（4）可行性。设置的评价指标必须符合乳制品行业的发展特点，且设置的指标要易于获得、便于操作，即指标的数据容易收集、易于整理和计算。

（5）定量指标与定性指标相结合。企业的质量竞争力水平是一个抽象概念，在综合评价企业质量竞争力时应该考虑影响企业质量竞争力的定性和定量指标。对定性指标要明确指标的内涵，并且按照评价标准赋值，使其能够恰如其分地反映指标的性质。两种指标必须能够准确地量化，相互结合起来评价质量竞争力。定性指标和定量指标都必须有明确的概念和确切的计算方法。在评价指标体系建立中遵循相对值指标优于绝对值指标，客观指标优于主观指标的优先顺序。

（6）发展性。建立的质量竞争力指标必须具有发展性，即具有一定的前瞻性，能站在可持续发展的角度来进行设计。

2. 乳制品企业质量竞争力评价指标体系的建立

根据我国乳制品行业的现状和特征，质量竞争力的内涵、特点和结构模型，建立了定量和定性相结合的乳制品企业质量竞争力的评价指标体系。该指标体系由基础层、过程层、表现层 3 个层次、10 个方面、27 项评价指标构成，如表 10.1 所示。

表 10.1　乳制品企业质量竞争力的评价指标体系

评价目标（A）	一级指标（B）	二级指标（C）	三级指标（D）
乳制品企业质量竞争力	表现层（B_1）	符合性质量水平（C_1）	产品出厂合格率（D_1）
			产品质量监督抽查合格率（D_2）
		适应市场水平（C_2）	市场占有率（D_3）
			产品销售率（D_4）
			顾客满意度（D_5）
	支持层（B_2）	顾客服务能力（C_3）	顾客投诉处结率（D_6）
			一次处理满意率（D_7）
		营销能力（C_4）	营销费用率（D_8）
		研发能力（C_5）	研发费用比例（D_9）
			研发人员比例（D_{10}）
			研发人员素质（D_{11}）
			拥有专利数量（D_{12}）
			新产品销售比例（D_{13}）
		制造能力（C_6）	设备先进程度（D_{14}）
			日处理能力（D_{15}）
			年生产能力（D_{16}）
		奶源水平（C_7）	奶源有效数量（D_{17}）
			奶源建设投入比例（D_{18}）
			奶源组织模式（D_{19}）
			奶源质量标准（D_{20}）
		质量管理水平（C_8）	质量安全管理体系认证得分（D_{21}）
			质量损失率（D_{22}）
			质量检测投入比例（D_{23}）
			质量工作人员比例（D_{24}）
	基础层（B_3）	质量方针与质量战略（C_9）	质量方针的知晓范围与认同感（D_{25}）
			质量战略的适宜性与认同感（D_{26}）
		质量文化与质量意识（C_{10}）	质量文化成熟度（D_{27}）

3. 基础层要素的评价指标

基础层要素由质量方针、质量战略、质量意识和质量文化构成，能够反映这些要素的指标有：质量方针的适宜度、质量方针的知晓范围与认同感、质量战略的适宜性与认同感、顾客意识的强烈程度、质量忧患意识的强烈程度、质量文化的成熟度等。把其中易于测评的指标质量方针的知晓范围与认同感、质量战略的适宜性与认同感、质量文化的成熟度作为体系内的测评指标。

（1）质量方针与质量战略。质量方针是企业的质量宗旨和经营方向，它影响着企业的质量工作目标和行动准则，是企业制定质量战略的关键依据。质量战略是企业在经营战略上对质量工作的规划和安排。企业只有将质量提高到战略层面，制定长远的质量战略，才能从根本上提高企业质量竞争力，才能实现满意的社会效益和经济效益。

能够反映质量方针与质量战略的测评指标有,质量方针的知晓范围与认同感、质量战略的适宜性与认同感。这两个评价指标都为定性指标，可通过乳制品企业内部的调查问卷获取。

（2）质量意识与质量文化。质量意识是企业员工对质量的认识程度和重视程度。它包括质量观念、顾客意识、质量忧患意识等。要培育企业的质量竞争力，企业所有人员必须改变落后的质量观念，接受符合时代和市场要求的先进质量观念。

质量文化是企业文化的重要组成部分，它是企业在质量管理过程中长期形成的质量价值观和质量行为方式的总和。质量文化主要是由企业的质量价值观、质量伦理、质量制度构成。质量文化对企业员工具有导向作用，能够指引企业员工追求质量完美，质量至上的境界。能够反映质量文化与质量意识的测评指标是质量文化的成熟度。质量文化的成熟度是定性指标，通过乳制品企业内部的调查问卷获取。

4. 过程层要素的评价指标

过程层要素的评价指标主要有顾客服务能力、营销能力、制造能力、奶源水平、质量管理水平等。

1）顾客服务能力

顾客服务能力表现在能否帮助顾客预防问题的发生，以及出现问题后及时处理解决的能力。预防问题发生的评价指标不易确定，处理问题的评价指标有顾客投诉处结率、一次处理满意率等。因此，采用顾客投诉处结率和一次处理满意率作为测评顾客服务能力的评价指标。

$$顾客投诉处结率=\frac{顾客投诉最终解决的数量}{顾客投诉总数量}\times100\%$$

$$一次处理满意率=\frac{顾客投诉一次解决的数量}{顾客投诉总数量}\times100\%$$

2）营销能力

营销能力表现在能否准确识别不同顾客的需求，以及快速引导顾客作出购买决策的能力。反映乳制品企业营销能力的指标是营销费用率。营销费用率能够反映乳制品企业的营销费用的投入程度。

$$营销费用率=\frac{营销费用}{企业销售收入总额}\times100\%$$

3）研发能力

企业研发能力通过研发费用比例、研发人员比例、研发人员素质、拥有专利数量、新产品销售比例等指标来反映。

① 研发费用比例。研发费用比例是企业研发费用占企业销售收入总额的比率。该指标反映企业能够投入研发的资金能力，投入比例越大，研发力度越大。

$$研发费用比例=\frac{企业研发费用}{企业销售收入总额}\times100\%$$

② 研发人员比例。研发人员比例是企业研发人员数量占企业员工总数的比例。该指标反映企业投入研发人员的力度，比例越大，研发能力越强。

$$研发人员比例=\frac{企业研发人员数量}{企业员工总数}\times100\%$$

③ 研发人员素质。研发人员素质是企业的工程师和科学家数量占企业研发人员数量的比例。该指标反映企业研发人员的职称高低和科研水平。研发人员素质越高，研发能力越强。

$$研发人员素质=\frac{工程师和科学家数量}{企业研发人员数量}\times100\%$$

④ 拥有专利数量。拥有专利数量是企业通过研发获得的专利数量。

⑤ 新产品销售比例。新产品销售比例是企业新产品的销售收入占同期企业产品销售收入总额的比率。

$$新产品销售比例=\frac{新产品销售收入}{同期产品销售收入总额}\times100\%$$

4）制造能力

制造能力是乳制品质量形成的基础。乳制品企业的制造能力由设备先进程度、日处理能力、年生产能力等三项指标构成。

① 设备先进程度。设备先进程度反映乳制品企业生产加工和质量检测等设备

的国际化水平。目前我国中小型乳制品企业的生产加工和质量检测设备都比较落后，只有一些大型企业能够购买国际先进设备。购买国际先进设备越多，生产的乳制品质量水平越高。

$$设备先进程度=\frac{期末达到国际先进设备水平的数量}{期末全部设备数量}\times100\%$$

② 日处理能力。日处理能力是指乳制品企业的所有生产线能够日处理鲜奶的吨数，该指标反映乳制品企业的加工能力。

③ 年生产能力。年生产能力是指企业年能够生产产品的数量，它是衡量企业规模及生产能力的一个重要指标。乳制品企业的年生产能力是指乳制品企业一年能够生产乳制品的产量吨数，该指标反映乳制品企业的产出实力。

5）奶源水平

奶源水平由奶源有效数量、奶源建设投入比例、奶源组织模式、奶源质量标准四项指标构成。

① 奶源有效数量。奶源有效数量是指乳制品企业内部或者企业外部能够为乳制品企业提供原料奶的奶牛数量。

② 奶源建设投入比例。奶源建设投入主要是指乳制品企业在奶牛规模化养殖方面的投入，使得奶源组织模式升级，尽量减少分散奶农的奶源。奶源建设投入比例是奶源建设的投入费用占乳制品企业的销售收入总额的比例。

$$奶源建设投入比例=\frac{奶源建设投入费用}{企业销售收入总额}\times100\%$$

③ 奶源组织模式。奶源组织模式主要有现代化规模饲养、养殖小区和农户家庭式散养三种。

现代化规模饲养。一些大型乳制品企业的奶源来自企业自建的规模化牧场，由于饲养管理和技术水平良好，没有中间环节，原料奶直接运输到加工厂，因此，奶源质量和安全性有保障。这种奶源在我国只占少数。

养殖小区。养殖小区的奶源质量受到养殖小区和奶站从业人员的素质、饲养设备和环境、管理规范、挤奶操作、卫生防疫等因素的影响，奶源质量和安全性易产生波动。这种奶源占我国奶源的 1/3 左右。

农户家庭式散养。由于是分散的小规模养殖模式，饲养环境和卫生条件落后，手工挤奶或者手推车式机械挤奶，奶源质量比较差。由于优质粗饲料和精饲料中优质蛋白质饲料的不足，乳蛋白率低是散养牛奶理化成分指标偏低的主要原因。这种奶源占我国奶源的 50%以上。

奶源组织模式是定性指标，可以通过建立评价尺度量化赋值。

④ 奶源质量标准。执行 2010 年实施的《生鲜牛乳收购标准》。奶源质量标准是定性指标，可以通过建立评价尺度量化赋值。

6）质量管理水平

① 质量安全管理体系认证得分。该指标反映了乳制品企业的质量安全管理能力和水平。根据认证项目的重要程度，设计了表 10.2，来计算乳制品企业通过质量安全管理体系认证的赋值分数。将企业通过认证的对应赋值分数相加。

表 10.2　质量安全管理体系认证项目与赋值

认证项目	中文名称	赋值
ISO 22000	食品安全管理体系认证	9
HACCP	危害分析和关键控制点体系认证	7
GMP	良好作业规范认证	7
ISO 9001	质量管理体系认证	7
ISO 14001	环境管理体系认证	5
OHSAS 18001	职业健康安全管理体系认证	5
—	绿色食品认证	3

② 质量损失率。质量损失率是一定时期内企业内部和企业外部质量损失成本之和占同期工业总产值的比例，是表征质量经济性的指标。通过对乳制品企业的质量损失率的分析，可以找出造成质量损失成本的因素和提高质量的环节，从而降低质量损失，以最低的质量成本提供顾客满意的产品和服务。

$$质量损失率 = \frac{内部损失成本 + 外部损失成本}{同期工业总产值} \times 100\%$$

③ 质量检测投入比例。由于乳制品质量安全的检测指标繁多，检测设备和仪器水平要求比较高，因此，质量检测的相应投入也较高。该指标在一定程度上反映了乳制品企业的质量管理水平。

$$质量检测投入比例 = \frac{质量检测投入}{企业销售收入总额} \times 100\%$$

④ 质量工作人员比例。质量工作人员比例反映了企业质量管理的人力资源的投入，表示乳制品企业对质量管理工作的重视程度。

$$质量工作人员比例 = \frac{质量工作人员数量}{企业员工数量} \times 100\%$$

5. 表现层要素的评价指标

表现层要素是衡量企业质量竞争力的显性要素，能够直接反映企业质量竞争力水平。表现层要素由实物质量水平、符合性质量水平和适应市场能力的水平组成。实物质量水平通过产品具体的质量指标值来反映，由于乳制品品种和质量指标繁多，无法统一测评，因此，实物质量水平不作为评价指标。

（1）符合性质量水平。符合性质量水平是指企业能够向市场提供符合规范要求和标准的产品质量的水平。符合性质量水平通过产品出厂合格率和产品质量监督抽查合格率来反映。

① 产品出厂合格率。产品出厂合格率是指企业经过检测出厂交付使用的产品中合格产品数量占出厂产品数量的比例。该指标反映了企业对产品质量的控制能力，能够评价产品符合性质量水平。

$$产品出厂合格率=\frac{出厂合格产品数量}{出厂产品数量}\times100\%$$

② 产品质量监督抽查合格率。产品质量监督抽查合格率是指产品在接受政府质量监督部门抽样检查时，被抽样检查合格的产品数量占被抽样检查的产品总数的比例。产品质量监督抽查合格率是政府质量监督部门对企业产品的符合性质量水平的评价。

$$产品质量监督抽查合格率=\frac{国家质量监督部门抽查的合格产品数量}{国家质量监督部门抽查的产品总数}\times100\%$$

（2）适应市场能力的水平。适应市场能力的水平是指产品能够适应市场需求的水平，通过市场占有率、产品销售率、顾客满意度三项指标反映。

① 市场占有率。市场占有率是对企业的产品和服务在市场上占有份额的评价指标。

$$市场占有率=\frac{S_1+S_2+S_j+\cdots+S_n}{k}$$

其中，S_j 是企业第 j 种核心产品的市场占有率，其值等于该产品的销售量占同行业同类产品销售量的比例。n 是企业核心产品数量；k 是市场占有率修正系数；

市场占有率修正系数的计算公式：

$$k=\frac{C_{企业}+M_{企业}}{C_{行业}+M_{行业}}$$

其中，C 是固定资产原值；M 是流动资产年均余额。

② 产品销售率。产品销售率是指报告期产品销售量与产品生产量的比例。是反映企业报告期产品销售程度和反映产品生产、销售、流通及满足社会需要程度的指标。产品销售率越大，说明产品在生产领域和流通领域中存留的时间越少，资金周转越快。其计算公式：

$$产品销售率=\frac{报告期产品销售量}{报告期产品生产量}\times100\%$$

③ 顾客满意度。顾客满意度是指一定数量的目标顾客中表示满意的顾客数量所占的比例。目标顾客数量是指可以接受调查的顾客数量，其中也包括潜在顾客

的数量。该指标反映了顾客对于企业的产品质量、交货期、价格、售后服务、投诉抱怨和重大事故及问题的处理等方面的满意程度。采用顾客综合满意度作为评价乳制品企业适应市场能力的水平指标。

$$顾客综合满意度 = \frac{目标顾客中表示满意的顾客数量}{目标顾客数量} \times 100\%$$

10.2　乳制品企业质量竞争力实证分析

10.2.1　实证研究设计

1. 样本企业的选择和数据的获得

选择来自呼和浩特、北京、上海、黑龙江、沈阳、南京等地的九家乳制品企业,作为实证研究的样本。为了维护企业资料的保密性,不公开企业的具体名称,以大写英文字母 A～J 代替。乳制品企业的原始数据是通过问卷调查、企业年报、企业网站、乳制品行业协会以及相关网络信息综合整理而成。

2. 调查问卷设计

(1)问卷结构。调查问卷包括两部分,乳制品企业的原始概况简介和乳制品企业质量竞争力评价指标的数据及其重要程度的调查。

(2)问卷内容。调查数据以乳制品企业 2012～2014 年 1～12 月的经营状况为根据整理而成。具体做法,一是到乳制品企业实地调研,访问高层管理人员以及研发、生产、质量管理、奶源、销售等部门的管理人员,请受访者采用 1～9 标度法,对乳制品企业质量竞争力的评价指标重要度进行评价;二是到企业实地和通过电子邮件向国内部分乳制品企业发放调查问卷,共发放 400 多份,回收有效问卷 85 份。

3. 评价方法选择

选择层次分析法和数据包络分析法两种方法作为乳制品企业质量竞争力的评价方法。选择这两种评价方法的原因是:

(1)由于影响乳制品企业质量竞争力的因素有很多,具有一定的层次性,适合运用层次分析法。层次分析法能够采用定量分析和定性分析结合的方式,能够把一些主观判断的因素量化,并且赋值权重,确定各个评价指标在评价体系中的重要程度,克服了传统方法无法直观地分析描述系统特征的缺陷。

(2)由于运用层次分析法的评价受到较多主观因素的影响,赋值权重主观成分较高,因此,评价结果的准确性会受到一定影响。数据包络分析法不需要事先确定各个评价指标的权重，不受主观判断的影响，较大程度地消除了主观因素对评价结果的影响。

将数据包络分析法和层次分析法的评价分析相互结合，能够增强评价的准确性，有利于评价结果相互对照，相互补充。

4. 数据的处理

（1）定性指标的量化处理。乳制品企业质量竞争力的评价体系有一些定性指标，例如，奶源组织模式、奶源质量标准、质量文化成熟度、质量战略的适宜性与认同感、质量方针的知晓范围与认同感等。由于这些定性指标的性质、内容、含义不同，很难直接相互比较，需要进行量化处理。量化处理的主要方式是通过调查问卷方法，请乳制品企业的管理人员、专家根据乳制品行业的特征和各个评价指标的评价依据，进行分析讨论后，得出评价尺度，将定性指标赋值。

采用 9 分制五标度和 7 分制三标度赋值标准。例如，五标度赋值的评价集为：{好、较好、一般、较差、差}，对应的赋值为{9，7，5，3，1}。我国乳制品企业的奶源组织模式指标主要有现代规模化牧场、养殖小区、农户家庭式散养等三个模式，对应的赋值为{7，5，3}；我国乳制品企业经常采用的奶源质量标准指标有欧盟标准、旧国标、新国标三种，对应的赋值为{7，5，1}；质量文化成熟度指标分为非常成熟、较成熟、一般成熟、不成熟、很不成熟五个程度，对应的赋值为{9，7，5，3，1}；质量方针的知晓范围与认同感指标分为完全知晓并认同、大部分知晓并认同、一般知晓与认同、小部分不知晓或不认同、大部分不知晓或不认同等五个程度，对应的赋值为{9，7，5，3，1}；质量战略的适宜性与认同感指标分为十分适宜并完全认同、比较适宜并大部分认同、一般适宜与认同、较不适宜或小部分不认同、不适宜或大部分不认同等五个程度，对应的赋值为{9，7，5，3，1}；将质量安全管理体系认证的重要程度分为极其重要、非常重要、明显重要、稍微重要等四个程度，对应的赋值{9，7，5，3}；各个认证赋值结果见表 10.2。通过建立定性指标的判断标准，将定性指标量化后，方能采用层次分析法进行进一步的评价。

将定性指标的量化数据与获得的企业其他定量指标的数据进行统计与整理后，得到用于两种评价方法的数据。一是用于层次分析法的 2014 年九家乳制品企业质量竞争力的 AHP 评价指标数据，如表 10.3 所示；二是用于数据包络分析法使用的 2012～2014 年的九家乳制品企业质量竞争力的 DEA 评价的输入指标和输出指标数据，如表 10.4 和表 10.5 所示。由于获取更详细的相关数据难度较大，加之，数据包络分析的决策单元数目受到输入指标和输出指标数目的影响，因此，用于数据包络分析的原始数据的种类和范围需要进行调整，用于层次分析法的一些评价指标数量在数据包络分析中将受到限制，对一些 DEA 评价所用的输入指标和输出指标进行必要且适当的取舍。详细的分析见下文的乳制品企业质量竞争力的 DEA 评价过程。

表 10.3　乳制品企业质量竞争力 AHP 评价指标原始数据

指标	A	B	C	D	E	F	G	H	I	均值
产品出厂合格率/%	99.67	99.15	98.96	98.91	100	99.52	98.39	99.07	99.09	99.19
产品质量监督抽查合格率/%	100	100	100	100	100	100	100	100	100	100
市场占有率/%	13.51	16.89	9.58	2.38	0.89	0.82	0.23	2.86	2.47	5.51
产品销售率/%	98.31	98.87	97.56	96.62	97.91	96.80	98.23	97.55	98.14	97.77
顾客满意度/%	71.65	73.98	72.35	74.13	78.31	69.64	81.75	77.29	80.13	75.47
顾客投诉处结率/%	94.68	93.31	86.75	89.59	93.46	85.77	95.62	98.11	99.52	92.98
一次处理满意率/%	88.16	86.57	83.24	84.90	89.33	80.42	90.75	91.71	92.69	87.53
营销费用率/%	15.40	16.33	13.89	9.79	2.52	4.66	8.96	9.23	16.25	10.78
研发费用比例/%	8.62	9.08	3.01	3.28	1.83	3.72	1.26	2.52	5.41	4.30
研发人员比例/%	11.78	10.85	8.83.	3.72	4.64	2.98	3.26	2.65	2.29	5.66
研发人员素质/%	82.41	84.03	78.36	75.22	79.80	80.02	77.50	69.64	65.40	76.93
拥有专利数量/个	104	122	87	18	38	16	13	8	6	45.77
新产品销售比例/%	20.55	20.63	6.37	1.43	2.84	0.69	0.07	3.31	3.56	6.60
设备先进程度/%	96.8	97.8	95.2	93.1	90.6	91.3	89.7	86.5	88.3	92.14
日处理能力/吨	1800	1600	1200	1000	400	500	150	700	600	883.33
年生产能力/万吨	580	670	400	240	100	120	60	220	180	285.55
奶源有效数量/万头	200	240	136	50	16	10	4	35	30	80.11
奶源建设投入比例/%	5.53	4.89	2.85	0.27	0.32	6.38	1.67	2.96	3,58	3.16
奶源组织模式	6	6.5	7	7	4.2	7	5.5	7	6	6.24
奶源质量标准	7	7	5	7	1	7	1	7	1	4.77
质量安全管理体系认证得分	31	36	16	26	36	16	23	23	23	25.55
质量损失率/%	0.18	0.16	0.23	0.13	0.13	0.08	0.04	0.10	0.09	0.12
质量检测投入比例/%	3.81	4.58	2.15	1.46	1.02	2.67	1.32	2.53	3.86	2.6
质量工作人员比例/%	6.82	7.65	5.98	3.73	2.54	2.08	1.86	1.69	1.25	3.73
质量方针的知晓范围与认同感	8.4	8.6	8.3	7.7	7.6	7.3	7.8	7.9	8.0	7.95
质量战略的适宜性与认同感	8.1	8.3	7.9	7.5	7.3	6.8	7.4	7.6	7.8	7.63
质量文化成熟度	8.2	8.5	8.1	7.6	7.3	7.5	7.4	7.8	7.6	7.77

表 10.4　乳制品企业质量竞争力 DEA 评价输入指标数据

企业	年度	研发费用比例/%	营销费用比例/%	奶源组织模式	奶源建设投入比例/%	质量检测投入比例/%
A	2012	5.45	18.54	3.5	2.65	2.56
	2013	7.89	17.77	5.5	4.27	3.72
	2014	8.62	15.40	6	5.53	3.81
B	2012	8.73	17.22	5.5	2.02	0.84
	2013	7.14	12.85	6	2.95	2.65
	2014	9.08	16.33	6.5	4.89	4.58
C	2012	5.88	18.72	6	3.17	4.09
	2013	4.83	10.35	6.5	3.61	3.14
	2014	3.01	13.89	7	2.85	2.15
D	2012	4.76	16.31	7	0.54	1.96
	2013	2.60	12.93	7	0.93	0.98
	2014	3.28	9.79	7	0.27	1.46
E	2012	3.84	6.86	4.2	0.64	2.01
	2013	2.08	2.75	4.2	0.51	1.85
	2014	1.83	2.52	4.2	0.32	1.02
F	2012	0.75	2.81	7	3.33	0.33
	2013	1.63	3.43	7	4.79	0.48
	2014	3.72	4.66	7	6.38	2.67
G	2012	2.04	9.45	5.5	1.62	3.55
	2013	1.31	7.73	5.5	1.28	1.14
	2014	1.26	8.96	5.5	1.67	1.32
H	2012	4.13	12.42	7	3.84	3.05
	2013	2.95	9.89	7	2.33	2.87
	2014	2.52	9.23	7	2.96	2.53
I	2012	6.13	18.61	3.5	2.65	3.48
	2013	3.64	15.23	5.5	3.27	3.06
	2014	5.41	16.25	6	3.58	3.86

表 10.5　乳制品企业质量竞争力 DEA 评价输出指标数据

企业	年度	拥有专利数量/件	新产品销售比例/%	市场占有率/%	顾客满意度/%	产品出厂合格率/%	产品质量监督抽查合格率/%	质量安全管理体系认证得分	质量损失率/%
A	2008	92	16.43	10.67	68.12	93.83	97.25	26	0.29
	2009	158	23.61	15.33	80.28	99.32	100	31	0.21
	2010	104	20.55	13.51	71.65	99.67	100	31	0.18
B	2008	53	10.35	10.81	69.29	95.71	98.65	31	0.26
	2009	98	19.27	14.65	78.71	97.03	99.81	36	0.22
	2010	122	20.63	16.89	73.98	99.15	100	36	0.16

企业	年度	拥有专利数量/件	新产品销售比例/%	市场占有率/%	顾客满意度/%	产品出厂合格率/%	产品质量监督抽查合格率/%	质量安全管理体系认证得分	质量损失率/%
	2008	34	2.83	3.94	65.63	98.92	100	11	0.29
C	2009	51	4.71	6.22	67.85	97.55	99.09	16	0.18
	2010	87	6.37	9.58	72.35	98.96	100	16	0.23
	2008	10	0.67	1.06	63.31	96.24	98.45	21	0.12
D	2009	19	1.81	2.64	66.67	96.89	98.12	26	0.14
	2010	18	1.43	2.38	74.13	98.91	100	26	0.13
	2008	6	0.06	0.13	72.84	97.40	99.35	20	0.06
E	2009	17	0.12	0.36	68.44	98.83	100	25	0.05
	2010	38	2.84	0.89	78.31	100	100	36	0.13
	2008	4	0.26	0.23	63.85	97.74	99.05	16	0.06
F	2009	10	0.40	0.52	67.51	98.95	100	16	0.04
	2010	16	0.69	0.82	69.64	99.52	100	16	0.08
	2008	11	0.02	0.11	69.92	96.27	98.73	18	0.08
G	2009	14	0.09	0.24	75.63	98.64	100	18	0.06
	2010	13	0.07	0.23	81.75	98.39	100	23	0.04
	2008	4	2.61	1.35	72.85	99.33	100	13	0.11
H	2009	9	4.44	2.84	70.12	99.18	100	18	0.08
	2010	8	3.31	2.86	77.29	99.07	100	23	0.10
	2008	2	1.62	1.82	71.38	98.89	100	18	0.08
I	2009	5	3.81	2.63	75.66	97.01	98.96	18	0.13
	2010	6	3.56	2.47	80.13	99.09	100	23	0.09

（2）定量指标的无量纲化处理。由于用于层次分析法（AHP）评价指标数据中的定量指标的量纲和数量级别不同，需要进行无量纲化处理，即将用于层次分析法（AHP）的评价指标的原始数值转换为无量纲的数值，使得评价指标体系的测算结果能够横向和纵向比较。数值无量纲化的方法有 7 种：基于最大-最小值的无量纲化方法、基于均值-标准偏差的无量纲化方法、基于特定基准值的无量纲化方法、基于分级比较的无量纲化方法、基于概率分位点的无量纲化方法、基于排名原则的无量纲化方法、基于恒同变换规则的无量纲化方法等。本书采用的是基于最大-最小值的无量纲化方法，原因是此法属于线性变换方法，操作简便，在各种评价指标体系中得到广泛的运用。

假设不同企业的各项指标转换后的最大值是 100，最小值为 0。不同企业各个指标的原始数值的无量纲化的计算公式如下：

设 X_{ij} 为第 i 个企业的第 j 项指标的无量纲化前的原始数值，Y_{ij} 为第 i 个企业的第 j 项指标的无量纲化后的数值，$\mathrm{Max}X_{ij}$ 表示所有 n 个企业的第 j 项指标原始数值的最大值，$\text{Min}X_{ij}$ 表示所有 n 个企业的第 j 项指标原始数值的最小值。

如果 X_{ij} 为正相关指标，则

$$Y_{ij} = \frac{X_{ij} - \text{Min}X_{ij}}{\text{Max}X_{ij} - \text{Min}X_{ij}} \times 100, \quad i=1,2,\cdots,n；\ j=1,2,\cdots,m$$

如果 X_{ij} 为负相关指标，则

$$Y_{ij} = \frac{\text{Max}X_{ij} - X_{ij}}{\text{Max}X_{ij} - \text{Min}X_{ij}} \times 100, \quad i=1,2,\cdots,n；\ j=1,2,\cdots,m$$

为减小得分范围（将得分区间限制在 60～100 之间），采用如下的无量纲化的公式：

如果 X_{ij} 为正相关指标，则

$$Y_{ij} = \frac{X_{ij} - \text{Min}X_{ij}}{\text{Max}X_{ij} - \text{Min}X_{ij}} \times 40 + 60, \quad i=1,2,\cdots,n；\ j=1,2,\cdots,m$$

如果 X_{ij} 为负相关指标，则

$$Y_{ij} = \frac{\text{Max}X_{ij} - X_{ij}}{\text{Max}X_{ij} - \text{Min}X_{ij}} \times 40 + 60, \quad i=1,2,\cdots,n；\ j=1,2,\cdots,m$$

通过无量纲化的处理，消除了不同量纲和数量级别差异对乳制品企业质量竞争力评价指标体系测评的影响，增强了乳制品企业质量竞争力测评结果的可比性和有效性。

通过无量纲化处理后的乳制品企业质量竞争力 AHP 评价指标数据，如表 10.6 所示。

表 10.6　乳制品企业质量竞争力的 AHP 评价指标无刚量化后数据

指标	A	B	C	D	E	F	G	H	I	均值
产品出厂合格率/%	91.8	78.88	74.16	71.92	100	88.07	60	76.89	77.39	82.12
产品质量监督抽查合格率/%	100	100	100	100	100	100	100	100	100	100
市场占有率/%	91.88	100	82.45	65.16	61.58	61.41	60	66.31	65.37	72.68
产品销售率/%	90.04	100	76.71	60	82.93	63.2	88.62	76.53	87.02	80.56
顾客满意度/%	66.64	74.33	68.95	74.83	88.63	60	100	85.26	94.65	79.25
顾客投诉处结率/%	85.92	81.93	62.85	71.11	82.37	60	88.65	95.9	100	80.97
一次处理满意率/%	85.23	80.05	69.19	74.6	89.04	60	93.67	96.8	100	83.17
营销费用率/%	97.3	100	92.93	81.05	60	66.2	78.65	79.43	99.77	83.92
研发费用比例/%	97.64	100	68.95	70.33	62.91	72.58	60	66.44	81.22	75.56
研发人员比例/%	100	96.08	87.56	66.02	69.9	62.9	64.9	61.51	60	74.32
研发人员素质/%	96.52	100	87.82	81.08	90.91	91.39	85.98	69.1	60	84.75
拥有专利数量/个	93.79	100	87.93	64.13	71.03	63.45	62.41	60.69	60	73.71

续表

指标	A	B	C	D	E	F	G	H	I	均值
新产品销售比例/%	99.84	100	72.25	62.64	65.4	61.2	60	66.3	66.8	72.71
设备先进程度/%	96.46	100	90.8	83.36	74.51	77	71.32	60	66.37	79.98
日处理能力/吨	100	95.15	85.45	80.6	66.06	68.48	60	73.33	71.51	77.84
年生产能力/万吨	94.1	100	82.3	71.8	62.62	63.93	60	70.5	67.87	74.79
奶源有效数量/万头	93.22	100	82.37	67.8	62.03	61.01	60	65.25	64.4	72.89
奶源建设投入比例/%	94.43	90.24	76.9	60	60.32	100	69.16	77.61	81.67	78.92
奶源组织模式	85.71	92.85	100	100	60	100	78.57	100	85.71	89.20
奶源质量标准	100	100	86.67	100	60	100	60	100	60	85.18
质量安全管理体系认证得分	90	100	60	80	100	60	74	74	74	79.11
质量损失率/%	89.47	90	100	78.94	78.94	68.42	60	72.63	70.52	78.76
质量检测投入比例/%	91.35	100	72.7	64.94	60	78.54	63.37	76.96	91.91	77.75
质量工作人员比例/%	94.81	100	89.56	75.5	68.06	65.18	63.81	62.75	60	75.52
质量方针的知晓范围与认同感	93.84	100	90.77	72.3	69.23	60	75.38	78.46	81.53	80.16
质量战略的适宜性与认同感	94.66	100	89.33	78.66	73.33	60	76	81.33	86.66	82.22
质量文化成熟度	90	100	86.66	70	60	66.66	63.33	76.66	70	75.92

10.2.2　基于层次分析法的乳制品企业质量竞争力评价

1. 确定评价指标的权重

通过调查问卷的形式请乳制品企业相关人员对质量竞争力评价指标的相对重要程度作出评判。调查问卷见附录2。通过对调查问卷进行综合分析和讨论，最终确定各层次的判断矩阵，并确定评价指标体系的权重。

采用和积法计算判断矩阵的最大特征值和对应的特征向量。计算步骤如下：

（1）将判断矩阵的每一列归一化；

（2）将归一化判断矩阵按行相加，得到向量 W_i；

（3）将 W_i 进行归一化，得到 W 即是判断矩阵的特征向量；

（4）计算判断矩阵的最大特征向量 λ_{max}，最大特征根的计算公式如下：

$$\lambda_{max} = \sum_{i}^{n} \frac{PW}{n \times W_i}$$

根据矩阵理论，判断矩阵满足完全一致性时，具有唯一非零的最大特征根 $\lambda_{max}=n$，除 λ_{max} 之外，其余特征根都是 0，对于层次单排序计算，可归结为计算判断矩阵的最大特征根及其对应的特征向量，如果已知判断矩阵 P，也就是计算满

足 $PW=nW$ 的特征根 n 及其对应的特征向量 W。

评价指标权重的计算过程如下：

1）A-B 层次权重系数计算

以计算 A-$B_{1\sim3}$ 层次的权重系数为例说明计算过程，如表 10.7 所示。

表 10.7　A-$B_{1\sim3}$ 层次判断矩阵

A	B_1	B_2	B_3
B_1	1	2	2
B_2	1/2	1	2
B_3	1/2	1/2	1

（1）经过归一化的判断矩阵如下：

$$\begin{bmatrix} 0.5 & 0.571 & 0.4 \\ 0.25 & 0.286 & 0.4 \\ 0.25 & 0.143 & 0.2 \end{bmatrix}$$

（2）将每一列归一化的判断矩阵按行相加，得到一个向量，对这个向量归一化，得到判断矩阵的权重：

$$W=(0.490，0.312，0.198)^{\mathrm{T}}$$

（3）计算最大特征根：

$$\lambda_{\max}=\frac{1}{n}\sum_{i=1}^{n}\frac{(PW)_i}{W_i}=3.054$$

（4）进行层次单排序一致性检验：

由 $CI=\dfrac{\lambda_{\max}-n}{n-1}=0.027$；$n=3$，查表 $RI=0.58$。

因为 $CR=\dfrac{CI}{RI}=0.047<0.10$，所以 A-$B_{1\sim3}$ 判断矩阵满足一致性检验要求，$W=(0.490,0.312,0.198)^{\mathrm{T}}$ 的各个分量可以作为相应的评价指标的权重系数的向量，即 0.490、0.312、0.198 是一级指标 B_1、B_2、B_3 的权重系数。

2）评价指标体系的所有指标权重的计算结果

同理可以计算其他判断矩阵的权重系数，计算过程省略。得到结果如表 10.8～表 10.18 所示。

表 10.8　B_1-$C_{1,2}$ 判断矩阵及一致性

B_1	C_1	C_2	W
C_1	1	1/2	0.333
C_2	2	1	0.667
	$\lambda_{\max}=2$　$CI=0$　$RI=0$　$CR=0<0.10$		

表 10.9　B_2-$C_{3\sim8}$ 判断矩阵及一致性

B_2	C_3	C_4	C_5	C_6	C_7	C_8	W
C_3	1	1	1/2	1/2	1/3	1/4	0.073
C_4	1	1	1/3	1/2	1/2	1/5	0.072
C_5	2	3	1	1	1	1/3	0.163
C_6	2	2	1	1	1	1/3	0.150
C_7	3	2	1	1	1	1	0.197
C_8	4	5	3	3	1	1	0.344

λ_{max} =6.257　　CI=0.051　　RI=1.24　　CR=0.041＜0.10

表 10.10　B_3-$C_{9,10}$ 判断矩阵及一致性

B_3	C_9	C_{10}	W
C_9	1	2	0.667
C_{10}	1/2	1	0.333

λ_{max}=2　　CI=0　　RI=0　　CR=0＜0.10

表 10.11　C_1-$D_{1,2}$ 判断矩阵及一致性

C_1	D_1	D_2	W
D_1	1	1/3	0.25
D_2	3	1	0.75

λ_{max}=2　　CI=0　　RI=0　　CR=0＜0.10

表 10.12　C_2-$D_{3\sim5}$ 判断矩阵及一致性

C_2	D_3	D_4	D_5	W
D_3	1	2	1/3	0.252
D_4	1/2	1	1/3	0.159
D_5	3	3	1	0.589

λ_{max}=3.035　　CI=0.027　　RI=0.58　　CR=0.047＜0.10

表 10.13　C_3-$D_{6,7}$ 判断矩阵及一致性

C_3	D_6	D_7	W
D_6	1	1/7	0.125
D_7	7	1	0.875

λ_{max}=2　　CI=0　　RI=0　　CR=0＜0.10

表 10.14　C_5-$D_{9\sim13}$ 判断矩阵及一致性

C_5	D_9	D_{10}	D_{11}	D_{12}	D_{13}	W
D_9	1	2	2	1/3	1/3	0.145
D_{10}	1/2	1	1/2	1/4	1/3	0.077
D_{11}	1/2	2	1	1/3	1/3	0.111
D_{12}	3	4	3	1	2	0.388
D_{13}	3	3	3	1/2	1	0.279

λ_{max}=5.157　　CI=0.039　　RI=1.12　　CR=0.035＜0.10

表 10.15　C_6-$D_{14\sim16}$ 判断矩阵及一致性

C_6	D_{14}	D_{15}	D_{16}	W
D_{14}	1	9	9	0.818
D_{15}	1/9	1	1	0.091
D_{16}	1/9	1	1	0.091
	$\lambda_{max}=3$　　CI=0　　RI=0　　CR=0＜0.10			

表 10.16　C_7-$D_{17\sim20}$ 判断矩阵及一致性

C_7	D_{17}	D_{18}	D_{19}	D_{20}	W
D_{17}	1	1/3	1/3	1/5	0.079
D_{18}	3	1	3	1/2	0.277
D_{19}	3	1/3	1	1/5	0.138
D_{20}	5	2	5	1	0.506
	$\lambda_{max}=4.163$　　CI=0.054　　RI=0.90　　CR=0.061＜0.10				

表 10.17　C_8-$D_{21\sim24}$ 判断矩阵及一致性

C_8	D_{21}	D_{22}	D_{23}	D_{24}	W
D_{21}	1	1/3	1/3	2	0.079
D_{22}	3	1	2	3	0.277
D_{23}	3	1/2	1	2	0.138
D_{24}	1/2	1/3	1/2	1	0.506
	$\lambda_{max}=4.163$　　CI=0.054　　RI=0.90　　CR=0.061＜0.10				

表 10.18　C_9-$D_{25,26}$ 判断矩阵及一致性

C_9	D_{25}	D_{26}	W
D_{25}	1	1/3	0.25
D_{26}	3	1	0.75
	$\lambda_{max}=2$　　CI=0　　RI=0　　CR=0＜0.10		

2. 层次总排序一致性检验

以上计算过程是通过层次单排序得到上层指标元素对本层次指标元素的权重系数。在此基础上，通过依次沿阶梯层次结构由上而下逐层计算，可得到最低层元素相对于最高层（总目标）的权重，即层次总排序。

层次总排序要进行一致性检验，计算过程如下。

（1）计算三级指标对所属一级指标的权重和一致性，计算公式如下：

$$CR_{总}=\frac{CI_{总}}{RI_{总}}=\frac{\sum_{j=1}^{n}WC_j\times CI_j}{j=\sum_{j=1}^{n}WC_j\times RI_j}$$

计算结果如表 10.19～表 10.21 所示。

表 10.19　$D_{1\sim5}$ 对 B_1 的权重系数计算结果

B_1	C_1	C_2	W
	0.333	0.667	
D_1	0.25	0	0.083
D_2	0.75	0	0.249
D_3	0	0.252	0.168
D_4	0	0.159	0.106
D_5	0	0.589	0.393
CI_j	0	0.027	CI=0.018
RI_j	0	0.58	RI=0.387

CR=0.046<0.10　通过一致性检验

表 10.20　$D_{6\sim24}$ 对 B_2 的权重系数计算结果

B_2	C_3	C_4	C_5	C_6	C_7	C_8	W
	0.073	0.072	0.163	0.150	0.197	0.344	
D_6	0.125	0	0	0	0	0	0.009
D_7	0.875	0	0	0	0	0	0.064
D_8	0	1	0	0	0	0	0.072
D_9	0	0	0.145	0	0	0	0.024
D_{10}	0	0	0.077	0	0	0	0.012
D_{11}	0	0	0.111	0	0	0	0.018
D_{12}	0	0	0.388	0	0	0	0.063
D_{13}	0	0	0.279	0	0	0	0.045
D_{14}	0	0	0	0.818	0	0	0.122
D_{15}	0	0	0	0.091	0	0	0.016
D_{16}	0	0	0	0.091	0	0	0.016
D_{17}	0	0	0	0	0.079	0	0.015
D_{18}	0	0	0	0	0.277	0	0.054
D_{19}	0	0	0	0	0.138	0	0.027
D_{20}	0	0	0	0	0.506	0	0.099
D_{21}	0	0	0	0	0	0.159	0.055
D_{22}	0	0	0	0	0	0.439	0.151
D_{23}	0	0	0	0	0	0.285	0.098
D_{24}	0	0	0	0	0	0.119	0.041
CI_j	0	0	0.039	0	0.197	0.048	CI=0.033
RI_j	0	0	1.12	0	0.90	0.90	RI=0.669

CR_j=0.05<0.10　通过一致性检验

表 10.21 $D_{25\sim27}$ 对 B_3 的权重系数计算结果

B_3	C_9	C_{10}	W
	0.667	0.333	
D_{25}	0.25	0	0.167
D_{26}	0.75	0	0.5
D_{27}	0	1	0.333
CI_j	0	0	CI=0
RI_j	0	0	RI=0
CR=0<0.10 通过一致性检验			

（2）根据（1）的计算结果计算三级指标对最高层（总目标——乳制品企业质量竞争力）的权重系数，结果如表 10.22 所示。

表 10.22 $D_{1\sim27}$ 对 A 的权重系数计算结果

A	B_1	B_2	B_3	W
	0.490	0.312	0.918	
D_1	0.083	0	0	0.041
D_2	0.249	0	0	0.122
D_3	0.168	0	0	0.082
D_4	0.106	0	0	0.052
D_5	0.393	0	0	0.192
D_6	0	0.009	0	0.003
D_7	0	0.064	0	0.020
D_8	0	0.072	0	0.022
D_9	0	0.024	0	0.007
D_{10}	0	0.012	0	0.003
D_{11}	0	0.018	0	0.005
D_{12}	0	0.063	0	0.019
D_{13}	0	0.045	0	0.014
D_{14}	0	0.122	0	0.038
D_{15}	0	0.016	0	0.005
D_{16}	0	0.016	0	0.005
D_{17}	0	0.015	0	0.005
D_{18}	0	0.054	0	0.017
D_{19}	0	0.027	0	0.008
D_{20}	0	0.099	0	0.031
D_{21}	0	0.055	0	0.007
D_{22}	0	0.151	0	0.047
D_{23}	0	0.098	0	0.030
D_{24}	0	0.041	0	0.013

续表

A	B_1	B_2	B_3	W
	0.490	0.312	0.918	
D_{25}	0	0	0.167	0.033
D_{26}	0	0	0.500	0.099
D_{27}	0	0	0.333	0.066
CI_j	0.018	0.033	0	CI=0.019
RI_j	0.387	0.669	0	RI=0.398
CR=0.028＜0.10　　通过一致性检验				

　　根据以上计算结果,三级指标对一级指标的权重都能通过层次总排序一致性检验,三级指标对一级指标的权重系数见表 10.22 中的 W 值。

　　本书构建的 AHP 评价指标体系的各层指标的权重都能通过一致性检验,因此评价指标体系可以作为乳制品企业质量竞争力的测评。具体权重计算结果如表 10.23 所示。

表 10.23　AHP 评价指标体系和各层指标权重

评价目标(A)	一级指标(B)	二级指标(C)	三级指标(D)	总排序
乳制品企业质量竞争力	表现层(0.490)	符合性质量水平(0.333)	产品出厂合格率(0.25)	0.041
			产品质量监督抽查合格率(0.75)	0.122
		适应市场水平(0.667)	市场占有率(0.252)	0.082
			产品销售率(0.159)	0.052
			顾客满意度(0.589)	0.192
	过程层(0.312)	顾客服务能力(0.073)	顾客投诉处结率(0.125)	0.003
			一次处理满意率(0.875)	0.020
		营销能力(0.073)	营销费用率(1)	0.022
		研发能力(0.163)	研发费用比例(0.145)	0.007
			研发人员比例(0.077)	0.003
			研发人员素质(0.111)	0.005
			拥有专利数量(0.388)	0.019
			新产品销售比例(0.279)	0.014
		制造能力(0.150)	设备先进程度(0.818)	0.038
			日处理能力(0.091)	0.005
			年生产能力(0.091)	0.005
		奶源水平(0.197)	奶源有效数量(0.079)	0.005
			奶源建设投入比例(0.277)	0.017
			奶源组织模式(0.138)	0.008
			奶源质量标准(0.506)	0.031

续表

评价目标（A）	一级指标（B）	二级指标（C）	三级指标（D）	总排序
乳制品企业质量竞争力	过程层（0.312）	质量管理水平（0.344）	质量安全管理体系认证得分（0.159）	0.007
			质量损失率（0.439）	0.047
			质量检测投入比例（0.284）	0.030
			质量工作人员比例（0.118）	0.013
	基础层（0.198）	质量方针与质量战略（0.667）	质量方针的知晓范围与认同感（0.25）	0.033
			质量战略的适宜性与认同感（0.75）	0.099
		质量文化与质量意识（0.333）	质量文化成熟度（1）	0.066

　　将表 10.6 中的各个评价指标无刚量化后的 AHP 数据，按照表 10.23 得出的各个评价指标层次权重进行加权平均，得到 9 家乳制品企业的三级指标、二级指标、一级指标质量竞争力的 AHP 综合评价结果数据，如表 10.24 所示。

表 10.24　乳制品企业质量竞争力 AHP 评价结果数据

指标	A	B	C	D	E	F	G	H	I	均值
符合性质量水平	97.95	94.72	93.54	92.78	100	97.01	90	94.22	94.34	94.95
适应市场水平	76.72	84.88	73.58	70.03	80.9	60.86	88.11	79.09	86.6	77.86
顾客服务能力	85.31	80.28	68.4	74.16	88.2	60	93.04	96.7	100	82.9
营销能力	90.87	80.63	79.84	82.83	77.79	100	72.12	60	94.06	82.01
研发能力	96.81	99.7	80.76	66.64	70.4	67.2	64.2	64.08	64.97	74.97
制造能力	96.56	99.56	89.54	82.05	72.66	75.03	69.26	62.17	66.97	79.31
奶源水平	95.95	96.31	85.46	86.37	60.25	96.92	65.1	91.05	69.9	83.03
质量管理水平	90.71	95.61	84.65	74.72	75.62	69.57	63.63	72.91	75.9	78.14
质量方针与质量战略	94.45	100	89.69	77.07	73.3	60	75.84	80.61	85.37	81.81
质量文化与质量意识	90	100	86.66	70	60	66.66	63.33	76.66	70	75.92
表现层	83.79	88.15	80.22	77.6	87.26	72.9	88.74	84.12	89.17	83.55
过程层	93.23	94.79	83.37	77.35	72.37	76.91	67.62	74.22	74.68	79.39
基础层	92.97	100	88.68	74.71	68.87	62.21	71.67	79.29	80.25	79.85
乳制品企业质量竞争力分值	88.55	92.56	82.87	76.95	78.97	65.81	78.77	80.07	82.88	80.82
排名	2	1	4	8	6	9	7	5	3	

3. AHP 评价结果分析

　　（1）由表 10.23 可以看出，在表现层，符合性质量水平权重为 0.333，适应市场水平权重为 0.667；适应市场水平中的顾客满意度权重（0.589）最高，顾客满意度在乳制品企业质量竞争力的权重为 0.192，是乳制品企业质量竞争力三级评价指标中权重最高的，反映了乳制品行业的当前现状和特点。

在过程层，质量管理水平的权重 0.344 最高，其次是奶源水平的权重 0.197，说明质量管理水平和奶源水平这两个二级指标是过程层的关键影响因素，这反映了乳制品行业的现实情况。自从 2008 年三鹿集团破产以来，许多乳制品企业吸取了教训，加强了奶源基地建设和提高了质量管理水平。在过程层中，奶源水平中的奶源质量标准和奶源建设投入比例的权重高于其他两项，其中奶源质量标准的权重最高，这反映了当前乳制品企业的投资心态和乳制品行业的利益规则。乳制品企业一方面积极扩大奶源建设投入比例，尽量提高奶源质量；另一方面又怕提高奶源质量标准，增加企业成本，减少企业利润。所以绝大多数乳企赞同出台的"新国标"，让较低质量标准的产品合格。这个话题是 2011 年最热的焦点，引起了社会各阶层的讨论，至今也没有获得满意的解答。所以奶源质量标准成为奶源水平评价指标中权重最高的指标，符合乳制品企业的投资心态和行业规则。在质量管理水平的评价指标中，质量损失率权重（0.047）最高，这符合企业质量管理的工作要求，加强企业质量管理，其工作目标之一就是减少企业的质量损失率，降低企业的内外损失成本，提高企业的经济效益。质量检测投入比例的权重 0.030 在三级指标中也是较高的，这是因为乳制品检测需要的程序繁多，检测设备的数量和精度要求较高，检测人员的技术和管理水平要求也较高，需要不断培训和教育。质量检测投入比例间接反映了质量管理水平，一些小型乳制品企业不肯增加质量检测投入，降低质量管理水平，从而增加了低质品生产的风险。

（2）表 10.24 提出乳制品企业质量竞争力得分排序。B 公司排名第一，A 公司排名第二；C 公司和 I 公司排名几乎相同，C 公司质量竞争力得分只比 I 公司少 0.01；A 公司、B 公司和 C 公司是国内乳制品行业的大型企业；I 公司只是某省区域中型企业，无论是企业规模和市场销售范围还是营销能力、研发能力、制造能力、奶源水平、质量管理水平都无法与 A 公司、B 公司、C 公司相比，但获得了与 C 公司几乎相同的企业质量竞争力的得分。I 公司的过程层得分 74.68 和基础层得分 80.25 分别低于 C 公司的过程层得分 83.37 和基础层得分 88.68，但 I 公司的表现层得分 89.17 高于 C 公司的表现层得分 80.22；这主要是因为 I 公司的适应市场水平得分 86.6 和顾客服务能力得分 100 以及营销能力得分 94.06 高于 C 公司所致。之所以出现这种情况，是因为 I 公司产品销售范围主要在其省内及其周边，也没有发生过产品质量问题，顾客服务水平也比较高，因此，顾客满意度也比较高。而 C 公司虽然拥有世界一流的研发中心和生产技术，但由于近年来时常发生产品质量问题，而且，解决顾客的质量投诉和处理问题的效率和结果也不是令广大消费者很满意，因此获得了较低的顾客满意度，影响了质量竞争力得分。

G 公司、H 公司与 I 公司相似，属于区域性中型乳制品企业，在全国经营范围与 A 公司、B 公司和 C 公司相比，处于较弱的质量竞争力地位。但是，这些公司在当地乳制品企业中具有较强的质量竞争力。E 公司和 F 公司以生产婴幼儿配方奶粉为主，与具有上千种产品的 A 公司、B 公司和 C 公司相比，在产品总体研发方面处于弱竞争力地位。但是，这两家公司专注于国内婴幼儿奶粉领域，注重研发投入和自建牧场，同时加强质量管理和检测，在国内婴幼儿配方奶粉市场中处于较强的质量竞争力地位。但是，F 公司近年来经常发生奶粉质量问题，引起消费者大量投诉，导致顾客满意度下降，进而降低了质量竞争力得分（65.81），在被评价的九家乳制品企业中得分最低。D 公司属于中型乳制品企业，销售范围基本辐射全国大部分城市，其研发、营销、质量管理等能力和水平落后于 A 公司、B 公司和 C 公司，但优越于 G 公司、H 公司和 I 公司。D 公司的质量竞争力得分低于 E 公司、G 公司、H 公司和 I 公司，也低于乳制品企业质量竞争力得分的均值 80.82。

（3）表 10.24 反映出 B 公司质量竞争力得分第一的竞争优势。研发能力得分（99.7）第一，制造能力得分（99.56）第一，奶源水平得分（96.31）第二，质量管理水平得分（95.61）第一，质量方针和质量战略得分、及质量文化与质量意识得分均为第一。这些评价与该公司的实际情况相符，该公司拥有世界一流的研发中心，较高的生产加工能力；而且为了提高奶源质量，该公司近年来投入巨资建设奶源基地。公司也非常注重质量文化建设和质量方针、质量战略规划的推广。公司营销能力得分 80.63 虽然低于均值 82.01，但营销费用的投入总额绝对值达数十亿元。相比而言，I 公司的营销能力得分（94.06）第二，原因是营销费用占销售收入的比例较高，但其营销费用的投入总额绝对值只有几千万元；这说明 B 公司的营销能力在资金投入总量上还是占绝对优势。

表 10.24 也反映出 B 公司的竞争劣势。顾客服务能力得分 80.28 低于均值 82.9，调查结果显示，是由于顾客满意度比较低的缘故。顾客满意度低的原因是，乳制品在运输和储存中的冷藏技术和条件而引起的产品质量问题，以及乳制品的销售服务问题导致顾客投诉增加。B 公司的奶源组织模式未得第一。该公司奶源组织模式中虽然现代化生态牧场和养殖小区占绝对比例，但依然有部分散养农户，公司对原奶质量未能做到 100% 的掌控。B 公司 2010 年出厂的产品几次被质量监督部门检测出某些质量指标严重超标，遭遇通报评判，同时公司处理这些问题的效率和结果也不令人满意，导致消费者满意度降低。

10.2.3　基于数据包络分析的乳制品企业质量竞争力效率评价

1. 基于数据包络分析的乳制品企业质量竞争力效率评价体系构建

基于数据包络分析（DEA）的乳制品企业质量竞争力效率评价体系，完全可以采用层次分析法（AHP）质量竞争力评价体系，但由于 DEA 效率评价的使用条件和本研究所能提供的输入指标和输出指标数据的限制，需要对 AHP 评价指标进行适当的调整和取舍。

DEA 的使用条件是评价的决策单元 DMU 的数量要远远多于输入指标和输出指标的数量之和。Thompson 等（1986）和 Bowlin（1987）根据实证研究得出一个经验法则：被评价的决策单元 DMU 的数量应该在输入指标和输出指标数量之和的两倍以上，其分析结果的可信度和可解释性最高；Banker 等（1989）提出被评价的决策单元 DMU 的数量应该是输入指标和输出指标数量之和的三倍以上。这些经验法则只是一些数据包络分析专家的经验结论，在学术界还未得到完全统一的认识。

在基于 AHP 的乳制品企业质量竞争力评价过程中得到的输入指标和输出指标的数量之和为 27 个，如果这些指标用于数据包络分析，至少需要 54 个评价决策单元 DMU。由于 9 家乳制品企业 2012～2013 年的部分数据已经缺失，无法满足数据包络分析的使用条件，因此，需要对原有的输入指标和输出指标进行必要的调整和取舍。根据企业已有的数据和指标的重要程度，最后确定选取的输入指标是：研发费用比例、营销费用比例、奶源组织模式、奶源建设投入比例、质量检测投入比例等 5 项；输出指标是：拥有专利数量、新产品销售比例、市场占有率、顾客满意度、产品出厂合格率、产品质量监督抽查合格率、质量安全管理体系认证得分、质量损失率等 8 项。2012～2014 年的输入指标和输出指标统计数据见表 10.4 和表 10.5。这 13 个指标在一定程度上反映了研发能力、营销能力、奶源水平、质量管理水平、适应市场水平、符合性质量水平，基本满足基于 DEA 的乳制品企业质量竞争力效率评价的构建要求和使用条件。最后确定的基于数据包络分析的评价指标体系表 10.25 所示。

2. DEA 评价结果分析

采用 DEA 的 BCC 模型。BCC 模型是 CCR 模型的改进，能够测评决策单元 DMU 的纯技术效率与规模效率，能够衡量乳制品企业质量竞争力的相对效率。又因为乳制品企业质量竞争力的强弱受到企业的投入资源限度制约，乳制品企业应该努力经营并控制所有资源的投入，尽量获得各项产出最大化。因此，确定采用产出导向型 BCC 模型进行测评乳制品企业质量竞争力的效率。

使用 DEAP 软件（2.0 版）进行运算得出评价结果，如表 10.26～表 10.32 所示。

表 10.25 基于数据包络分析（DEA）的乳制品企业质量竞争力效率评价体系

指标体系	一级指标	二级指标	对应松弛变量
输入指标	研发投入	研发费用投入比例/%	S_1^-
	营销投入	营销费用比例/%	S_2^-
	奶源投入	奶源组织模式	S_3^-
		奶源建设投入比例/%	S_4^-
	质量检测投入	质量检测投入比例/%	S_5^-
输出指标	研发产出	拥有专利数量/件	S_1^+
		新产品销售比例/%	S_2^+
	适应市场水平	市场占有率/%	S_3^+
		顾客满意度/%	S_4^+
	符合性质量水平	产品出厂合格率/%	S_5^+
		产品质量监督抽查合格率/%	S_6^+
	质量管理水平	质量安全管理体系认证得分	S_7^+
		质量损失率/%	S_8^+

表 10.26 DEA 效率评价值

企业	年度	不变规模技术效率	可变规模技术效率	规模效率	规模报酬
A	2012	1.000	1.000	1.000	不变
	2013	1.000	1.000	1.000	不变
	2014	0.955	1.000	0.955	递减
B	2012	1.000	1.000	1.000	不变
	2013	1.000	1.000	1.000	不变
	2014	1.000	1.000	1.000	不变
C	2012	0.855	1.000	0.855	递减
	2013	0.760	0.991	0.767	递减
	2014	1.000	1.000	1.000	不变
D	2012	0.613	0.985	0.623	递减
	2013	1.000	1.000	1.000	不变
	2014	1.000	1.000	1.000	不变
E	2012	0.972	0.994	0.978	递减
	2013	0.998	1.000	0.998	递减
	2014	1.000	1.000	1.000	不变
F	2012	1.000	1.000	1.000	不变
	2013	0.951	1.000	0.951	递减
	2014	0.598	1.000	0.598	递减

续表

企业	年度	不变规模技术效率	可变规模技术效率	规模效率	规模报酬
G	2012	0.814	0.987	0.825	递减
	2013	1.000	1.000	1.000	不变
	2014	1.000	1.000	1.000	不变
H	2012	0.586	1.000	0.586	递减
	2013	0.736	1.000	0.736	递减
	2014	0.788	1.000	0.788	递减
I	2012	1.000	1.000	1.000	不变
	2013	0.731	0.990	0.739	递减
	2014	0.696	1.000	0.696	递减

表 10.27　输入变量的对应松弛变量值

企业	年度	S_1^-	S_2^-	S_3^-	S_4^-	S_5^-
A	2012	0.000	0.000	0.000	0.000	0.000
	2013	0.000	0.000	0.000	0.000	0.000
	2014	0.000	0.000	0.000	0.000	0.000
B	2012	0.000	0.000	0.000	0.000	0.000
	2013	0.000	0.000	0.000	0.000	0.000
	2014	0.000	0.000	0.000	0.000	0.000
C	2012	0.000	0.000	0.000	0.000	0.000
	2013	0.347	0.000	1.519	1.481	0.726
	2014	0.000	0.000	0.000	0.000	0.000
D	2012	2.816	13.574	2.770	0.133	0.893
	2013	0.000	0.000	0.000	0.000	0.000
	2014	0.000	0.000	0.000	0.000	0.000
E	2012	2.010	4.340	0.000	0.320	0.990
	2013	0.250	0.230	0.000	0.190	0.830
	2014	0.000	0.000	0.000	0.000	0.000
F	2012	0.000	0.000	0.000	0.000	0.000
	2013	0.000	0.000	0.000	0.000	0.000
	2014	1.890	2.140	2.800	6.060	1.650
G	2012	0.210	6.930	1.300	1.300	2.530
	2013	0.000	0.000	0.000	0.000	0.000
	2014	0.000	0.000	0.000	0.000	0.000
H	2012	2.048	9.421	2.733	3.326	1.926
	2013	0.059	5.357	2.519	1.196	1.414
	2014	0.000	4.475	2.501	2.086	1.167
I	2012	0.000	0.000	0.000	0.000	0.000
	2013	0.936	10.822	1.087	2.323	1.668
	2014	0.000	3.033	0.727	0.557	1.126

表 10.28 输出变量的对应松弛变量值

企业	年度	S_1^+	S_2^+	S_3^+	S_4^+	S_5^+	S_6^+	S_7^+	S_8^+
A	2012	0.000	0.000	0.000	0.000	0.000	0.000	0.000	0.000
	2013	0.000	0.000	0.000	0.000	0.000	0.000	0.000	0.000
	2014	0.000	0.000	0.000	0.000	0.000	0.000	0.000	0.000
B	2012	0.000	0.000	0.000	0.000	0.000	0.000	0.000	0.000
	2013	0.000	0.000	0.000	0.000	0.000	0.000	0.000	0.000
	2014	0.000	0.000	0.000	0.000	0.000	0.000	0.000	0.000
C	2012	0.000	0.000	0.000	0.000	0.000	0.000	0.000	0.000
	2013	26.745	5.020	0.072	8.367	1.135	0.000	13.808	0.002
	2014	0.000	0.000	0.000	0.000	0.000	0.000	0.000	0.000
D	2012	28.948	2.456	0.025	13.892	2.239	0.000	14.586	0.009
	2013	0.000	0.000	0.000	0.000	0.000	0.000	0.000	0.000
	2014	0.000	0.000	0.000	0.000	0.000	0.000	0.000	0.000
E	2012	31.961	2.780	0.759	4.993	1.963	0.000	15.869	0.070
	2013	21.000	2.720	0.530	9.870	1.170	0.000	11.000	0.080
	2014	0.000	0.000	0.000	0.000	0.000	0.000	0.000	0.000
F	2012	0.000	0.000	0.000	0.000	0.000	0.000	0.000	0.000
	2013	0.000	0.000	0.000	0.000	0.000	0.000	0.000	0.000
	2014	22.000	2.150	0.070	8.670	0.480	0.000	20.000	0.050
G	2012	26.859	2.820	0.779	7.491	2.492	0.000	17.768	0.049
	2013	0.000	0.000	0.000	0.000	0.000	0.000	0.000	0.000
	2014	0.000	0.000	0.000	0.000	0.000	0.000	0.000	0.000
H	2012	36.452	0.888	0.009	5.213	0.658	0.000	22.814	0.022
	2013	39.313	1.167	0.022	7.149	0.768	0.000	17.219	0.058
	2014	45.185	1.864	0.023	0.868	0.799	0.000	11.301	0.044
I	2012	0.000	0.000	0.000	0.000	0.000	0.000	0.000	0.000
	2013	45.200	1.574	0.052	1.485	1.904	0.000	17.134	0.007
	2014	99.952	11.375	7.100	0.121	0.149	0.000	7.159	0.070

表 10.29 松弛变量对应的输入变量改进值

企业	年度	研发费用 比例/%	营销费用 比例/%	奶源组织模式	奶源建设投入 比例/%	质量检测投入 比例/%
A	2012	0.000	0.000	0.000	0.000	0.000
	2013	0.000	0.000	0.000	0.000	0.000
	2014	0.000	0.000	0.000	0.000	0.000
B	2012	0.000	0.000	0.000	0.000	0.000
	2013	0.000	0.000	0.000	0.000	0.000
	2014	0.000	0.000	0.000	0.000	0.000
C	2012	0.000	0.000	0.000	0.000	0.000
	2013	−0.347	0.000	−1.519	−1.481	−0.726
	2014	0.000	0.000	0.000	0.000	0.000

续表

企业	年度	研发费用 比例/%	营销费用 比例/%	奶源组织模式	奶源建设投入 比例/%	质量检测投入 比例/%
D	2012	−2.816	−13.574	−2.770	−0.133	−0.893
	2013	0.000	0.000	0.000	0.000	0.000
	2014	0.000	0.000	0.000	0.000	0.000
E	2012	−2.010	−4.340	0.000	−0.320	−0.990
	2013	−0.250	−0.230	0.000	−0.190	−0.830
	2014	0.000	0.000	0.000	0.000	0.000
F	2012	0.000	0.000	0.000	0.000	0.000
	2013	0.000	0.000	0.000	0.000	0.000
	2014	−1.890	−2.140	−2.800	−6.060	−1.650
G	2012	−0.210	−6.930	−1.300	−1.300	−2.530
	2013	0.000	0.000	0.000	0.000	0.000
	2014	0.000	0.000	0.000	0.000	0.000
H	2012	−2.048	−9.421	−2.733	−3.326	−1.926
	2013	−0.059	−5.357	−2.519	−1.196	−1.414
	2014	0.000	−4.475	−2.501	−2.086	−1.167
I	2012	0.000	0.000	0.000	0.000	0.000
	2013	−0.936	−10.822	−1.087	−2.323	−1.668
	2014	0.000	−3.033	−0.727	−0.557	−1.126

表 10.30　松弛变量对应的输出变量改进值

企业	年度	拥有专利 数量/件	新产品销 售比例/%	市场占有 率/%	顾客满意 度/%	产品出厂 合格率/%	产品质量 监督抽查 合格率/%	质量安全 管理体系 认证得分	质量损失 率/%
A	2012	0.000	0.000	0.000	0.000	0.000	0.000	0.000	0.000
	2013	0.000	0.000	0.000	0.000	0.000	0.000	0.000	0.000
	2014	0.000	0.000	0.000	0.000	0.000	0.000	0.000	0.000
B	2012	0.000	0.000	0.000	0.000	0.000	0.000	0.000	0.000
	2013	0.000	0.000	0.000	0.000	0.000	0.000	0.000	0.000
	2014	0.000	0.000	0.000	0.000	0.000	0.000	0.000	0.000
C	2012	0.000	0.000	0.000	0.000	0.000	0.000	0.000	0.000
	2013	26.745	5.020	0.072	8.367	1.135	0.000	13.808	0.002
	2014	0.000	0.000	0.000	0.000	0.000	0.000	0.000	0.000
D	2012	28.948	2.456	0.025	13.892	2.239	0.000	14.586	0.009
	2013	0.000	0.000	0.000	0.000	0.000	0.000	0.000	0.000
	2014	0.000	0.000	0.000	0.000	0.000	0.000	0.000	0.000
E	2012	31.961	2.780	0.759	4.993	1.963	0.000	15.869	0.070
	2013	21.000	2.720	0.530	9.870	1.170	0.000	11.000	0.080
	2014	0.000	0.000	0.000	0.000	0.000	0.000	0.000	0.000

续表

企业	年度	拥有专利数量/件	新产品销售比例/%	市场占有率/%	顾客满意度/%	产品出厂合格率/%	产品质量监督抽查合格率/%	质量安全管理体系认证得分	质量损失率/%
F	2012	0.000	0.000	0.000	0.000	0.000	0.000	0.000	0.000
	2013	0.000	0.000	0.000	0.000	0.000	0.000	0.000	0.000
	2014	22.000	2.150	0.070	8.670	0.480	0.000	20.000	0.050
G	2012	26.859	2.820	0.779	7.491	2.492	0.000	17.768	0.049
	2013	0.000	0.000	0.000	0.000	0.000	0.000	0.000	0.000
	2014	0.000	0.000	0.000	0.000	0.000	0.000	0.000	0.000
H	2012	36.452	0.888	0.009	5.213	0.658	0.000	22.814	0.022
	2013	39.313	1.167	0.022	7.149	0.768	0.000	17.219	0.058
	2014	45.185	1.864	0.023	0.868	0.799	0.000	11.301	0.044
I	2012	0.000	0.000	0.000	0.000	0.000	0.000	0.000	0.000
	2013	45.200	1.574	0.052	1.485	1.904	0.000	17.134	0.007
	2014	99.952	11.375	7.100	0.121	0.149	0.000	7.159	0.070

表 10.31 非 DEA 有效企业的输入变量的改进目标值

企业	年度	研发费用比例/%	营销费用比例/%	奶源组织模式	奶源建设投入比例/%	质量检测投入比例/%
A	2012	5.450	18.540	3.500	2.650	2.560
	2013	7.890	17.770	5.500	4.270	3.720
	2014	8.620	15.400	6.000	5.530	3.810
B	2012	8.730	17.220	5.500	2.020	0.840
	2013	7.140	12.850	6.000	2.950	2.650
	2014	9.080	16.330	6.500	4.890	4.580
C	2012	5.880	18.720	6.000	3.170	4.090
	2013	4.483	10.350	4.981	2.129	2.414
	2014	3.010	13.890	7.000	2.850	2.150
D	2012	1.944	2.736	4.230	0.407	1.067
	2013	2.600	12.930	7.000	0.930	0.980
	2014	3.280	9.790	7.000	0.270	1.460
E	2012	1.830	2.520	4.200	0.320	1.020
	2013	1.830	2.520	4.200	0.320	1.020
	2014	1.830	2.520	4.200	0.320	1.020
F	2012	0.750	2.810	7.000	3.330	0.330
	2013	1.630	3.430	7.000	4.790	0.480
	2014	1.830	2.520	4.200	0.320	1.020
G	2012	1.830	2.520	4.200	0.320	1.020
	2013	1.310	7.730	5.500	1.280	1.140
	2014	1.260	8.960	5.500	1.670	1.320

续表

企业	年度	研发费用比例/%	营销费用比例/%	奶源组织模式	奶源建设投入比例/%	质量检测投入比例/%
H	2012	2.082	2.999	4.267	0.514	1.124
	2013	2.891	4.533	4.481	1.134	1.456
	2014	2.520	4.755	4.499	0.874	1.363
I	2012	6.130	18.610	3.500	2.650	3.480
	2013	2.704	4.408	4.413	0.947	1.392
	2014	5.410	13.217	5.273	3.023	2.734

表 10.32　非 DEA 有效企业的输出变量的改进目标值

企业	年度	拥有专利数量/件	新产品销售比例/%	市场占有率/%	顾客满意度/%	产品出厂合格率/%	产品质量监督抽查合格率/%	质量安全管理体系认证得分	质量损失率/%
A	2012	92.000	16.430	10.670	68.120	93.830	97.250	26.000	0.290
	2013	158.000	23.610	15.330	80.280	99.320	100.000	31.000	0.210
	2014	104.000	20.550	13.510	71.650	99.670	100.000	31.000	0.180
B	2012	53.000	10.350	10.810	69.290	95.710	98.650	31.000	0.260
	2013	98.000	19.270	14.650	78.710	97.030	99.810	36.000	0.220
	2014	122.000	20.630	16.890	73.980	99.150	100.000	36.000	0.160
C	2012	34.000	2.830	3.940	65.630	98.920	100.000	11.000	0.290
	2013	78.213	9.773	6.350	76.840	99.581	100.000	29.954	0.184
	2014	87.000	6.370	9.580	72.350	98.960	100.000	16.000	0.230
D	2012	39.105	3.137	1.101	78.198	99.994	100.000	35.916	0.131
	2013	19.000	1.810	2.640	66.670	96.890	98.120	26.000	0.140
	2014	18.000	1.430	2.380	74.130	98.910	100.000	26.000	0.130
E	2012	38.000	2.840	0.890	78.310	100.000	100.000	36.000	0.130
	2013	38.000	2.840	0.890	78.310	100.000	100.000	36.000	0.130
	2014	38.000	2.840	0.890	78.310	100.000	100.000	36.000	0.130
F	2012	4.000	0.260	0.230	63.850	97.740	99.050	16.000	0.060
	2013	9.000	0.400	0.520	67.510	98.950	100.000	16.000	0.040
	2014	38.000	2.840	0.890	78.310	100.000	100.000	36.000	0.130
G	2012	38.000	2.840	0.890	78.310	100.000	100.000	36.000	0.130
	2013	14.000	0.090	0.240	75.630	98.640	100.000	18.000	0.060
	2014	13.000	0.070	0.230	81.750	98.390	100.000	23.000	0.040
H	2012	40.452	3.498	1.359	78.063	99.988	100.000	35.814	0.132
	2013	48.313	5.607	2.862	77.269	99.948	100.000	35.219	0.138
	2014	53.185	5.174	2.883	78.158	99.869	100.000	34.301	0.144
I	2012	2.000	1.620	1.820	71.380	98.890	100.000	18.000	0.080
	2013	50.253	5.424	2.709	77.940	99.934	100.000	35.324	0.139
	2014	105.952	14.935	9.570	80.251	99.239	100.000	30.159	0.160

表 10.26 的数据显示，2012～2014 年的九家乳制品企业质量竞争力 DEA 效率评价的有效值的大小。A 企业（2012～2013）、B 企业（2012～2014）、C 企业（2014）、D 企业（2013～2014）、E 企业（2014）、F 企业（2012）、G 企业（2013～2014）、I 企业（2012）的技术效率和规模效率都为 1，其输入输出变量的松弛变量也是 0，上述企业的决策单元为 DEA 有效，表明在当期上述企业的各种资源的投入对各项产出具有相对有效率；同时表明上述企业形成质量竞争力相对有效率。A 企业（2014）、C 企业（2012）、E 企业（2013）、F 企业（2013～2014）、H 企业（2012～2014）、H 企业（2014）的可变规模技术效率都为 1，但规模效率都小于 1，规模报酬均为递减。表明上述企业当期的可变规模技术效率有效，规模效率非有效而且递减，说明上述企业在当前的规模收益上，没有必要再增加资源的投入，需要减少各项投入，强化企业自身的经营效率和生产力，获得最大化的产出。其他 DEA 有效值都小于 1 的企业，表明这些企业的技术效率和规模效率都不为 DEA 弱有效，企业投入资源不仅没有充分利用，而且是过度浪费，产出没有达到最大化，需要减少过多的投入，增强企业的生产、研发、质量管理水平，获得产出的相对最佳效率，从而提高乳制品企业的质量竞争力。

表 10.27～表 10.28 的数据说明，非 DEA 有效企业可以通过调整研发、营销、奶源、质量检测等方面的投入，获得专利、新产品销售、市场占有率、质量管理水平等产出的增加。根据松弛变量的原理和含义，并通过运算得出决策单元的输出的目标改进值，即理想上的最佳产出水平，根据这些输入指标和输出指标的改进值，找出企业需要调整的薄弱环节，重新修订投入的规划，将有限的资源投入到能够产出高收益的环节。同时需要采取提高研发、生产、销售、质量管理等部门和环节的效率的措施。

表 10.29～表 10.30 的数据说明，对于技术非 DEA 有效的乳制品企业，松弛变量对应的输入变量所能够减少的程度，以及松弛变量对应的输出变量所能够增加的程度。表明企业可以通过调整某些输入指标的适当减少程度，理论上应能够获得输出指标的增加程度，实现理论上的投入和产出能够达到的目标值，如表 10.31～表 10.32 所示。使得决策单元逐步成为 DEA 有效。

下面以 2013 年的 C 企业为例，说明上述表格中数据的具体含义。

由表 10.26 看出，C 企业的不变规模技术效率为 0.760，可变规模技术效率 0.991，规模效率 0.767，规模报酬是递减的。C 企业技术效率和规模效率都小于 1，C 企业技术效率和规模效率都不为 DEA 弱有效，表明 C 企业的相对效率降低，投入的资源过多，产出过少，没有达到收益最大化，需要对各项投入进行调整，扩大产出。

由表 10.27～表 10.28 看出，C 企业的输入变量的松弛变量 S_1^-、S_2^-、S_3^-、S_4^-、

S_5^- 和输出变量的松弛变量 S_1^+、S_2^+、S_3^+、S_4^+、S_5^+、S_6^+、S_7^+、S_8^+ 的值分别为 0.347、0.000、1.519、1.481、0.726 和 26.745、5.020、0.072、8.367、1.135、0.000、13.808、0.002。说明乳制品企业投入资源没有充分利用，甚至浪费。例如，C 企业研发费用比例投入指标的松弛变量 S_1^- 为 0.347，说明研发费用比例减少 0.347，不会影响产出的效率。同理，C 企业拥有专利数量产出指标的松弛变量 S_1^+ 为 26.745，表明要保持产出效率，拥有专利数量缺少 26.745。

由表 10.29～表 10.30 看出，对于技术非 DEA 有效的 C 企业（2013），通过调整具体的投入和产出量，可使得技术非 DEA 有效调整为技术 DEA 有效。C 企业（2013）的研发费用比例、奶源组织模式、奶源建设投入比例、质量检测投入比例都过多投入，存在"拥挤"效应，如果分别减少 0.347%、1.519%、1.481%、0.726%，能够增加拥有专利数量 26.745 件、新产品销售比例 5.020%、市场占有率 0.072%、顾客满意度 8.367%、产品出厂合格率 1.135%、质量安全管理体系得分 13.808、质量损失率 0.002%。

表 10.31～表 10.32 中的数据是非 DEA 有效的改进目标值，也就是决策单元通过调整投入和产出后达到 DEA 有效的最优理论值。例如，C 企业分别减少 0.347% 的研发费用比例、1.519% 的奶源组织模式、1.481% 的奶源建设投入比例、0.726% 的质量检测投入比例，通过提高研发、奶源、生产和质量等环节的管理水平，理论上能够使企业分别增加 26.745 件专利、5.020% 的新产品销售比例、0.072% 的市场占有率、8.367% 的顾客满意度、1.135% 的产品出厂合格率、13.808 的质量安全管理体系得分、0.002% 的质量损失率；此时 C 企业的输入变量分别为研发费用比例 4.483%、营销费用比例 10.350%、奶源组织模式 4.981、奶源建设投入比例 2.129%、质量检测投入比例 2.414，输出变量分别为拥有专利数量 78.213 件、新产品销售比例 9.773%、市场占有率 6.350%、顾客满意度 76.840%、产品出厂合格率 99.581%、产品质量监督抽查合格率 100%、质量安全管理体系得分 29.954、质量损失率 0.184%；达到理论上的投入产出最优值，C 企业的技术效率和规模效率达到 1 的最佳的状态。

其他不同年份的企业的分析过程与 C 企业（2013）的分析过程相类似，具体过程在此省略。

10.3　培育和提升乳制品企业质量竞争力的措施建议

乳制品企业质量竞争力的形成是一个长期的过程，尤其需要企业从质量管理的角度来加以培育。根据前文的分析，质量竞争力可以分为三个层次，即图 10.1 所示的基础层、过程层和表现层。

　　基础层是企业质量竞争力产生的土壤和源泉，是培育质量竞争力的关键。在基础层应该重点关注的是，确立以顾客为关注焦点的质量文化和价值观；制定并实施质量竞争战略；建立质量管理体系等。

　　过程层是提升质量竞争力的关键。在过程层应该重点关注的是过程管理，增强过程的转化和增值能力。"过程"是质量管理的核心要素和主要内容。现代企业的质量管理已经成为面向过程的管理，抓住了"过程"就掌握了提升质量竞争力的关键。

10.3.1　培育乳制品企业质量竞争力的措施建议

　　在基础层要素中，文化与价值观是企业的基因，是难以移植和模仿的深层要素；战略制定与展开将为企业提供行动方向和指南，有助于形成有别于竞争对手的独特能力；完善的质量管理体系可以为战略实施提供稳健的支持。

　　1. 建设质量文化

　　质量文化的核心是一种渗透在质量经营活动中的东西，代表着企业的质量哲学、质量理念、共同的价值观、奋发向上和不断追求质量第一的精神。

　　企业质量文化是由质量精神文化及其外化的质量制度文化和质量物质文化构成。质量精神文化决定了质量制度文化和质量物质文化。所谓质量精神文化，是指企业员工共同的质量意识活动，包括企业的质量经营哲学、质量管理理念、群体质量意识、以顾客为关注焦点的价值观念、质量道德和质量法制观念等。质量精神文化是质量文化的最深层结构，是质量文化的源泉，是质量文化稳定的内核。质量制度文化是由企业各种规章制度、道德规范和员工行为准则构成的企业在质量管理上的文化个性特征。质量制度文化中所说的制度，不仅仅是书面上的文字规定，更重要的是在实践中的执行。质量物质文化是凝聚在生产经营中的，由企业的设施、环境、生产经营方式等物质层面的东西来体现，是质量文化结构中最表层的部分，也是人们能够直接感受到、能够直观把握的。

　　质量精神文化是质量文化的决定因素，有什么样的质量精神文化就有什么样的质量制度文化和质量物质文化。质量制度文化是质量精神文化和质量物质文化的中介。质量精神文化直接影响制度的制定和实施，通过制度而影响物质文化。没有这种中介，质量精神就难以落实到具体的生产经营过程中，质量文化对产品质量和质量管理的作用，或者说对质量竞争力的作用也就难以实现。因此，企业应当高度重视质量规章制度和行为准则的建设，一方面用其推动质量精神文化的提升，另一方面又用其推动质量物质文化的进步。再次，质量物质文化和制度文化又是质量精神文化的体现。质量精神文化虽然决定着物质文化和制度文化，但精神具有隐性的特征，它隐藏在显性内容的后面，必须通过一定的表现形式来体现。因此，作为关系人民健康与生命安全的乳制品企业，应该以高度的社会责任感来建立企业的质量文化，通过各种途径和方法树立全体员工的质量意识，并逐步将质量意识转化为自发或约定俗成的质量行为准则，体现在日常工作的实践当中。

2. 确立质量竞争战略

质量竞争战略反映了企业以顾客为关注焦点，以提高顾客满意为理念，以最优的资源成本为基础，依靠质量取得竞争优势的一种战略思想和规划。在当前我国乳制品企业处于低水平、无序的价格竞争环境下，以质量竞争力为出发点，对企业产品及企业自身的持续发展进行全局性的反思和规划，从而构建企业的质量竞争战略，已经成为培育企业质量竞争力，确保企业在竞争中取胜的必由之路。

制定并展开质量竞争战略一般包括战略制定、战略实施与战略评价三个环节。乳制品企业在质量战略制定环节，需要考虑与分析一些相关的影响因素，包括顾客和市场的需求、期望和机会；竞争环境、竞争对手及竞争力；影响产品、服务及运营方式的外部环境的变化情况；奶源质量及奶源资源的优势和劣势；乳制品质量安全政府监管情况；企业特有的影响经营的因素，例如，品牌、合作伙伴和供应链方面的优势和劣势。通过对这些因素及其数据的分析，从顾客、质量和成本的角度找出特定的优势、劣势、机会和威胁，并结合企业的长期目标和愿景，制定出质量竞争战略。

质量竞争战略的实施需要分阶段推进，每个阶段都要提出针对性的目标。产品和生产过程不稳定的乳制品企业首先需要解决的是如何提高质量水平、减少质量成本。产品的市场竞争力比较弱的企业需要考虑如何提升乳制品的研发质量和效率，提高产品的市场竞争力。企业的敏感性和灵活性较差的企业需要考虑如何压缩生产周期和提高组织的应变能力，提高竞争力。质量竞争战略的实施所关注的重点与企业所处的环境和企业的水平相关联，与企业所解决的问题和所要达到的目标相一致。

质量竞争战略的评价与战略实施密不可分。为了高效地实施质量竞争战略，企业必须建立起战略实施的评价系统。该系统主要是通过对所建立的绩效指标体系的监测，以及与目标的对比，对战略实施过程进行评价和控制。

3. 建立质量管理体系

ISO 9000—2005 中明确指出："质量管理体系能够帮助组织增强顾客满意"。ISO 9001—2008 在其总则中提出："采用质量管理体系应当是组织的一项战略性决策"。建立质量管理体系是提升组织质量管理水平行之有效的途径，是培育质量竞争力的基础。

从系统论的角度来看，质量管理体系方法是一种系统管理方法。首先，它把企业的质量管理当成一个系统，对这个系统提出要求（质量方针和质量目标）。其次，它根据质量方针和质量目标来设计质量管理体系，使系统内的所有要素都与系统结合起来，形成组织机构、全员参与、过程网络等。再次，它使用持续改进的方法，对系统进行改进，追求系统的最大功效。最后，它充分利用控制论、信息论的方法，不断接收顾客和其他相关方的信息和资源，保持系统的持续运行。

乳制品企业质量管理体系是建立质量方针和质量目标并实现这些目标的体系，它包括乳制品质量管理的全部内容和要求。该体系中，所有员工都有自己明确的质量职责，并按规定的程序进行工作和活动，最终将乳制品资源转化为顾客满意的产品。

10.3.2　提升乳制品企业质量竞争力的措施建议

质量竞争力结构模型显示，过程层是提升质量竞争力的关键。在过程层应该重点关注的是过程管理，因为，"过程"是质量管理的核心要素和主要内容，抓住了"过程"就掌握了提升质量竞争力的关键。因此，提升乳制品企业质量竞争力应做好如下工作。

1. 加强基于供应链管理过程的质量安全管理工作

乳制品企业的供应链包括原料奶及原辅料的供应、乳制品加工、产品流通、销售等环节，需要对这些环节进行严格有效的质量安全管理。严格控制原料奶质量是最关键的环节，同时加强原辅料采购、生产加工、质量控制、销售、运输、储存等环节的控制和监管。

根据目前乳制品企业实施供应链管理的实际情况，企业应该把工作重点放在供应链管理中各类制度和要求的严格执行上。因为，许多乳制品企业虽然通过了HACCP 和 GMP 质量安全管理体系的认证，但是，未能按照体系的规定和要求严格执行，严重影响了乳制品企业的质量竞争力。

乳制品供应链的顶端是原奶提供，因此，加强奶源建设是保障乳制品质量安全、提升质量竞争力的源头。虽然许多乳制品企业没有能力整合整条供应链，但是，要寻找和培育专业化的奶源进行合作，与奶源供应商建立利益链接机制，不压缩奶源供应商的利润空间，给予合适的收购价格，保障他们的饲养水平，减少违规掺假造假的行为，从而保证奶源的收购质量标准。资金雄厚的大型乳制品企业最好建立自己的规模化牧场，使得奶源规模和质量标准升级，也便于企业减少中间环节而对奶源进行直接管理。

2. 加强产品研发能力，实施差异化竞争策略

乳制品企业要加强研发能力，加快研发速度，将乳制品竞争从当前的价格战向价值战转移，使得乳制品品种多元化、功能化、差异化，提高乳制品附加值。目前，我国乳制品企业的产品品种单一，基本上是三大项，即液态奶、奶粉、冰淇淋，缺乏明确的营销定位和市场细分，无法形成目标消费群体；而且，产品之间的高度同质化，迫使企业只能进行低价的恶性竞争。要想改变现状，对于资金雄厚的大型乳制品企业就应该放缓低端乳制品市场的竞争，研发高端差异化的产品；同时，加大营销投入力度，开拓高端新产品市场份额，将产品投向追求高品质、高价位的特殊目标消费群体。而对于中小型企业，由于资金方面的原因，以及研发和营销投入和能力的限制，难以与大型乳企竞争。因此，应该采取差异化的策略，在乳制品的口味和功能方面研制、生产差异化的产品，体现自己的特征，并在适当的领域分销，逐渐形成区域性品牌。

3. 加强质量安全危机预警与追溯能力的建设

许多乳制品企业都设有危机管理部门，但一般都属于公关部门，其职责是对已发生的乳制品质量事故和问题进行处理，处理工作的重点是公关政府监管部门、新闻媒体等，尽可能减小质量事故带来的负面效应。而事故或问题本身的处理结果往往难以令消费者满意，严重影响企业的质量竞争力水平。建立乳制品危机预警机制是预防乳制品质量问题发生的有效方法。通过危机预警系统，对可能造成质量安全事故和问题的各种危机因子，进行监测、追踪、量化分析等，进而预测、报警可能发生的危机，以便企业及时采取措施最大程度的避免危机的发生，将事后危机处理变成事前危机预警管理。

建立乳制品质量安全可追溯体系是解决已发生的乳制品质量安全问题的有效方法。乳制品质量安全涉及整条供应链，供应链上的任何环节出现差错都会引起最终的质量安全问题。质量安全可追溯体系可以准确、快速地找出产生问题的环节，保证能够及时采取解决措施，将损失率降到最低。

参 考 文 献

安玉发, 等. 2014. 供应链主体食品安全控制行为与政府监管研究研究. 北京: 中国农业出版社

白宝光, 解敏, 孙振. 2013. 基于科技创新的乳制品质量安全问题监控逻辑. 科学管理究, (4):
    61-64

蔡文青, 梁斌. 2011. 基于 RFID 技术的原料奶安全溯源管理的研究及实现.湖北农业科学, 7:
    1473-1475, 1487

蔡文青, 倪向东. 2011. 乳制品生产信息追溯的过程与实现.湖北农业科学, 15: 3184-3185, 3190

陈芳. 2011. 基于信息不对称的食品追溯体系的研究. 黑龙江农业科学, (9): 112-115

陈康裕. 2012. 政府监管与消费者监督对乳制品供应链食品安全的影响分析. 广东工业大学学
    位论文

陈天华, 唐海涛. 2011. 射频识别技术在食品安全控制中的应用. 北京工商大学学报, (5): 69-73

陈锡进. 2011. 中国政府食品质量安全管理的分析框架及其治理体系. 南京师大学报 (社会科学
    版), 1: 29-36

程景民. 2013. 中国食品安全监管体制运行现状和对策研究. 北京: 军事医学科学出版社

段成立. 2005. 我国原奶及乳制品质量安全管理研究. 中国农业科学院学位论文

樊斌, 李翠霞. 2012a. 基于质量安全的乳制品加工企业隐蔽违规行为演化博弈分析. 农业技术
    经济, 1: 56-64

樊斌, 李翠霞. 2012b. 乳制品质量安全隐蔽违规行为监管机制研究. 北京: 中国农业出版社

樊斌, 田春兰, 杨辉. 2012. 乳制品供应链中质量安全影响因素分析. 商业经济, 18: 85-86

樊元, 雷恒. 2009. 我国乳制品生产安全的博弈分析.经济论坛, (12): 11-13

方淡玉, 冯艳茹, 李艳涛. 2014. 基于 RFID 的物流配送中心信息管理系统模型设计研究. 物流
    技术, 33 (1): 342-344

付宝森. 2011. 中国乳制品安全规制研究. 辽宁大学学位论文

高晓鸥, 宋敏, 刘丽军. 2010. 基于质量声誉模型的乳制品质量安全问题分析.食品安全, 46(10):
    30-34

谷川. 2012. 食品信息披露的博弈分析.公共经济与管理, (1): 38-46

顾佳升. 2009. 乳品标准体系中不容忽视的术语标准和工艺过程标准.管理世界, 11: 98-102

顾力刚, 高滔. 2009. 供应链质量风险的应急管理研究.标准科学, 5: 4-7

何安华. 2012. 基于产业链的乳制品质量安全控制的博弈分析.农业经济与管理, (1): 71-78

何亮, 李小军. 2009. 奶业产业链中企业与奶农合作的博弈分析. 农业技术经济, 2: 101-104

何忠伟, 雷声芳, 陈艳芳. 2013. 基于供应链的北京农产品质量安全管理模式研究. 北京: 中国
    农业出版社

胡旺存. 2010. 我国乳制品的质量安全探析. 阜阳师范学院学报 (社会科学版), (2): 109-112

胡宗峰. 2010. 供应链合作伙伴选择中信号传递博弈模型研究. 学术争鸣, (22): 21-22

贾敬敦, 王喆. 2008. 中国奶业质量安全控制体系. 北京: 中国农业科学技术出版社

贾愚, 刘东. 2009. 供应链契约模式与食品质量安全: 以原奶为例.商业经济与管理, (6): 13-20

靳延平. 2009. 中国原料乳质量安全管理体系研究——以呼和浩特市为例.内蒙古农业大学学位

论文

荆雪. 2013. 基于原料乳质量安全的石家庄市奶业供应链组织模式研究.河北经贸大学学位论文

孔祥智, 钟真. 2009. 奶站质量控制的经济学解释.农业经济问题, (9):24-29

李翠霞, 葛娅男. 2012.我国原料乳生产模式演化路径研究——基于利益主体关系视角.农业经济
问题, (7):33-38, 111

李翠霞, 吕裔良. 2008. 中国乳制品产业市场结构优化研究.农业经济问题, 4:80-83

李杰. 2012. 乳制品质量安全的战略意义.中国乳业, (11):20-23

李宁阳. 2010. 泰安市奶牛养殖户安全生产行为的实证研究.山东农业大学学位论文

李筱静. 2011. 基于核心企业的乳制品供应链的优化研究.吉林大学学位论文

凌宁波. 2006. 构建由超市主导的生鲜农产品供应链. 农村经济, (7)

刘成玉. 2009. 中国优质农业发展与农产品质量安全控制. 成都: 西南财经大学出版社

刘呈庆, 孙曰瑶, 龙文军, 等. 2009. 竞争、管理与规制: 乳制品企业三聚氰胺污染影响因素的
实证分析.管理世界, 12:67-78

刘东, 贾愚. 2010. 食品质量安全供应链规制研究: 以乳品为例. 商业研究, (2):100-106

刘红岩. 2011. 我国乳品安全可追溯系统研究.汕头大学学位论文

刘建丽, 叶树光, 原磊. 2010. "三鹿奶粉事件"对乳制品消费及食品安全控制的影响.经济与管理
研究, (6):26-31

刘俊华, 芦颖, 白宝光. 2012. 政府规制下乳品供应链安全目标体系的构建. 内蒙古大学学报(自
然科学版), 6:586-593

刘录民. 2013. 我国食品安全监管体系研究. 北京: 中国质检出版社, 中国标准出版社

刘伟华, 刘彦平, 刘秉镰. 2010. 绿色农产品供应链封闭化改造方法及其实践研究. 管理科学,
4:48-52

刘晓巍, 等. 2013. 食品安全监管、企业行为与消费者决策. 北京: 中国农业出版社

刘亚平. 2011. 走向监管国家. 北京: 中央编译出版社

刘真真. 2012. 基于原料乳质量安全的黑龙江省奶农生产行为研究.东北农业大学学位论文

马爱进, 刘鹏, 任发政. 2011. 乳制品质量安全追溯系统构建研究.食品安全, (5):63-68

马士华. 2010. 供应链管理. 武汉: 华中科技大学出版社

毛文娟, 魏大鹏. 2005. 完善技术标准保障我国乳品质量安全. 中国软科学, (9):30-36

梅华. 2007. 消费者乳品质量安全信息搜寻行为研究——以无锡地区为例.江南大学学位论文

牟少飞. 2012. 我国农产品质量安全管理理论与实践. 北京: 中国农业出版社

倪学志. 2007. 政府责任与中国乳品消费的扩展.山西财经大学学报, (3):57-61

蒲国利, 苏秦, 刘强. 2011. 一个新的学科方向——供应链质量管理研究综述.科学学与科学技
术管理, 10:70-79

钱贵霞, 郭晓川, 邬建国, 等. 2010. 中国奶业危机产生的根源及对策分析. 农业经济问题, 3:
30-36, 110

钱贵霞, 解晶. 2009. 中国乳制品质量安全的供应链问题分析. 中国乳业, 10:62-66

强瑞, 贾磊. 2011. 基于系统动力学的供应链质量机理.技术经济, 10:109-125

乔光华. 2009. 我国乳业安全可追溯体系的构建研究. 中国流通经济, (4):33-36

乔光华, 郝娟娟. 2004. 我国乳业的食品安全: 背景、问题和对策. 农业经济术, (4):70-74

青平, 陶蕊, 严潇潇. 2012. 农产品伤害危机后消费者信任修复策略研究——基于乳制品行业的
实证分析.农业经济问题, 10:84-92, 112

邱祝强. 2010. 基于农产品供应链管理的企业自建可追溯系统研究.广东农业科学, (4):246-250

沈笛. 2012. 乳制品供应链质量管理研究.东北财经大学学位论文

苏禹娴. 2010. 我国乳制品供应链现状及对策分析.企业导报，3：118-120

孙宝国，周应恒. 2013. 中国食品安全监管策略研究. 北京：科学出版社

谈海霞，张敏. 2011. 基于信息不对称角度的农产品质量安全问题研究. 物流工程与管理，
　　33（2）：140-143

陶善信，周应恒. 2012. 食品安全的信任机制研究.农业经济问题，（12）：93-99

福斯特. 2013. 质量管理：整合供应链. 何桢译. 第四版. 北京：中国人民大学出版社

王桂华. 2007. 完善我国乳品质量安全保障体系的对策研究.中国农业科学院学位论文

王经钱. 2010. 乳制品供应链中的激励研究.江西财经大学学位论文

王可山，赵剑锋，王芳. 2010. 农产品质量安全保障机制研究. 北京：中国物资出版社

王莉，沈贵银，刘慧. 2012. 中澳自贸区的建立对中国奶业发展的影响研究.农业经济问题，9：
　　37-43，111

王猛. 2012. 我国乳制品安全规制研究.辽宁大学学位论文

王明明，李江. 2011. 我国乳业技术追赶中的产业政策作用研究. 科技管理研究，3：52-55，23

王胜雄. 2012. 促进我国乳业发展转型问题研究. 农业经济问题，8：19-25，110

王威，尚杰. 2009. 乳制品安全事故："信任品"的信任危机. 社会科学家，（4）：48-51

王晓凤，张文胜. 2012. 我国乳制品质量安全问题发生机理及对策分析.农业经济，6：23-24

魏云凤. 2013. 基于社会责任视角的乳制品安全问题博弈研究.西南大学学位论文

吴伟. 2008. HACCP 系统控制下的乳制品生产供应链模型研究.工业技术经济，（9）：39-41

吴洋. 2009. 内蒙古乳业风险因素研究.内蒙古农业大学学位论文

肖兴志，王雅洁. 2011. 企业自建牧场模式能否真正降低乳制品安全风险.中国工业经济，12：
　　133-142

徐晓燕. 2013. 我国乳制品主要追溯系统的编码及应用.北京交通大学学位论文

许启金. 2010. 食品安全供应链中核心企业的策略与激励机制研究.浙江工商大学学位论文

杨俊涛. 2010. 基于供应链管理的河北省奶制品质量安全控制问题研究.河北农业大学学位论文

杨伟民. 2009. 中国乳业产业链与组织模式研究.中国农业科学院学位论文

易俊. 2009. 我国乳品行业食品安全问题的逆向选择模型——基于三鹿奶粉事件的案例分析.科
　　技管理研究，8：348-350

尹巍巍，等. 2009. 乳制品供应链质量安全控制的博弈分析.软科学，11：64-68

袁裕辉. 2012. 复杂网络理论视角下我国乳业危机的根源及对策. 深圳大学学报（人文社会科学
　　版），（5）：100-105

岳远祜. 2010. 乳制品安全政府规制研究.四川农业大学学位论文

詹承豫. 2009. 食品安全监管中的博弈与协调. 北京：中国社会出版社

张朝华. 2009. 市场失灵、政府失灵下的食品质量安全监管体系重构——以"三鹿奶粉事件"为例.
　　甘肃社会科学，2：242-245

张光辉，王琳. 2010. 消费者对乳制品供应链安全风险认知及信息利用研究. 广东农业科学，6：
　　1-3

张建华，李婧. 2010. 基于博弈论的供应链合作伙伴选择研究. 物流科技，9：98-99

张莉侠，俞美莲. 2008. 我国乳制品业的集中度、布局与绩效分析. 软科学，4：105-108

张婷婷. 2011. 问题奶粉事件对食品安全监管工作的警示.内蒙古师范大学学位论文

张晓敏. 2013. 中国乳制品安全规制效果实证研究.山东财经大学学位论文

张雄会，陈俊芳，黄培. 2008. 两种供应商质量控制方式的比较研究. 工业工程与管理，6：11-16

张煜，汪寿阳. 2010. 食品供应链质量安全管理模式研究——三鹿奶粉事件案例分析. 运作管理，10（22）：67-74

张智勇，刘承，杨磊. 2010. 基于 RFID 的乳制品供应链安全风险控制研究. 食品工业科技，31（3）：330-333

赵元凤，杜珊珊. 2011. 消费者对乳品质量安全信息需求及认知行为分析——基于内蒙古自治区呼和浩特市消费者的调查数据. 内蒙古社会科学（汉文版），（9）：113-116

郑红军. 2011. 农业产业化国家重点龙头企业产品质量安全控制研究——基于温氏集团和三鹿集团案例比较分析.学术研究，（8）：90-95

郑火国. 2012. 食品安全可追溯系统研究.中国农业科学院学位论文

钟真. 2011. 生产组织方式、市场交易类型与生鲜乳质量安全——基于全面质量安全观的实证分析. 农业经济技术，（1）：13-23

钟真，孔祥智. 2010. 中间商对生鲜乳供应链的影响研究. 中国软科学，6：68-79

钟真，孔祥智. 2012. 产业组织模式对农产品质量安全的影响：来自奶业的例证. 管理世界，（1）：79-92

周应恒. 2008. 现代食品安全与管理. 北京：经济管理出版社

朱俊峰，陈凝子，王文智. 2011. 后"三鹿"时期河北省农村居民对质量认证乳品的消费意愿分析. 经济经纬，（1）：63-67

朱立龙，尤建新. 2011. 非对称信息供应链质量信号传递博弈模型分析. 中国管理科学，（1）：110-118

庄洪兴. 2012. 基于质量追溯系统的乳品产业链质量风险控制研究. 山东大学学位论文

Aiying R, Renzo A, Martin G. 2011. An optimization approach for managing fresh food quality throughoutthe supply chain.Int.J.Production Economics, (131): 421-429

Annementte N. 2006. Contesting competence-Change in the Danish food safetysystem. Appetite

Beamon B M. 2013. Measuring supply chain performance. International Journal of Operations & Production Management , 19(3/4): 275-292

Benita M B. 1999. Measuring supply chain performance. International Journal of Operations& Production Management. (19): 275-292

Buonanno L. 2003. Politics versus science: apportioning competency in the European Food Safety Authority and the European Commission. Second General Workshop on "European Food Safety Regulation: The Challenge of Multilevel Governance", UC Berkeley

Campo, I S, Beghin J C. 2006. Dairy food consumption, supply, and policy in Japan. Food Policy, 31(3)：228-237

Cao K, Maurer O, Scrimgeour F, et al. 2003. February. Estimating the Cost of Food Safety Regulation to the New Zealand Seafood Industry.Australian Agricultural and Resource Economics Society, Conference (47th), February Fremantle, Australia

Christophe C, Egizio V. 2007. Coordination for traceability in the food chain:A critical appraisal of European regulation, 12

Diane J R, Charles S T. 2012. Contract design and the control of quality in a conflictual environment. European of Operational Research, (82): 373-382

Faye B, Loiseau G. 2006. Levieuxd. Lactoferrinand Immunoglobin content in camelmilk from Kazakhstan. Dairy Sci, 90

Feng J Y, Fu Z T. 2013. Development and evaluation on a RFID-based traceability system for cattle/beef quality safety in China . Food Control, 31(2):314-325

Fletcher S M. 2009. Description of the Food Safety System in Hotels and How It Compares With HACCP Standards. Journal of Travel Medicine, 16 (1): 35-41

Fouad E O, Bowon K. 2010. Supply quality management with wholesale price and revenue-sharing contracts under horizontal competition. European Journal of Operational Research, (206): 329-340

Helen D, 2006. Guide to good dairy farming practices-2004,Introduction FAOIDF, 24-25

Lankveld J M G. 2004. Quality, safety and value optin isation of the milk supply chain in rapidity evolving Central and Eastern European markets.Leerstoelgroep Production werpen en Kwaliteitskunde

Kafetzopoulos D P. 2013. Measuring the effectiveness of the HACCP Food Safety Management System. Food Control, 33(2): 505-513

Karlsen K, Mari O P. 2011. Validity of method for analyzing critical traceability points. Food Control, 22(8):1209-1215

Lafisca A. 2013. European food safety requirements leading to the development of Brazilian cattle sanity and beef safety. European Food & Feed Law Review, 8 (4): 259-269

Li X P. 2013. Game theory methodology for optimizing retailers' pricing and shelf-space allocation decisions on competing substitutable products. International Journal of Advanced Manufacturing Technology, 68(1-4): 375-389

Lin C. 2013. Modeling IT product recall intention based on the theory of reasoned action and information asymmetry: a qualitative aspect. Quality & Quantity, 47 (2):753-759

Lin C，Chow W S，Christian N，et al. 2005. A structural equation model of supply chain quality management and organizational performance. International Journal of Production Economics，96(2)：355-365

Lynch D, Keller S, Omen J. 2012. The effects of logistics capabilities and strategy on firm Performance. Journal of Business Logistics, 21(2): 47-67

Johan F, Swinnen M. 2004. Vertical Integration, and Locl Suppliers:Evidence from the Polish Dairy Sector. Elsevier in its journal World Development, 9: 189-192

Merrill R A, Francer J K. 2000. Organizing federal food safety regulation. Seton Hall L. Rev., (31): 61-173

Myo M A, Chang Y S. 2014. Temperature management for the quality assurance of a perishable food supply chain. Food Control, (40): 198-207

Nicholson C F. 2011. The costs of increased localization for a multiple-product food supply chain: Dairy in the United States.Food Policy, 36(2): 300-310

Noordhuizen J P T M. 2005. Qua1ity contro1ondairyfarmswithemphasisonPub1ic hea1th, food safety, animal health and welfare. Livestock Produetion Seienee

Papademas, et al. 2010. Food safety management systems (FSMS) in the dairy industry: A review. International Journal of Dairy Technology, 63(4): 489-503

Peng L C. 2013. Modeling IT product recall intention based on the theory of reasoned action and information asymmetry:a qualitative aspect. Quality & Quantity, 47(2): 753-759

Resende F, Moises A. 2012.Information asymmetry and traceability incentives for food safety. International Journal of Production Economics, 139(2): 596-603

Robert T, Smallwood D. 1991. Data needs to address economic issues in food safety.American

Journal of Agricultural Economies, (73): 933-942

Rong A Y, Renzo A，Martin G. 2011. An optimization approach for managing fresh food quality throughout the supply chain. Int. J. Production Economics, (131): 421-429

Shao C X. 2012. Information Asymmetry Flowing in Complex Networks. International Journal of Modern Physics B,Condensed Matter Physics,Statistical Physics,Applied Physics, 26(31): 1-17

Shepherd B. 2013. Product standards and developing country agricultural exports: The case of the European Union. Food Policy, (42): 1-10

Singh, et al. 2012. The use of carbon dioxide in the processing and packaging of milk and dairy products: A review . International Journal of Dairy Technology, 65(2): 161-177

Stiglitz J E. 1989. Imperfect information in the product market. //Schmalensee R, Willig R D. North-Holland, Amsterdam: Handbook of Industrial Organization, (1)

Stirling W C. 2013. Game Theory, Conditional Preferences, and Social Influence. Plos One, 8(2): 1-11

Todt O, Muñoz E, Plaza M. 2007. Food safety governance and social learning: The Spanish experience. Food control, 18(7): 834-841

Unnevehr L J, Jensen H H. 1999. The economic implications of using HACCP as a food safety regulatory standard. Food Policy, 24(6)：625-635

Valeeva N, Meuwissen M, Lansink A. 2006. Cost Implications of Improving Food Safety in the Dutch Dairy Chain. European Review of Agricultural Economics, 33(4): 511-541

Wallace C A. 2012. Re-thinking the HACCP team: An investigation into HACCP team knowledge and decision-making for successful HACCP development. Food Research International, 47(2): 236-245

Wallace C A. 2014. HACCP-The difficulty with Hazard Analysis. Food Control, 35(1): 233-240

Wei J S, Lan H J. 2011. Establishing Food Traceability System based on Game Theory: from the Perspective of Retailers. Advances in Information Sciences and Service Sciences, 3(6): 107-114

Wei S L. 2001. Producer-supplier contracts with incomplete information.Management Science, 47(5): 707-715

Yeung M. 2012. ADSAFoundation Scholar Award: Trends in culture-independent methods for assessing dairy food quality and safety: Emerging metagenomic tools. Journal of Dairy Science, 95(12): 6831-6842

Young C C, Joowon P. 2009. Effect of food traceability system for building trust：Price premium and buying behavior. Information Systems Frontiers, 11(02):167-179

Zhang G B, Ran Y, Ren X L, et al. 2011. Study on product quality tracing technology in supply chain. Computers & Industrial Engineering, (60): 863-871

Zhang Y. 2010. Reflection and perfection of the food recall system in China. Agriculture and Agricultural Science Procedia, (1):483-487

Zhu K J, Zhang R Q, Fugee T. 2008. Pushing quality improvement along supply chains. Management Science, 53(3): 421-436

附 录

附录 1　制造商主导型乳制品供应链质量管理实施与制约因素调查问卷

各位参与者:

　　乳制品供应链质量管理可以理解为是基于质量安全的乳制品供应链管理,它关注的主要内容是乳制品的质量安全问题。按照供应链的构成,乳制品供应链质量管理可分为原奶供应环节(采购)的质量管理、乳品生产环节的质量管理、销售环节的质量管理。本问卷就按照这三个环节进行问卷调查。

　　本次问卷调查的目的是了解乳制品制造商供应链质量管理的实施情况。根据调查问题的重要程度,本问卷的答案设置了 5 个等级,调查的结果只为学术研究所用,研究中不会出现与本公司有关的任何信息。本次问卷调查采取匿名形式,非常感谢您的参与支持!

　　首先请填写您在公司负责的工作: _____

第一部分

　　第一部分为乳制品供应链中原奶供应环节、乳品生产环节、销售环节的质量管理实施内容。

　　1. 原奶供应环节

　　下面有五个选项,请在您认为与您所在企业情况相符的选项等级上打钩(附表 1-1)。

　　① 未实施　② 不了解　③ 已有实施的意向　④ 已经实施　⑤ 成功实施

附表 1-1　原奶供应环节的质量管理

1. 企业向原奶供应方宣传质量安全的重要性,培养原奶供应方的质量意识	1	2	3	4	5
2. 企业对原奶供应方定期进行质量考核,建立供应方淘汰机制	1	2	3	4	5
3. 企业对提供优质原奶的供应方给予奖励	1	2	3	4	5
4. 企业向原奶供应方提供原奶的具体质量要求	1	2	3	4	5
5. 企业与原奶供应方建立长期合作关系,发展专业牧场、建设优质奶源基地	1	2	3	4	5
6. 对于奶牛的福利问题(如卫生、环境舒适度、生活习惯等),企业定期为原奶供应方提供现场指导和咨询服务	1	2	3	4	5

7. 企业要求原奶供应方在奶牛场建立 HACCP（危害分析和关键控制点）体系	1	2	3	4	5
8. 企业根据情况，扩充原奶质量的检测指标，并更新检测标准	1	2	3	4	5
9. 企业与奶牛饲料供应公司建立长期合作关系，以保证饲料品质	1	2	3	4	5
10. 企业指导原奶供应方对奶牛饲料进行合理搭配，以保证原奶的产量和质量	1	2	3	4	5
11. 企业对饲料的营养指标进行分析（如蛋白质含量、矿物质含量等），剔除达不到要求的饲料	1	2	3	4	5
12. 企业要求奶站实施 QS（质量安全）体系认证	1	2	3	4	5
13. 企业对于奶牛、饲料、药品、原奶和产品等，实施信息化管理，以便保证产品的可追溯性	1	2	3	4	5

2. 生产运作环节

下面有五个选项，请在您认为与您所在企业情况相符的选项等级上打钩（附表 1-2）。

　① 未实施　② 不了解　③ 已有实施的意向　④ 已经实施　⑤ 成功实施

附表 1-2　企业运作质量管理

1. 企业建立了乳制品质量安全预警系统	1	2	3	4	5
2. 企业建立了质量可追溯体系	1	2	3	4	5
3. 企业通过了 ISO 9000 体系认证	1	2	3	4	5
4. 全体员工学习 SSOP（卫生标准作业流程），贯彻质量安全理念	1	2	3	4	5
5. 企业经常使用小册子、电影等，向员工宣传不良质量的成本	1	2	3	4	5
6. 企业定期向公众公布本企业的乳品质量安全信息	1	2	3	4	5
7. 企业在生产过程建立了 HACCP 体系	1	2	3	4	5
8. 企业获得了新版 GMP 认证（已于 2011 年 3 月 1 日起施行）	1	2	3	4	5
9. 企业在储藏过程中建立了 HACCP 体系	1	2	3	4	5
10. 企业长期与高校及研究机构合作研发新技术和新流程	1	2	3	4	5

3. 销售环节

下面有五个选项，请在您认为与您所在企业情况相符的选项等级上打钩（附表 1-3）。

　① 未实施　② 不了解　③ 已有实施的意向　④ 已经实施　⑤ 成功实施

附表 1-3　下游分销商及物流质量控制

1. 企业要求下游分销商和零售商在销售过程建立 HACCP 体系，以保证乳制品在销售过程的质量安全	1	2	3	4	5
2. 建立分销商管理信息系统，使企业能够及时掌握下游产品的销售信息	1	2	3	4	5
3. 企业要求下游分销商和零售商在销售环节进行温度控制，以保证乳制品的最佳储藏温度	1	2	3	4	5

4. 企业要求第三方物流供应方在运输过程建立 HACCP 体系，以确保乳制品的质量安全	1	2	3	4	5
5. 对物流运输过程进行全程实时监控，使企业能及时应对运输过程中出现的问题	1	2	3	4	5
6. 企业实施冷链物流运输方式，确保乳制品在运输过程的质量安全	1	2	3	4	5

第二部分

第二部分为乳制品企业实施供应链质量管理的制约因素情况，如附表 1-4 所示。为确保乳制品的质量安全，在下面的五个选项中，请在您认为的选项上打钩。

① 非常不重要 ② 不重要 ③ 一般 ④ 重要 ⑤ 非常重要

附表 1-4　乳制品生产企业实施供应链质量管理的制约因素

政策因素	1. 有关乳品质量安全方面的法律法规的健全程度	1	2	3	4	5
	2. 相关执法人员对乳品质量安全的督查力度大小	1	2	3	4	5
	3. 质量法规影响力的大小	1	2	3	4	5
行业规范因素	4. 企业诚信体系建设的完备与否	1	2	3	4	5
	5. 国内行业标准与国际标准的不一致性	1	2	3	4	5
	6. 乳品行业协会监督的力度大小	1	2	3	4	5
	7. 乳品行业协会影响力的强弱	1	2	3	4	5
	8. 独立的第三方检测和评估机构的存在与否	1	2	3	4	5
	9. 监督监管乳品行业的专门机构的存在与否	1	2	3	4	5
原奶质量因素	10. 奶源地分散，质量参差不齐	1	2	3	4	5
	11. 原奶产量的大小	1	2	3	4	5
	12. 企业对于奶源质量控制能力的大小	1	2	3	4	5
	13. 乳品质量检测成本的高低	1	2	3	4	5
企业自身因素	14. 乳品行业兼并重组	1	2	3	4	5
	15. 乳制品准入门槛提高（实施新版认证体系）	1	2	3	4	5
	16. 员工质量安全意识的强弱	1	2	3	4	5
	17. 加工设备更新成本的高低	1	2	3	4	5
	18. 食品质量安全体系的完善程度	1	2	3	4	5
	19. 建立乳制品质量可追溯体系的技术和成本的高低	1	2	3	4	5
	20. 问题奶召回制度的完善程度	1	2	3	4	5
	21. 是否配备负责降低质量管理成本的人员	1	2	3	4	5
	22. 冷链物流体系的完善程度	1	2	3	4	5
	23. 冷链物流运输成本的高低	1	2	3	4	5
	24. 运输过程质量实时监控成本的高低	1	2	3	4	5
消费者因素	25. 消费者对于乳制品质量安全的认知程度	1	2	3	4	5
	26. 消费者对于高质量乳制品支付能力的大小	1	2	3	4	5

附录 2　乳品企业质量竞争力评价指标重要程度调查问卷

根据我国乳品行业的现状和存在的问题，分析了影响乳品企业质量竞争力的众多因素，通过这些影响因素的不断比较和评价，设计了乳品企业质量竞争力评价指标体系，需要你的企业相关人员运用层次分析法（AHP）确定评价指标的权重，请你们根据本企业经营状况的了解和个人的工作经验及体会，由总经理或副总经理和不同部门（如研发、质量、生产、奶源、销售等部门）的经理或主任进行填写，确定乳品企业质量竞争力评价体系的指标权重，再次感谢你们的帮助与合作。

附表 2-1　乳品企业质量竞争力的评价指标体系

评价目标	一级指标	二级指标	三级指标
乳品企业质量竞争力	表现层	符合性质量水平	产品出厂合格率
			产品质量监督抽查合格率
		适应市场水平	市场占有率
			产品销售率
			顾客满意度
	支持层	顾客服务能力	顾客投诉处结率
			一次处理满意率
		营销能力	营销费用比例
		研发能力	研发费用比例
			研发人员比例
			研发人员素质
			拥有专利数量
			新产品销售比例
		制造能力	设备先进程度
			日处理能力
			年生产能力
		奶源水平	奶源有效数量
			奶源建设投入比例
			奶源组织模式
			奶源质量标准
		质量管理水平	质量安全管理体系认证得分
			质量损失率
			质量检测投入比例
			质量工作人员比例
	根源层	质量方针与质量战略	质量方针的知晓范围与认同感
			质量战略的适宜性与认同感
		质量文化与质量意识	质量文化成熟度

1. 填表说明

层次分析法是美国学者 A. L. Saaty 在 1973 年提出的一种将思维判断数量化的评价方法，本论文采用 1～9 标度法。其判断尺度如附表 2-2 所示。

附表 2-2　判断尺度

尺度	定义	说明
1	同样重要	对上层某元素而言，下层两元素同样重要
3	稍微重要	对上层某元素而言，下层某元素比另一元素稍微重要
5	明显重要	对上层某元素而言，下层某元素比另一元素明显重要
7	非常重要	对上层某元素而言，下层某元素比另一元素非常重要
9	极其重要	对上层某元素而言，下层某元素比另一元素极其重要
2,4,6,8	重要程度在上述相邻各数的中间	需要在上述两个尺度之间折中时的定量标准
上列各数的倒数	反比较	若 i 与 j 相比为 A_{ij}，则 j 与 i 相比较为 $1/A_{ij}$

根据判断尺度，请专家们结合各个评价指标在本层次中的重要程度进行两两判断比较，在相应的位置填上比较结果。例如：如果您认为对乳品企业质量竞争力而言，表现元素比支持元素稍微重要，则在表现元素所在行与支持元素所在列的空格填 3，在其对角线的对称位置填 1/3，如附表 2-3 所示。

2. 各级评价指标重要程度调查表

1）总评价目标下各评价指标判断矩阵

附表 2-3　总评价目标下各评价指标判断矩阵

乳品企业质量竞争力	表现层	支持层	根源层
表现层	1	3	
支持层	1/3	1	
根源层			1

2）一级指标下各评价指标判断矩阵

附表 2-4　表现要素下各评价指标判断矩阵

表现层	符合性质量水平	适应市场水平
符合性质量水平	1	
适应市场水平		1

附表 2-5　支持层下各评价指标判断矩阵

支持元素	顾客服务能力	营销能力	研发能力	制造能力	奶源水平	质量管理水平
顾客服务能力	1					
营销能力		1				
研发能力			1			
制造能力				1		
奶源水平					1	
质量管理水平						1

附表 2-6　根源层下各评价指标判断矩阵

根源要素	质量方针与质量战略	质量文化与质量意识
质量方针与质量战略	1	
质量文化与质量意识		1

3）二级指标下各评价指标判断矩阵

附表 2-7　质量水平指标下各评价指标判断矩阵

符合性质量水平	产品出厂合格率	产品质量监督抽查合格率
产品出厂合格率	1	
产品质量监督抽查合格率		1

附表 2-8　适应市场水平指标下各评价指标判断矩阵

适应市场水平	市场占有率	产品销售率	顾客满意度
市场占有率	1		
产品销售率		1	
顾客满意度			1

附表 2-9　顾客服务能力下各评价指标评价判断矩阵

顾客服务能力	顾客投诉处结率	一次处理满意率
顾客投诉处结率	1	
一次处理满意率		1

附表 2-10　研发能力指标下各评价指标判断矩阵

研发能力	研发费用比例	研发人员比例	研发人员素质	拥有专利数量	新产品销售比例
研发费用比例	1				
研发人员比例		1			
研发人员素质			1		
拥有专利数量				1	
新产品销售比例					1

附表 2-11　制造能力指标下各评价指标判断矩阵

制造能力	设备先进程度	日处理能力	年生产能力
设备先进程度	1		
日处理能力		1	
年生产能力			1

附表 2-12　奶源水平指标下各评价指标判断矩阵

奶源水平	奶源有效数量	奶源建设投入比例	奶源组织模式	奶源质量标准
奶源有效数量	1			
奶源建设投入比例		1		
奶源组织模式			1	
奶源质量标准				1

附表 2-13　质量管理水平指标下各评价指标判断矩阵

质量管理水平	质量安全管理体系认证得分	质量损失率	质量检测投入比例	质量工作人员比例
质量安全管理体系认证得分	1			
质量损失率		1		
质量检测投入比例			1	
质量工作人员比例				1

附表 2-14　质量方针与质量战略指标下各评价指标判断矩阵

质量方针与质量战略	质量方针的知晓范围与认同感	质量战略的适宜性与认同感
质量方针的知晓范围与认同感	1	
质量战略的适宜性与认同感		1

后　记

　　本书撰写的缘由和动力主要来源于两个方面，一是从 2012 年起本人主持了与乳制品质量安全问题有关的三项科研项目，第一项是国家自然科学基金项目"供应链管理环境下内蒙古乳制品质量安全监控体系研究"（项目号：71162014），第二项是内蒙古自治区应用技术研发资金计划项目"乳制品供应链控制区质量安全管理关键技术研究与应用"（项目号：20120426），第三项是内蒙古自治区自然科学基金项目"基于博弈分析的乳制品质量安全规制研究"（项目号：2013MS1013）；二是本人于 2013 年凝聚了一批致力于为地区经济建设做贡献的学者和专家，组建了"内蒙古工业大学乳品质量安全监管与产业政策创新团队"（批准号：CX201207）。正是由于这两方面的原因驱使我在乳制品质量安全领域展开深入研究，并完成了本书。

　　在基金项目和创新团队资金的资助下，研究团队从乳制品供应链的起点奶牛饲养牧场、到乳制品生产加工企业、再到流通与消费环节，围绕供应链主体对乳制品质量安全认知及行为、乳制品质量安全风险来源及政府监管等内容展开了深入研究，经过四年的理论与实践探索，取得了一系列研究成果。项目研究期间共发表学术论文 14 篇，其中 CSSCI 4 篇，CSCD 2 篇，中文核心期刊 4 篇。

　　在项目研究过程中，本人带领着研究团队和研究生进行大量的实地调研，走访了呼和浩特市和乌兰察布市周边的奶牛养殖户和牧场，收集反映奶牛养殖情况和原料奶质量影响因素的一手资料。在乳制品生产加工的调研中，走访内蒙古自治区伊利集团和蒙牛集团，了解乳制品生产加工过程中的质量安全风险来源和控制方法。在实地调研及课题研究过程中，内蒙古伊利集团公共事务总经理王维先生、内蒙古蒙牛集团总裁办行政总监赵金荣女士、内蒙古自治区科协学会工作部部长苏雅来先生、内蒙古畜牧学会常务副秘书长那巴根先生等同志提供诸多帮助，在此向他们致以最真诚的谢意。

　　还要感谢研究生郭文博、曹敏、崔婷婷、解敏、高凯、高嘉、彭焕敏、李伯、李金玲等，他（她）们在我的研究中做了大量的工作，收集资料、实地调研、设计和发放调查问卷、并参与研究等。没有他们的帮助和努力，难有今天的成绩。

　　还要感谢工作单位内蒙古工业大学，在研究的关键时刻，批准了我组建的"乳品质量安全监管与产业政策创新团队"，并在经费上给予支持。

　　还要感谢我的家人，妻子陶玲承担起家里的一切日常事务，为我营造了良好的环境，使我有充分的时间和精力专注于研究工作；宝贝女儿白亚婷虽然远赴法国求学，但女儿在学习上的拼搏和付出的努力，远远超出我这个当爸爸的对她的预期，这不仅给我在精神上巨大的安慰，更使我充满了家庭责任感，在工作上更加努力。

在课题研究中我们虽然已尽力，但受到学术水平的限制，一些理论阐述还不够严密、不够透彻，研究方式还不够先进，书稿中难免有不足，敬请读者原谅。

本书的完稿只能说是一个开始，是我在该领域探索之旅的一个初步成果。虽然我主持的相关课题已经基本完成，但是，我的创新团队还没有解散。我会带领创新团队更为深入地继续进行乳制品质量安全问题的研究。

白宝光

2015 年 10 月 7 日于呼和浩特寓所